编审委员会

主　任　侯建国

副主任　窦贤康　陈初升
　　　　　张淑林　朱长飞

委　员（按姓氏笔画排序）

方兆本	史济怀	古继宝	伍小平
刘　斌	刘万东	朱长飞	孙立广
汤书昆	向守平	李曙光	苏　淳
陆夕云	杨金龙	张淑林	陈发来
陈华平	陈初升	陈国良	陈晓非
周学海	胡化凯	胡友秋	俞书勤
侯建国	施蕴渝	郭光灿	郭庆祥
奚宏生	钱逸泰	徐善驾	盛六四
龚兴龙	程福臻	蒋　一	窦贤康
褚家如	滕脉坤	霍剑青	

"十二五"国家重点图书出版规划项目

袁平波 顾为兵 尹 东 朱 明/编著

Data Structure and Algorithm

数据结构及应用算法

第2版

中国科学技术大学出版社

内 容 简 介

计算机程序设计主要包括数据对象的定义表示和数据对象的处理算法两大部分。本书从数据对象的类型、表示方法及其常用处理方法入手，分别介绍了三种类型数据结构——线性结构、树状结构和图状结构的常用表示方法，以及基于这些数据结构的基本操作函数的实现。此外，本书还介绍了查找和排序算法。同时为方便读者更好地学习掌握数据结构知识，本书还介绍了 C 程序设计预备知识和计算机主要算法的设计策略等内容，并为大部分章节安排了习题。

本书内容全面丰富，概念阐述清晰，不仅适合作为普通高校信息技术类专业的本科生教材，也适合作为信息技术相关工科专业的"数据结构"或"软件工程"课程的本科教材。对于从事信息技术方面学习和工作的科技人员，本书也是一本很好的参考书。

图书在版编目(CIP)数据

数据结构及应用算法/袁平波等编著．—2 版．—合肥：中国科学技术大学出版社，2013.9(2019.8 重印)
(中国科学技术大学精品教材)
"十二五"国家重点图书出版规划项目
ISBN 978-7-312-03320-9

Ⅰ.数… Ⅱ.袁… Ⅲ.①数据结构—高等学校—教材 ②算法分析—高等学校—教材 Ⅳ.TP311.12

中国版本图书馆 CIP 数据核字(2013)第 195907 号

中国科学技术大学出版社出版发行
安徽省合肥市金寨路 96 号，230026
http://press.ustc.edu.cn
https://zgkxjsdxcbs.tmall.com
安徽省瑞隆印务有限公司印刷
全国新华书店经销

开本：710 mm×960 mm 1/16 印张：24.5 插页：2 字数：471 千
2008 年 9 月第 1 版 2013 年 9 月第 2 版 2019 年 8 月第 3 次印刷
定价：55.00 元

总　　序

2008年，为庆祝中国科学技术大学建校五十周年，反映建校以来的办学理念和特色，集中展示教材建设的成果，学校决定组织编写出版代表中国科学技术大学教学水平的精品教材系列。在各方的共同努力下，共组织选题281种，经过多轮、严格的评审，最后确定50种入选精品教材系列。

五十周年校庆精品教材系列于2008年9月纪念建校五十周年之际陆续出版，共出书50种，在学生、教师、校友以及高校同行中引起了很好的反响，并整体进入国家新闻出版总署的"十一五"国家重点图书出版规划。为继续鼓励教师积极开展教学研究与教学建设，结合自己的教学与科研积累编写高水平的教材，学校决定，将精品教材出版作为常规工作，以《中国科学技术大学精品教材》系列的形式长期出版，并设立专项基金给予支持。国家新闻出版总署也将该精品教材系列继续列入"十二五"国家重点图书出版规划。

1958年学校成立之时，教员大部分来自中国科学院的各个研究所。作为各个研究所的科研人员，他们到学校后保持了教学的同时又作研究的传统。同时，根据"全院办校，所系结合"的原则，科学院各个研究所在科研第一线工作的杰出科学家也参与学校的教学，为本科生授课，将最新的科研成果融入到教学中。虽然现在外界环境和内在条件都发生了很大变化，但学校以教学为主、教学与科研相结合的方针没有变。正因为坚持了科学与技术相结合、理论与实践相结合、教学与科研相结合的方针，并形成了优良的传统，才培养出了一批又一批高质量的人才。

学校非常重视基础课和专业基础课教学的传统，也是她特别成功的原因之一。当今社会，科技发展突飞猛进、科技成果日新月异，没有扎实的基础知识，很难在科学技术研究中作出重大贡献。建校之初，华罗庚、吴有训、严济慈等老一辈科学家、教育家就身体力行，亲自为本科生讲授基础课。他们以渊博的学识、精湛的讲课艺术、高尚的师德，带出一批又一批杰出的年轻教员，培养了一届又一届优秀学生。入选精品教材系列的绝大部分是基础课或专业基础课的教材,其作者大多直接或间接受到过这些老一辈科学家、教育家的教诲和影响,因此在教材中也贯穿着这些先辈的教育教学理念与科学探索精神。

改革开放之初,学校最先选派青年骨干教师赴西方国家交流、学习,他们在带回先进科学技术的同时,也把西方先进的教育理念、教学方法、教学内容等带回到中国科学技术大学,并以极大的热情进行教学实践,使"科学与技术相结合、理论与实践相结合、教学与科研相结合"的方针得到进一步深化,取得了非常好的效果,培养的学生得到全社会的认可。这些教学改革影响深远,直到今天仍然受到学生的欢迎,并辐射到其他高校。在入选的精品教材中,这种理念与尝试也都有充分的体现。

中国科学技术大学自建校以来就形成的又一传统是根据学生的特点,用创新的精神编写教材。进入我校学习的都是基础扎实、学业优秀、求知欲强、勇于探索和追求的学生,针对他们的具体情况编写教材,才能更加有利于培养他们的创新精神。教师们坚持教学与科研的结合,根据自己的科研体会,借鉴目前国外相关专业有关课程的经验,注意理论与实际应用的结合,基础知识与最新发展的结合,课堂教学与课外实践的结合,精心组织材料、认真编写教材,使学生在掌握扎实的理论基础的同时,了解最新的研究方法,掌握实际应用的技术。

入选的这些精品教材,既是教学一线教师长期教学积累的成果,也是学校教学传统的体现,反映了中国科学技术大学的教学理念、教学特色和教学改革成果。希望该精品教材系列的出版,能对我们继续探索科教紧密结合培养拔尖创新人才,进一步提高教育教学质量有所帮助,为高等教育事业作出我们的贡献。

中国科学技术大学校长
中国科学院院士
第三世界科学院院士

再 版 前 言

应广大读者的要求，《数据结构及应用算法》在出版 5 年后决定进行重要修订。在这次修订中，更正了上一版中出现的一些文字编辑错误，调整了部分章节的内容，强化了对一些概念的描述，增补了一些算法代码，并在每章的后面增加了本章小结和配套习题，使本书更加适合作为普通高校信息技术类专业的教材。

在本次修订中，我们秉承了第 1 版的风格，帮助学生学会从问题入手，分析和研究数据结构的特性，使学生学会在解决问题时用正确的逻辑结构描述数据、用合理的存储结构表示数据和用有效的操作方法处理数据，并初步掌握算法的性能分析技术。本版教材强化了数据结构中抽象数据类型（ADT）的概念，使 ADT 成为贯穿本教材的主线。

本书可用来作为普通高校电子信息类本科生 60~80 学时的数据结构课程教材，配有 PPT 教学课件和实验教材《数据结构实验指导》，以方便教学。本书的第 1 章、第 2 章和第 11 章由朱明老师编写，第 3 章、第 4 章和第 5 章由袁平波老师编写，第 6 章、第 7 章由顾为兵老师编写，第 8 章、第 9 章和第 10 章由尹东老师编写。

感谢广大读者一直以来对本教材的支持。

袁平波　顾为兵　尹东　朱明

中国科学技术大学信息科学技术学院

2013 年 8 月

前　言

　　作为计算机程序设计的重要理论技术基础,"数据结构"是计算机专业的核心基础课程。它涉及数据在计算机中的表示、组织与处理,以及相应结构上的算法设计和初步的算法性能分析技术。它所包含的知识与提倡的技术方法,无论是对学生进一步学习信息技术领域的其他课程,还是对今后从事信息技术方面的理论研究、应用开发及技术管理工作都发挥着重要的作用。

　　目前,作为最基本的计算机学科核心课程,"数据结构"已发展成为信息技术乃至工科的必修课程。本教材正是针对这一背景和需求而编写的。在本书的内容组织方面,充分考虑了信息技术专业甚至是工科等非计算机专业学生选修学习此课程的实际需要。

　　帮助学生学会从问题入手,分析和研究计算机加工的数据结构的特性,使其能够为应用中的数据选择适当的逻辑结构、存储结构及其相应的操作算法,并初步掌握算法的性能分析技术是"数据结构"课程的基本教学要求。这同时也是对学生进行复杂程序设计训练并培养学生数据抽象能力的过程;这种能力在软件系统开发过程中体现为创造性思维活动以及算法构造性思维方法。因此,让学生理解、习惯和熟悉这一套算法构造性思维方法,以适应学科迅速发展和知识更新的需要,正是这门课程教学的目的和宗旨。

　　为了方便信息技术专业甚至是工科的学生学习掌握本书内容,本书采用大量实例对数据结构的各个知识点进行了详细的解释和说明。每一类数据结构中均给出了多个具有代表性的应用实例,便于读者理解掌握各类数据结构的基本表示方法,基本操作函数的实现方法,以及如何利用这些基本数据结构和操作函数完成复杂问题的计算机求解,从而帮助读者真正熟悉掌握所学习的数据结构内容。

　　本书的第1章给出学习数据结构所需要掌握的C语言程序设计预备知识,重点复习了数据结构中需要熟练使用的指针、结构体、函数设计和文件操作等内容;第2章介绍了数据、数据结构及其算法等基本概念与基本知识;第3章介绍了线性结构及其基本操作内容,并给出基于指针与数组表示情况下,其基本操作函数的实现方法；第 4 章介绍了两种特殊的线性结构——堆栈和队列的常用表示方法，以及基于这两种特殊线性结构的常用操作函数的实现方法，并介绍堆栈和队列的实际应用实例；第 5 章介绍了另一种特殊的线性结构——字符串的常用表示方法，以及常用操作函数的实现方法，并介绍了字符串查找的高级算法；第 6 章介绍了树状结构的基本表示方法及其常用操作函数的实现方法，同时介绍了特殊树状结构：二叉树结构的常用表示方法及其基本操作函数的实现方法，此外还介绍了基于二叉树数据结构的应用实例；第 7 章介绍了图状结构的基本表示方法及其常用操作函数的实现方法，此外还介绍了基于图状数据结构的应用实例；第 8 章介绍了多种常用的查找算法；第 9 章介绍了多种常用的排序算法；第 10 章介绍了文件系统及其常用的组织结构；第 11 章作为数据结构内容的扩展，介绍了计算机问题求解常用的设计策略，旨在帮助能力强的读者学习掌握更多的计算机软件设计知识。

本书采用准 C 语言作为数据结构表示方法及其操作函数实现方法的定义与描述语言，同时吸取少量 C++ 的表示语法，以便使数据结构的表示及其操作函数实现方法的描述更加简明清晰、可读性更好。这些算法转变为可执行的 C 程序是容易的。

"数据结构"是一门计算机程序设计中级技术课程，它的预修课程是 C 语言程序设计，后续课程则是计算机算法分析与设计。"数据结构"课程的学习目标就是：学会从问题入手，分析研究计算机处理对象的数据结构特性，从而能够为问题求解设计合适的数据结构，并在此基础上，设计问题求解步骤，即计算机算法。另一方面，通过本课程的学习，读者应学会进行较复杂应用程序设计的方法，编写出符合软件设计规范所要求的程序文件；编写的软件代码结构清晰、正确易懂，并能上机调试、排除错误。"数据结构"课程重在培养学生的数据抽象能力，这是一种创造性的思维活动。本书通过不同的应用实例，来帮助培养学生逐步掌握数据抽象能力，熟悉各类数据结构表示以及基本操作方法的实现，为今后学习和提高自己的软件设计水平奠定基础。

与本书配套的图书包括《数据结构及其算法习题集》和《数据结构及其算法实验教程》。本书可作为信息技术类甚至工科学生学习数据结构的教材，课程学时为 60～80 学时。

本书得以作为中国科学技术大学精品教材顺利出版发行，与中国科学技术大学信息科学技术学院和出版社领导的大力支持密不可分，在此表示衷心感谢。

顾为兵 尹东 袁平波 朱明
中国科学技术大学信息科学技术学院
2008 年 9 月 1 日

目　　次

总序 ·· （ⅰ）
再版前言 ·· （ⅲ）
前言 ·· （ⅴ）

第1章　预备知识 ·· （ 1 ）
　1.1　程序设计概述 ·· （ 1 ）
　1.2　指针与结构体 ·· （ 11 ）
　1.3　文件操作 ·· （ 21 ）
　1.4　函数与模块化程序设计 ··· （ 27 ）
　1.5　本章小结 ·· （ 37 ）
　习题 ·· （ 37 ）

第2章　数据结构导论 ·· （ 41 ）
　2.1　概念与术语 ··· （ 41 ）
　2.2　抽象数据类型 ·· （ 46 ）
　2.3　算法概述 ·· （ 48 ）
　2.4　算法分析 ·· （ 51 ）
　2.5　本章小结 ·· （ 60 ）
　习题 ·· （ 60 ）

第3章　线性表 ··· （ 63 ）
　3.1　线性表的基本概念 ··· （ 63 ）
　3.2　线性表的顺序表示 ··· （ 67 ）
　3.3　线性表的链式表示 ··· （ 74 ）
　3.4　线性结构的深入 ··· （ 83 ）
　3.5　本章小结 ·· （ 92 ）
　习题 ·· （ 93 ）

第 4 章 栈和队列 (95)
- 4.1 栈的基本概念 (95)
- 4.2 栈的表示与实现 (97)
- 4.3 栈的应用 (102)
- 4.4 队列的基本概念 (111)
- 4.5 队列表示与实现 (113)
- 4.6 队列的应用 (119)
- 4.7 递归及其应用 (122)
- 4.8 本章小结 (128)
- 习题 (129)

第 5 章 串和数组 (132)
- 5.1 串的基本概念 (132)
- 5.2 串表示与实现 (134)
- 5.3 串的应用 (138)
- 5.4 模式匹配 (139)
- 5.5 数组 (145)
- 5.6 矩阵压缩 (150)
- 5.7 本章小结 (157)
- 习题 (158)

第 6 章 树和二叉树 (160)
- 6.1 树的基本概念 (160)
- 6.2 二叉树的概念 (165)
- 6.3 二叉树的遍历及应用 (173)
- 6.4 线索二叉树 (183)
- 6.5 树和森林 (188)
- 6.6 哈夫曼树和哈夫曼编码 (202)
- 6.7 本章小结 (210)
- 习题 (211)

第 7 章 图 (214)
- 7.1 图的基本概念 (214)
- 7.2 图的表示与实现 (220)
- 7.3 图的遍历 (230)
- 7.4 最小生成树 (236)

7.5　拓扑排序 ……………………………………………………………………… (242)
　7.6　关键路径 ……………………………………………………………………… (245)
　7.7　最短路径 ……………………………………………………………………… (248)
　7.8　本章小结 ……………………………………………………………………… (253)
　习题 ………………………………………………………………………………… (254)

第8章　查找表 …………………………………………………………………… (257)
　8.1　查找表的基本概念 …………………………………………………………… (257)
　8.2　静态查找表 …………………………………………………………………… (258)
　8.3　动态查找表 …………………………………………………………………… (265)
　8.4　本章小结 ……………………………………………………………………… (288)
　习题 ………………………………………………………………………………… (288)

第9章　排序 ……………………………………………………………………… (290)
　9.1　排序的基本概念 ……………………………………………………………… (290)
　9.2　简单排序 ……………………………………………………………………… (292)
　9.3　希尔排序 ……………………………………………………………………… (298)
　9.4　快速排序 ……………………………………………………………………… (300)
　9.5　堆排序 ………………………………………………………………………… (307)
　9.6　归并排序 ……………………………………………………………………… (310)
　9.7　基数排序 ……………………………………………………………………… (313)
　9.8　本章小结 ……………………………………………………………………… (317)
　习题 ………………………………………………………………………………… (320)

第10章　文件 ……………………………………………………………………… (322)
　10.1　文件的基本概念 ……………………………………………………………… (322)
　10.2　顺序文件 ……………………………………………………………………… (323)
　10.3　索引文件 ……………………………………………………………………… (325)
　10.4　ISAM文件 …………………………………………………………………… (328)
　10.5　散列文件 ……………………………………………………………………… (329)
　10.6　本章小结 ……………………………………………………………………… (330)
　习题 ………………………………………………………………………………… (330)

第11章　算法设计策略 …………………………………………………………… (332)
　11.1　概述 …………………………………………………………………………… (332)
　11.2　分治策略 ……………………………………………………………………… (335)
　11.3　贪心策略 ……………………………………………………………………… (343)

11.4 动态规划策略 …………………………………………………… (349)
11.5 回溯策略 ………………………………………………………… (357)
11.6 分枝定界策略 …………………………………………………… (372)
11.7 本章小结 ………………………………………………………… (379)
习题 ……………………………………………………………………… (380)

参考文献 ……………………………………………………………… (381)

第1章 预 备 知 识

一台计算机是由硬件系统和软件系统两大部分构成的。硬件是物质基础,而软件可以说是计算机的灵魂,没有软件,计算机就是一台"裸机",是什么也不能干的,有了软件,才能运行起来,成为一台真正的"电脑"。所有的软件程序,都是用计算机语言编写的。

计算机程序就是计算机求解问题的指令序列,它包括两个主要部分:对待处理对象数据的定义表示,以及对待处理对象的处理步骤。

如何表示待处理对象数据,就是数据结构所要讲授的内容;而如何通过对待处理对象的操作处理,完成问题的求解,则属于算法设计的范畴。

计算机程序是利用计算机编程语言编写而成的,因此为了学好计算机程序编写方法,即数据结构及其算法,首先就需要掌握计算机编程语言,所以本章对目前应用最为普遍的计算机编程语言——C语言,进行简要回顾,以便为学习好数据结构及其算法奠定基础。

本章首先介绍程序设计的基本知识,具体包括基本控制语句和基本程序设计方法;然后温习C语言中较难的部分,具体包括指针、结构体、函数和文件,最后介绍模块化程序设计方法。

1.1 程序设计概述

任何一种程序设计语言都具有特定的语法规则和规定的表达方法。一个程序只有严格按照语言规定的语法和表达方式编写,才能保证编写的程序在计算机中能正确地执行,同时也便于阅读和理解。为了了解C语言的基本程序结构,先介绍几个简单的 C 程序。

例 1.1 编写一个 C 程序,在屏幕上显示一行信息:
This is a sample of c program.

```
#include <stdio.h>
main( )                          //主函数
{
    printf("This is a sample of c program. \n");  //调用标准函数,显示引号中的内容
}
```

例 1.2 编写一个 C 程序,利用两个函数,在屏幕上显示两行信息:
Hello.
This is a sample of c program.

```
#include <stdio.h>
main( )                          //主函数
{
    void proc( );                //函数声明
    int a = 3;                   //指定 a 为整数,初始值为 3
    proc( );                     //调用函数 proc,无返回
    a = func( );                 //调用函数 func,结果返回给 a
    printf("This is a sample of c program. \n");
}
void proc( )                     //定义函数 proc,void 指定该函数不返回结果
{
    printf("Hello. \n");
}
int func( )                      //定义函数 func,int 指定该函数返回一个整数
{
    return(2);                   //返回整数 2
}
```

例 1.3 编写一个 C 程序,利用键盘输入的长方体的长、宽和高,使用函数调用,计算并输出相应长方体的体积。

```
#include <stdio.h>
main( )                              //主函数
{
    int x,y,z,v;                     //定义整型变量
    scanf("%d,%d,%d",&x,&y,&z);      //调用标准函数,从键盘输入 x,y,z 的值
    v=volume(x,y,z);                 //调用 volume 函数,计算体积
    prinf("v=%d\n",v);
}
int volume(a,b,c)                    //定义 volume 函数
    int a,b,c;                       //对形参 a,b,c 作类型定义
{
    int p;                           //定义函数内部使用的变量 p
    p=a*b*c;                         //计算体积 p 的值
    return(p);                       //将 p 值返回调用处
}
```

从上面的程序例子,可以看出 C 程序的基本结构。

C 程序为函数模块结构,所有的 C 程序都是由一个或多个函数构成,其中必须只能有一个主函数 main( )。程序从主函数开始执行,当执行到调用函数的语句时,程序将控制转移到调用函数中执行,执行结束后,再返回主函数中继续运行,直至程序执行结束。C 程序的函数是由编译系统提供的标准函数(如 printf、scanf 等)和由用户自己定义的函数(如 proc、func、volume 等)。

1.1.1 程序控制语句

C 程序的组织结构如图 1.1 所示。

C 程序的执行部分是由语句组成的。程序的功能也是由执行语句实现的。C 语句可分为以下五类:表达式语句、函数调用语句、控制语句、复合语句和空语句。

通常的计算机程序总是由若干条语句组成,从执行方式上看,从第一条语句到最后一条语句完全按顺序执行,是简单的顺序结构;若在程序执行过程当中,根据用户的输入或中间结果去执行若干不同的任务则为选择结构;如果在程序的某处,需要根据某项条件重复地执行某项任务若干次或直到满足或不满足某条件为止,这就构成循环结构。大多数情况下,程序都不会是简单的顺序结构,而是顺序、选

择、循环三种结构的复杂组合。

图1.1　C程序的组织结构

前面的三个示例:例1.1、例1.2和例1.3,均是顺序结构的C程序。

在程序的三种基本结构中,第二种即为选择结构,其基本特点是:程序的流程由多路分支组成,在程序的一次执行过程中,根据不同的情况,只有一条支路被选中执行,而其他分支上的语句被直接跳过。

C语言中,提供if语句和switch语句选择结构,if语句用于两者选一的情况,而switch用于多分支选一的情形。

例1.4　编写一个C程序,利用键盘输入三个数,找出并输出其中的最小数。

```
#include <stdio.h>
main( )                          //主函数
{
    int a,b,c,min;
    printf("input a,b,c:");
    scanf("%d %d %d",&a,&b,&c);  //输入三个数
    if (a<b)                     //比较a和b,将最小值放入min
        min = a;
    else
        min = b;
    if (c<min)                   //比较c和min,将最小值放入min
        min = c;
```

```
        printf("The result is %d\n",min);
}
```

if 语句只能处理从两者间选择之一,当要实现几种可能之一时,就要用 if…else if,甚至多重的嵌套 if 来实现。当分支较多时,程序变得复杂冗长,可读性降低。C 语言提供了 switch 开关语句专门处理多路分支的情形,使程序变得简洁。

例 1.5 编写一个 C 程序,将键盘输入的一个数转换为英文星期一至星期日并输出。

```
#include <stdio.h>
main( )         //主函数
{
    int a;
    printf("input integer number:");
    scanf("%d",&a);
    switch (a){
        case 1:printf("Monday\n");
        case 2:printf("Tuesday\n");
        case 3:printf("Wednesday\n");
        case 4:printf("Thursday\n");
        case 5:printf("Friday\n");
        case 6:printf("Saturday\n");
        case 7:printf("Sunday\n");
        default:printf("error\n");
    }
}
```

循环控制结构(又称重复结构)是程序中的另一个基本结构。在实际问题中,常常需要进行大量的重复处理,循环结构可以使我们只写很少的语句,而让计算机反复执行,从而完成大量类似的计算。

C 语言提供了 while 语句、do … while 语句和 for 语句实现循环结构。

例 1.6 编写一个 C 程序,利用格里高利公式求 π:$pi/4 = 1 - 1/3 + 1/5 - 1/7 + \cdots$ 直到最后一项小于等于 10^{-6} 为止。

```
#include <stdio.h>
#include <math.h>
main( )                              //主函数
{
    double e,pi;
    long int n,s;
    t = 1.0;
    n = 1;
    s = 1;
    pi = 0.0;
    while(fabs(t)> = 1e-6){
      pi = pi + t;
      n = n + 2;
      s = -s;
      t = (float)(s)/(float)(n);
    }
    pi = pi * 4;
    printf("pi = %lf\n",pi);
}
```

例1.7 （验证哥德巴赫猜想:任一个充分大的偶数,可以用两个素数之和表示）编写一个 C 程序,输入一个偶数,发现两个素数,其和等于所输入的偶数。例如:

$$4 = 2 + 2$$
$$6 = 3 + 3$$
$$\cdots$$
$$98 = 19 + 79$$

分析:先不考虑怎样判断一个数是否为素数,而从整体上对这个问题进行考虑,可以这样做:读入一个偶数 n,将它分成 p 和 q,使 $n = p + q$。怎样分呢？可以令 p 从 2 开始,每次加 1,而令 $q = n - p$,如果 p、q 均为素数,则正为所求,否则继续再试。这是一个典型的使用循环求解问题的例子,通过不断循环尝试,发现合适的两个素数,如果存在的话。

为了判明 p、q 两个数是否是素数,这里设置两个标志量 $flagp$ 和 $flagq$,初始值为 0,若 p 是素数,令 $flagp = 1$,若 q 是素数,令 $flagq = 1$。

怎样判断一个数是不是素数呢？素数就是除了 1 和它自身外，不能被任何数整除的整数。要判断一个数 i 是否是素数，最简单的办法是用 $2,3,4,\cdots,i-1$ 这些数依次去除 i，看能否除尽，若被其中之一除尽，则 i 不是素数，反之，i 是素数。但其实，没必要用那么多的数去除，实际上，用反证法很容易证明，如果小于等于 i 的平方根的数都除不尽，则 i 必是素数。

```c
#include <stdio.h>
#include <math.h>
main( )                              //主函数
{
    int j,n,p,q,flagp,flagq;
    printf("please input n:");
    scanf("%d",&n);
    if(((n%2)!=0)||(n<=4))           //判断是否为偶数
        printf("input data error!\n");
    else{
        p=1;
        do{
            p=p+1;
            q=n-p;
            flagp=1;                 //以下判断 p 是否为素数
            for(j=2;j<=(int)(floor(sqrt((double)(p))));j++){
                if((p%j)==0){
                    flagp=0;
                    break;
                }
            }
            flagq=1;                 //以下判断 q 是否为素数
            for(j=2;j<=(int)(floor(sqrt((double)(q))));j++){
                if((q%j)==0){
                    flagq=0;
                    break;
                }
            }
        }while(flagp*flagq==0);      //若 p,q 均为素数,则找到
```

```
    printf("%d= %d+ %d \n",n,p,q);
}
```

例 1.8 两个乒乓球队进行比赛,各出两人。甲队为 A、B、C 三人,乙队为 X、Y、Z 三人,已抽签决定比赛名单。有人向队员打听比赛的名单,A 说他不和 X 比,C 说他不和 X、Z 比,请编一个 C 程序找出三对赛手的名单。

分析:这也是一个典型的利用循环求解问题的例子。通过枚举可能的每对比赛,以此发现符合比赛要求的三对比赛选手。

```
#include <stdio.h>
main( )                            //主函数
{
    char i,j,k;                    //i是A的对手;j是B的对手;k是C的对手
    for(i='X'; i<='Z'; i++)
      for(j='X'; j<='Z'; j++)
        if(i!=j)
          for(k='X'; k<='Z'; k++)
            if(i!=k && j!=k)
              if(i!='X' && j!='X' && k!='Z')    //检查是否要求
                printf("A--%c\tB--%c\tC--%c\n",i,j,k);
}
```

例 1.9 用筛数法求素数。其基本思想就是:将某个范围内的自然数从小到大排序,筛出非素数 1。然后从剩下的数中选最小的,作为素数,并去掉它的倍数;接着继续,不断重复,直到剩余数为空时结束。

如有:

2	3	4	5	6	7	8	9	10
11	12	13	14	15	16	17	18	19	20
21	22	23	24	25	26	27	28	29	30

×2	3	×4	5	×6	7	×8	9	×10
11	×12	13	×14	15	×16	17	×18	19	×20
21	×22	23	×24	25	×26	27	×28	29	×30

操作步骤如下:

(1) 首先选出素数 2,然后筛出 2 的倍数的数；
(2) 然后选出素数 3,接着筛出 3 的倍数的数；
(3) 依次类推,不断重复,直到没有数剩下。

```
#include <stdio.h>
#define RANGE       200
main( )                                   //主函数
{
    char sieve[RANGE+1];                  //存放某一个范围待筛选的自然数
    int    i,j,count;
    for(i=0;i<=RANGE;i++) sieve[i]=1;     //初始化
    sieve[0]=sieve[1]=0;
    count=0;
    for(i=2;i<=RANGE;i++)
        if(sieve[i]==1){                  //i 是素数
            printf("%5d",j);
            count++;
            if(count%8==0) printf("\n");  //每行输出 8 个素数
            for(j=i;j<=RANGE;j+=i)
                sieve[j]=0;               //筛出 i 倍数的数
        }
    printf("\n");
}
```

例 1.10 求解幻方问题。n 阶幻方就是将整数 $1 \sim n^2$ 排列成 $n \times n$ 的方阵,使得每行元素之和,每列元素之和,以及两个对角线上的元素之和均相等(为 S, S 称为幻和)。一个三阶幻方如图 1.2 所示。

具体放置操作步骤如下：
(1) 将 1 放在最上一行正中间的方格中,然后将下一个整数放在右上方；
(2) 如果到达最上一行,下一个整数就放在最后一行,就好像它在第一行的上面；
(3) 如果到达最右端,则下一个整数放在最左端,就好像它在最右一列的右侧；

8	1	6
3	5	7
4	9	2

图 1.2　三阶幻方

(4) 当到达的方格中已填上数字时，下一个整数就放在刚填上数字方格的正下方。

```c
#include <stdio.h>
#define MAX 15
main( )                                     //主函数
{
    int m,mm,i,j,k,ni,nj;
    int magic[MAX][MAX];
    printf("Enter the number you wanted\n");
    scanf("%d",&n);
    for(i=0; i<m; i++)                      //初始化
      for(j=0; j<m; j++)
          magic[i][j]=0;
    if(m>0 && (m%2!=0)){                    //奇数阶
      mm=m*m;
      i=0; j=m/2;                           //第一个值的位置
      for(k=1; k<=mm; k++){
          magic[i][j]=k;                    //求右上方的方格坐标
          if(i==0)                          //最后一行
            ni=m-1;                         //下一个位置在最下一行
          else
            ni=i-1;
          if(j==m-1)                        //最右端
            nj=0;                           //下一个位置在最左端
          else
            nj=j+1;
                                            //判断右上方方格是否已有数
          if(magic[ni][nj]==0){              //右上方无数字
            i=ni; j=nj;
          }
          else                              //右上方方格已有数字
            i++;
      }
    for(i=0; i<m; i++){
      for(j=0; j<m; j++)
```

```
            printf("%4d",magic[i][j]);
        printf("\n");
    }
    }else
        printf("Input data error.\n");
}
```

对于输入值 5,运行结果如下:

```
    17    24     1     8    15
    23     5     7    14    16
     4     6    13    20    22
    10    12    19    21     3
    11    18    25     2     9
```

1.2　指针与结构体

指针是 C 语言的精华部分,通过指针能很好地利用内存资源,还可以描述复杂的数据结构。

在 C 语言程序设计中,每个变量在内存会有固定的位置,有具体的地址。由于变量的数据类型不同,它所占的内存单元数也不相同。设一组指针变量 pa、pb、px、py、pm、pch1、pch2,分别指向上述的变量 a、b、x、y、m、ch1、ch2,指针变量也同样被存放在内存,两者的关系如图 1.3 所示。指针变量提供对变量的一种间接访问形式。

1.2.1　指针的使用

例 1.11　用指针变量进行输入、输出。

```
#include <stdio.h>
main( )                    //主函数
{
```

```
    int *p,m;
    scanf("%d",&m);
    p = &m;                    //指针p指向变量m
    printf("%d",*p);           //*p是对指针所指的变量的引用形式,与m意义相同
}
```

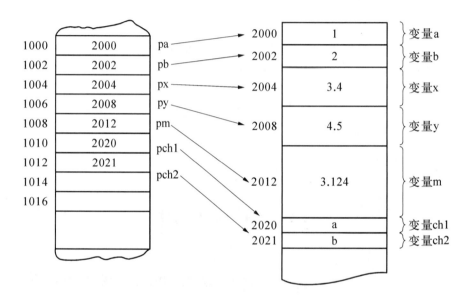

图1.3 指针变量与变量在内存中的关系

例 1.12 从键盘输入两个整数,按由大到小的顺序输出。

```
#include <stdio.h>
main( )                        //主函数
{
    int *p1,*p2,a,b,t,p;       //定义指针变量与整型变量
    scanf("%d,%d",&a,&b);
    p1 = &a;                   //使指针变量指向整型变量
    p2 = &b;
    if (*p1 < *p2) {           //交换指针变量指向的整型变量
        t = *p1;
        *p1 = *p2;
```

```
        * p2 = t;
    }
    printf("%d,%d \n",a,b);
}
```

在程序中,当执行赋值操作 p1=&a 和 p2=&b 后,指针实实在在地指向了变量 a 与 b,这时引用指针 *p1 与 *p2,就代表了变量 a 与 b。若采用{p=p1;p1=p2;p2=p;}语句,也可以完成同样任务,只是实际存放在内存中的数据没有移动,而是将指向该变量的指针交换了指向。

使用指针类型做函数的参数,实际向函数传递的是变量的地址。由于函数获得了所传递变量的地址,在该地址空间的数据当函数调用结束后被物理地保留下来。

例 1.13 利用指针变量作为函数的参数,用函数调用方法实现数据大小交换功能。

```
# include <stdio.h>
main( )                            //主函数
{
    void change( );                //函数声明
    int *p1,*p2,a,b,*t;
    scanf("%d,%d",&a,&b);
    p1 = &a;
    p2 = &b;
    change(p1,p2);                 //函数调用
    printf ("%d,%d \n",*p1,*p2);
}
void change(int *pt1,int *pt2)    //函数实现将两数值调整为由大到小
{
    int t;
    if (*pt1< *pt2){               //交换内存变量的值
    t = *pt1; *pt1 = *pt2; *pt2 = t;
    }
    return;
}
```

由于在调用函数时,实际参数是指针变量,形式参数也是指针变量,实参与形参相结合,传值调用将指针变量传递给形式参数 $pt1$ 和 $pt2$。但此时传值传递的是变量地址,使得在函数中 $pt1$ 和 $pt2$ 具有了 $p1$ 和 $p2$ 的值,指向了与调用程序相同的内存变量,并对其在内存存放的数据进行了交换,其效果与例 1.12 相同。

如果将 change(int *, int *) 函数中 {t = *pt1; *pt1 = *pt2; *pt2 = t;} 替换为 {t = pt1; pt1 = pt2; pt2 = t;},则程序运行结束,并未达到预期的结果,输出与输入完全相同。其原因是对函数来说,函数内部进行指针相互交换指向,而在内存存放的数据并未移动,函数调用结束后,main( ) 函数中 $p1$ 和 $p2$ 保持原指向,结果与输入相同。

变量在内存存放是有地址的,数组在内存存放也同样具有地址。对数组来说,数组名就是数组在内存安放的首地址。指针变量是用于存放变量的地址,可以指向变量,当然也可存放数组的首址或数组元素的地址,这就是说,指针变量可以指向数组或数组元素,对数组而言,数组和数组元素的引用,也同样可以使用指针变量。

例 1.14　从键盘输入 10 个数,以数组的不同表示形式输出数组各元素的值。

```
#include <stdio.h>
main( )                              //主函数
{
    int n,a[10];
    int *ptr = a;                    //ptr 获得数组首地址
    for (n=0; n<=9; n++)
    scanf("%d",&a[n]);               //ptr+n 替换 a[n]也可
    printf("1------output!\n");
    for (n=0; n<=9; n++)
    printf("%4d",a[n]);              //*(ptr+n)替换 a[n]也可
    printf("\n");
}
```

现在学习用指针变量作函数的参数。

例 1.15　调用函数,实现求解一维数组中的最大元素。

基本思路:首先假设一维数组中下标为 0 的元素是最大的,并用指针变量指向该元素。后续元素与该元素一一比较,若找到更大的元素就替换。函数的形式参数为一维数组,实际参数是指向一维数组的指针。

```
# include <stdio.h>
main( )                                  //主函数
{
    int sub_max( );                      //函数声明
    int n,a[10], * ptr = a;              //定义变量,并使指针指向数组
    int max;
    for (n = 0; n <= i-1; n++)           //输入数据
        scanf("% d",&a[n]);
    max = sub_max(ptr,10);               //函数调用,其实参是指针
    printf("max = % d \ n",max);
}
int sub_max(b,i)                         //函数定义,其形参为数组
    int b[ ],i;                          //采用 int * b 也可以
{
    int temp,j;
    temp = b[0];
    for (j = 1; j < i; j++)
        if(temp<b[j]) temp = b[j];
    return temp;
}
```

可以定义指针变量指向任何类型的变量。在上述的处理过程中,指针变量指向的变量通过传递变量的地址来实现。指针变量的取值是内存的地址,这个地址应当是安全的,不可以是随意的,否则,写入内存单元的值将会使得已存放的数据或程序丢失。应使用系统提供的标准函数来实现地址分配。

ANSI 标准建议设置了两个最常用的动态分配内存的函数 malloc( )和free( ),并包含在 stdlib.h 中,但有些 C 编译却使用 malloc.h 包含。使用时请参照具体的 C 编译版本。

在程序的执行过程中,要保证指针操作的安全性,就要为指针变量分配安全地址。在程序执行时为指针变量所做的地址分配就称为动态内存分配。当无需指针变量操作时,可以将其所分配的内存归还系统,此过程称为内存单元的释放。

malloc( )用以向编译系统申请分配内存;free( )用以在使用完毕释放掉所占内存。

例 1.16 两个字符串的交换。

```c
#include <stdlib.h>
#include <string.h>
#include <stdio.h>
main()                          //主函数
{
    char *ptr1,*ptr2,*temp;
    ptr1=malloc(30);            //动态为指针变量分配长度为30字节的存储空间
    ptr2=malloc(20);
    temp=malloc(30);
    printf("input str1:");
    gets(ptr1);                 //输入字符串
    printf("input str2:");
    gets(ptr2);
    printf("str1-----------str2\n");
    printf("%s......%s\n",ptr1,ptr2);
    strcpy(temp,ptr1);          //串复制
    strcpy(ptr1,ptr2);
    strcpy(ptr2,temp);
    printf("str1-----------str2\n");
    printf("%s......%s\n",ptr1,ptr2);
    free(ptr1);
    free(ptr2);
}
```

当这种指针变量用于指向指针类型变量时,称为指向指针的指针变量。

例 1.17 利用指向指针的指针变量对二维字符数组的访问。

```c
#include <stdlib.h>
#include <stdio.h>
main()                          //主函数
{
    int i;
    static char c[][16]={"c language","fox","computer","home page"};
                                //二维字符数组
```

```
    static char *cp[ ] ={c[0],c[1],c[2],c[3]};        //指针数组
    static char **cpp;              //指向字符指针的指针变量
    cpp = cp;                       //将指针数组的首地址传递给指向字符指针的指针变量
    for(i=0;i<4;i++)                //按行输出字符串
        printf("%s\n",*cpp++);
    printf("-----------\n");
    for(i=0;i<4;i++){               //按行输出字符串
        cpp = &cp[i];
        printf("%s\n",*cpp);
    }
}
```

C程序最大的特点就是所有的程序都是用函数来装配的。main( )称为主函数,是所有程序运行的入口。其余函数分为有参或无参两种,均由 main( )函数或其他一般函数调用,若调用的是有参函数,则参数在调用时传递。

先看一下 main( )函数的带参的形式:

```
main(int argc,char **argv)
{
    …
}
```

在操作系统环境下,一条完整的运行命令应包括两部分:命令与相应的参数。其格式为

命令　参数1　参数2　…　参数 n;

此格式也称为命令行。命令行中的命令就是可执行文件的文件名,其后所跟参数需用空格分隔,并为对命令的进一步补充,也即是传递给 main( )函数的参数。

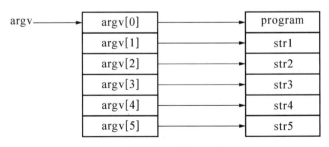

图 1.4 指针数组的取值情况

命令行与 main( )函数的参数存在如下的关系：

设命令行为：program str1 str2 str3 str4 str5

1.2.2 结构体的使用

在日常生活中，我们常会遇到一些需要填写的登记表,如住宿表、成绩表、通讯地址等。在这些表中,填写的数据是不能用同一种数据类型描述的,因此 C 语言引入一种能集中不同数据类型于一体的数据类型——结构体类型。结构体类型的变量可以拥有不同数据类型的成员,是不同数据类型成员的集合。

例如,成绩表由下面的项目构成：

班 级 （字符串）	学 号 （长整型）	姓 名 （字符串）	操作系统 （实型）	数据结构 （实型）	计算机网络 （实型）

成绩表：

```
struct score {
    char grade[20];        //班级
    long number;           //学号
    char name[20];         //姓名
    float os;              //操作系统
    float datastru;        //数据结构
    float compnet;         //计算机网络
};
```

例 1.18 有 4 个同学,填写如下的登记表,除姓名、学号外,还有三科成绩(英语、数学和物理),编程实现对表格的计算,输出每个人的三科平均成绩。

```
#include <stdlib.h>
#include <stdio.h>
struct student {
    char name[20];
    long number;
    float score[4];        //存放三门课程和平均成绩
};
main( )
{
```

```
    void input( );           //函数声明
    void aver( );
    void output( );
    struct student s[4];     //定义结构体数组
    float row[3];

    input(s,4);              //依此调用自定义函数
    aver(s,4);
    output(s,4);
}

void input(arr,n)            //读入 4 个同学的登记表内容
struct student arr[ ];
int n;
{   int i,j;
    char temp[30];
    for (i = 0; i<n; i++) {
        printf("\nInput Name,Number,English,Mathema,Physic\n");
        gets(arr[i].name);
        gets(temp);
        arr[i].number = atol(temp);
        for (j = 0; j<3; j++) {
            gets(temp);
            arr[i].score[j] = atoi(temp);
        };
    }
}
void aver(arr,n)             //求出 4 个同学的平均成绩
struct student arr[ ];
int n;
{
    int i,j;
    for (i = 0; i<n; i++) {
        arr[i].score[3] = 0;
        for (j = 0; j<3; j++)
            arr[i].score[3] + = arr[i].score[j];
```

```
        arr[i].score[3] = arr[i].score[3]/3;
    }
}
void output(arr,n)            //输出 4 个同学的登记表内容和平均成绩
struct student arr[ ];
int n;
{
    int i,j;
    for (i = 0; i<n; i++) {
        printf("|%10s|%8ld|",arr[i].name,arr[i].number);
        for (j = 0; j<3; j++)
            printf("%7.2f|",arr[i].score[j]);
        printf("\n");
    }
}
```

例 1.19 指向结构体数组的指针变量的使用。

```
struct data                    //定义结构体类型
{
    int day,month,year;
};
struct student                 //定义结构体类型
{
    char name[20];
    long num;
    struct data birthday;
};
main( )
{
    int i;
    struct student * p,student[4] = {{"liying",1,1978,5,23},{"wangping",2,1979,3,14},{"libo",3,1980,5,6},{"xuyan",4,1980,4,21}};
                                    //定义结构体数组并初始化
    p = student;                    //将数组首地址赋给 p,p 指向了一维数组 student
        printf("\n1----Output name,number,year,month,day\n");
```

```
for(i=0;i<4;i++)        //采用指针法输出数组元素的各成员
    printf("%20s%10ld%10d%d%d\n",(p+i)->name,(p+i)->num,(p+i)->birthday.year,(p+i)->birthday.month,(p+i)->birthday.day);

for(i=0;i<4;i++,p++)    //采用指针法输出数组元素各成员
    printf("%20s%10ld%10d%d%d\n",p->name,p->num,p->birthday.year,p->birthday.month,p->birthday.day);
}
```

1.3 文件操作

在前面的程序设计中,我们介绍了输入和输出,即从标准输入设备——键盘输入,由标准输出设备——显示器或打印机输出。文件系统也是输入和输出的对象,谈到输入和输出,自然也离不开文件系统。

文件可以从不同的角度来分类:

(1) 按文件所依附的介质来分:有卡片文件、纸带文件、磁带文件、磁盘文件等。

(2) 按文件内容来分:有源文件、目标文件、数据文件等。

(3) 按文件中数据组织形式来分:有字符文件和二进制文件。

字符文件通常又称为 ASCII 码文件或正文文件,按字符存储,具有可读性;而二进制文件是以二进制存储,不具备可读性,但从存储空间的利用来看,实型数无论位数大小均占 4 位,字符确需按位数来存放,这样的话,二进制文件相对就节省了空间。

任何关于文件的操作都要先打开文件,再对文件进行读写,操作完毕后,要关闭文件。

ANSI 在头文件 stdio.h 中定义如下的文件类型:

```
typedef struct{
    int _fd;         //文件号
```

```
    int _cleft;       //缓冲区中的剩余字符
    int _mode;        //文件的操作模式
    char * _next;     //下一个字符的位置
    char * _buff;     //文件缓冲区的位置
} FILE;
```

在操作文件以前,应先定义文件变量指针:FILE * fp1。

例 1.20 将存放于磁盘的指定文本文件按读写字符方式逐个地从文件读出,然后再将其显示到屏幕上。采用带参数的 main( ),指定的磁盘文件名由命令行方式通过键盘给定。

```
#include <stdio.h>
main(argc,argv)
int argc;
char * argv[ ];
{
    char ch;
    FILE * fp;
    int i;
    if ((fp = fopen(argv[1],"r")) = = NULL){   //打开一个由 argv[1]所指的文件
        printf("not open");
        exit(0);
    }
    while ((ch = fgetc(fp))! = EOF)            //从文件读一字符,显示到屏幕
        putchar(ch);
    fclose(fp);
}
```

例 1.21 从一个文本文件 test1.txt 中读出字符串,再写入另一个文件 test2.txt。

```
#include <stdio.h>
#include <string.h>
main( )
{
```

```
    FILE *fp1,*fp2;
    char str[128];
    if((fp1=fopen("test1.txt","r"))==NULL){    //以只读方式打开
        printf("cannot open file\n");
        exit(0);
    }
    if((fp2=fopen("test2.txt","w"))==NULL){    //以只写方式打开
        printf("cannot open file\n");
        exit(0);
    }
    while((strlen(fgets(str,128,fp1)))>0){     //从文件中读回的字符串长度大于0
        fputs(str,fp2);                         //从文件1读字符串并写入文件2
        printf("%s",str);                       //在屏幕显示
    }
    fclose(fp1);
    fclose(fp2);
}
```

例1.22 将一些格式化的数据写入文本文件,再从该文件中以格式化方法读出显示到屏幕上,其格式化数据是两个学生记录,包括姓名、学号、两科成绩。

```
#include <stdio.h>
main()
{
    FILE *fp;
    int  i;
    struct stu{                                 //定义结构体类型
        char name[15];
        char num[6];
        float score[2];
    }student;                                   //说明结构体变量
    if((fp=fopen("test1.txt","w"))==NULL){      //以文本只写方式打开文件
        printf("cannot open file\n");
        exit(0);
    }
```

```
    printf("input data:\n");
    for(i = 0; i<2; i++) {
        scanf("%s %s %f %f", student.name, student.num, &student.score[0],
            &student.score[1]);                //从键盘输入
        fprintf(fp,"%s %s %7.2f %7.2f\n",student.name,student.num,student.score
            [0],student.score[1]);             //写入文件
    }
    fclose(fp);                                //关闭文件
    if ((fp = fopen("test.txt","r")) = = NULL) {  //以文本只读方式重新打开文件
        printf("cannot open file\n");
        exit(0);
    }
    printf("output from file:\n");
    while (fscanf(fp,"%s %s %f %f\n",student.name,student.num,&student.score[0],
        student.score[1]) ! = EOF )            //从文件读入
    printf("%s %s %7.2f %7.2f\n",student.name,student.num,student.score[0],
        student.score[1]);                     //显示到屏幕
    fclose(fp);                                //关闭文件
}
```

程序设计一个文件变量指针,两次以不同方式打开同一文件,写入和读出格式化数据,有一点很重要,那就是用什么格式写入文件,就一定用什么格式从文件读,否则,读出的数据与格式控制符不一致,就造成数据出错。

例 1.23 向磁盘写入格式化数据,再从该文件读出显示到屏幕。

```
#include <stdio.h>
#include <stdlib.h>
main( )
{
    FILE * fp1;
    int i;
    struct stu {                               //定义结构体
        char name[15];
        char num[6];
        float score[2];
```

```c
}student;
if ((fp1 = fopen("test.txt","wb")) = = NULL) {    //以二进制只写方式打开文件
    printf("cannot open file\n");
    exit(0);
}
printf("input data:\n");
for(i = 0; i<2; i++) {
    scanf("%s %s %f %f",student.name,student.num,
        &student.score[0],& student.score[1]);      //输入一记录
    fwrite(&student,sizeof(student),1,fp1);         //成块写入文件
}
fclose(fp1);
if ((fp1 = fopen("test.txt","rb")) = = NULL) {    //重新以二进制只写打开文件
    printf("cannot open file\n");
    exit(0);
}
printf("output from file:\n");
for (i = 0; i<2; i++) {
    fread(&student,sizeof(student),1,fp1);          //从文件成块读
    printf("%s %s %7.2f %7.2f\n",student.name,student.num,
        student.score[0],student.score[1]);         //显示到屏幕
}
fclose(fp1);
}
```

随机对文件的读写是指在文件内部任意对文件内容进行访问,这也就需要对文件进行详细的定位,只有定位准确,才有可能对文件随机访问。

C 语言提供了用于文件定位的函数,它的作用是使文件指针移动到所需要的位置。

int fseek(FILE *fp,long d,int pos);//fp 是文件指针,d 是位移量,pos 是起始点。pos 的取值为

      0:文件开始处
      1:文件的当前位置
      2:文件的尾部

位移量 d 是 long 型的数据,可以为正或负值。表示从起始点向下或向上的指

针移动。函数的返回值若操作成功为 0,操作失败为非零。例如:

fseek(fp,5L,0)表示将文件指针从文件头向下移动 5 个字节;

fseek(fp,-10L,1)表示将文件指针从当前位置向上移动 10 个字节;

rewind( )表示将文件指针移动到文件头;

ftell(FILE *fp)表示返回文件指针的当前位置。

例 1.24 写入 5 个学生记录,记录内容为学生姓名、学号、两科成绩。写入成功后,随机读取第三条记录,并用第二条记录替换。

```c
#include <stdio.h>
#include <stdlib.h>
#define n    5
main( )
{
    FILE *fp1;                              //定义文件指针
    char *temp;
    int i,j;
    struct stu{                             //定义学生记录结构
        char name[15];
        char num[6];
        float score[2];
    } student[n];
    if ((fp1 = fopen("test.txt","wb")) == NULL) {   //以二进制只写方式打开文件
        printf("cannot open file\n");
        exit(0);
    }
    for(i = 0; i<n; i++) {
        printf("input name:");              //输入姓名
        gets(student[i].name);
        printf("input num:");
        gets(student[i].num);               //输入学号
        printf("input score1:");
        gets(temp);                         //输入一科成绩
        student[i].score[0] = atof(temp);
        printf("input score2:");
        gets(temp);                         //输入第二科成绩
```

```
        student[i].score[1] = atof(temp);
        fwrite(&student[i],sizeof(struct stu),1,fp1);    //成块写入
    }
    fclose(fp1);                                          //关闭
    if ((fp1 = fopen("test.txt","rb + ")) = = NULL) {    //以可读写方式打开文件
        printf("cannot open file\n");
        exit(0);
    }
    //以下进行文件的随机读写
    fseek(fp1,3 * sizeof(struct stu),0);                 //定位文件指针指向第三条记录
    fwrite(&student[1],sizeof(struct stu),1,fp1);        //在第三条记录处写入第二条记录
    rewind(fp1);                                          //移动文件指针到文件头
    for (i = 0; i<n; i ++ ) {                             //重新输出文件内容
        fread(&student[i],sizeof(struct stu),1,fp1);
        printf("% - 15s % - 7s % 7.2f % 7.2f \ n",student[i].name,student[i].num,
            student[i].score[0],student[i].score[1]);
    }
    fclose(fp1);                                          //关闭文件
}
```

1.4 函数与模块化程序设计

C语言是结构化语言。结构化语言的显著特征是代码和数据的分离。这种语言能够把执行某个特殊任务的指令和数据从程序的其余部分分离出去、隐藏起来。获得隔离的一个方法是调用使用局部(临时)变量的子程序。通过使用局部变量，我们能够写出对程序其他部分没有副作用的子程序。这使得编写共享代码段的程序变得十分简单。如果开发了一些分离很好的函数，在引用时我们仅需要知道函数做什么，不必知道它如何做。

结构化语言比非结构化语言更易于程序设计，用结构化语言编写的程序的清晰性使得它们更易于维护。这已是人们普遍接受的观点了。C语言的主要结构成

分是函数 C 的独立子程序。

在 C 语言中,函数是一种构件(程序块),是完成程序功能的基本构件。函数允许一个程序的诸任务被分别定义和编码,使程序模块化。可以确信,一个好的函数不仅能正确工作且不会对程序的其他部分产生副作用。

1.4.1 函数的使用

在 C 语言中,函数是程序的基本组成单位,利用函数可以帮助程序程序设计得简单和直观,提高程序的易读性和可维护性,而且还可以把程序中经常用到的一些计算或操作编成通用的函数,以供随时调用,这样可以大大地减轻程序员的代码工作量。

函数是 C 语言的基本构件,是所有程序活动的舞台。函数的一般形式是:

```
type-specifier function_name(parameter list)
parameter declarations
{
    body of the function
}
```

"语言的作用域规则"是一组确定一部分代码是否"可见"或可访问另一部分代码和数据的规则。

C 语言中的每一个函数都是一个独立的代码块。一个函数的代码块是隐藏于函数内部的,不能被任何其他函数中的任何语句(除调用它的语句之外)所访问(例如,用 goto 语句跳转到另一个函数内部是不可能的)。构成一个函数体的代码对程序的其他部分来说是隐蔽的,它既不能影响程序的其他部分,也不受其他部分的影响。换言之,由于两个函数有不同的作用域,定义在一个函数内部的代码数据无法与定义在另一个函数内部的代码和数据相互作用。

C 语言中所有的函数都处于同一作用域级别上。这就是说,把一个函数定义于另一个函数内部是不可能的。

在函数内部定义的变量成为局部变量。在某些 C 语言教材中,局部变量称为自动变量,这就与使用可选关键字 auto 定义局部变量这一做法保持一致。局部变量仅由其被定义的模块内部的语句所访问。换言之,局部变量在自己的代码模块之外是不可知的。切记:模块以左花括号开始,以右花括号结束。

对于局部变量,要了解的最重要的东西是:它们仅存在于被定义的当前执行代码块中，即局部变量在进入模块时生成，在退出模块时消亡。定义局部变量的最常见的代码块是函数。

与局部变量不同，全局变量贯穿整个程序，并且可被任何一个模块使用。它们在整个程序执行期间保持有效。全局变量定义在所有函数之外，可由函数内的任何表达式访问。实践表明，定义全局变量的最佳位置是在程序的顶部。

例 1.25 局部变量与全局变量的使用。

```
#include <stdio.h>
int count;                          //count 是全局变量
void func1( );
void func2( );
main( )
{
    count = 100;
    func1( );
}
func1( )
{
    int temp;
    temp = count;
    func2( );
    printf("count is %d",count);    //打印 100
}
func2( )
{
    int count;
    for(count = 1; count<10; count ++ )
    putchar('. ');                  //打印出"."
}
```

如果一个函数要使用参数，它就必须定义接受参数值的变量。函数定义时填入的参数称为形式参数，简称形参，它们同函数内部的局部变量作用相同。形参的定义是在函数名之后和函数开始的花括号之前。

调用时填入的参数，称为实际参数，简称实参。必须确认所定义的形参与调用函数的实际参数类型一致，同时还要保证在调用时形参与实参的个数出现的次序也要一一对应。如果不一致,将产生意料不到的结果。与其他许多高级语言不同,C 是健壮的,总要做一些甚至你不希望的事情,几乎没有运行时的错误检查,完全没有范围检测。作为程序员,必须小心行事以保证不发生错误,安全运行。

一般来说,有两种方法可以把参数传递给函数。第一种叫做"赋值调用"(Call by Value),这种方法是把参数的值复制到函数的形式参数中。这样,函数中的形式参数的任何变化不会影响到调用时所使用的变量。

把参数传递给函数的第二种方法是"引用调用"(Call by Reference)。这种方法是把参数的地址复制给形式参数,在函数中,这个地址用来访问调用中所使用的实际参数。这意味着,形式参数的变化会影响调用时所使用的那个变量。

除少数情况外,C 语言使用赋值调用来传递参数。这意味着,一般不能改变调用时所用变量的值。

例 1.26 赋值调用与引用调用的使用。

```
#include <stdio.h>
void swap1(int,int);         //赋值调用
void swap2(int *,int *);     //引用调用
main( )
{
    int  a,b,first,second;

    printf("input => ");
    scanf("%d,%d",&a,&b);
    first = a; second = b;
    swap1(first,second);
    printf("%d,%d, => %d,%d",a,b,first,second);
    swap2(&first,&second);
    printf("%d,%d, => %d,%d",a,b,first,second);
}
swap1(int one,int two)
{
    int temp;
    temp = one; one = two; two = temp;
}
swap2(int *p1,int *p2)
{
```

```
    int temp;
    temp = *p1; *p1 = *p2; *p2 = temp;
}
```

一个函数设计完后，可以用三种方法处理它：(1) 把它放在 main( ) 函数的同一个文件中；(2) 把它和写好的其他函数一起放在另一个文件中；(3) 把它放在函数库中。下面分别讨论这三种方法。

(1) 因为 C 语言允许分别编译，很自然就会提出这样的问题：一个文件的最适宜的规模是多大？这个规模很重要，因为编译时间与被编译文件的大小直接相关。一般来说，链接处理的时间比编译处理的时间短得多，且不需要经常去重新编译已经运行过的代码；另一方面，不得不同时处理多个文件，也确实是件让人厌烦的事。

问题的答案是，每个用户、每个编译程序、每个操作系统环境都是不同的。可是对大部分 PC 和一般的 C 编译程序来说，源程序文件不应长于 10000 个字节，建立短于 5000 个字节的文件，可以避免不少麻烦。

(2) 在开发一个大型程序时，最令人烦恼的又最常遇到的工作之一就是需要检查每个文件，以确定某个函数的存放。在程序开发的早期做一点文件组织工作就可以避免这一问题。

第一，把概念上有关的函数组织到一个文件中。如果在编写正文编辑程序，就把删除正文所用的所有函数放进另一个文件，等等。

第二，把所有的通用函数放在一起。例如，在数据库程序中，输入/输出格式编排函数是被其他函数调用的通用函数，应把它们放进一个单独的文件里。

第三，把最高层函数放进一个单独的文件中，如果空间允许，就和 main( ) 放在一起。最高层函数被用来启动程序的总体活动。这些例程从本质上定义了程序的操作。

(3) 从技术上讲，函数库与分别编译的函数文件不同。当库中例程被链接到程序中，或当使用一个分别编译的文件时，文件中的所有函数都被装入和链接到程序中去。对自己创建的函数文件中的大多数文件来说，文件中所有的函数都是要用到的。而对 C 的标准函数库，永远也无法把所有的函数都连接到自己的程序中去，因为目的码会大得吓人！

有时候需要建立一个函数库，例如，假定已经完成了一套专门的统计函数，如果当前开发的某个程序仅仅需要求出一批数值的均值，我们就不必把这些函数全部装入。在这种情况下，函数库是很有用的。

1.4.2 模块化程序设计

人们在求解一个复杂问题时,通常采用的是逐步分解、分而治之的方法,也就是把一个大问题分解成若干个比较容易求解的小问题,然后分别求解。程序员在设计一个复杂的应用程序时,往往也是把整个程序划分为若干功能较为单一的程序模块,然后分别予以实现,最后再把所有的程序模块像搭积木一样装配起来,这种在程序设计中分而治之的策略,被称为模块化程序设计方法。

模块化程序设计的总体思想是采用模块化结构,自上而下,逐步求精。即首先把一个复杂的大问题分解为若干相对独立的小问题。如果小问题仍较复杂,则可以把这些小问题又继续分解成若干子问题,这样不断地分解,使得小问题或子问题简单到能够直接用一些简单程序语句求解为止。然后,对应每一个小问题或子问题编写出一个功能上相对独立的程序块来,这种像积木一样的程序块被称为函数。每个函数各个击破,最后再统一组装,这样,对一个复杂问题的解决就变成了对若干个简单问题的求解。这就是自上而下,逐步求精的程序设计方法。

确切地说,函数是程序对象的集合,模块化就是把程序划分成若干个函数,每个函数完成一个确定的子功能,再把这些函数集中起来组成一个整体,就可以完成对问题的求解。这种用函数组装起来的程序被称为模块化结构程序。在模块化结构程序设计中,采用自上而下,逐步求精的设计方法便于对问题的分解和模块(函数)的划分,所以,它是结构化程序设计的基本原则。

例 1.27 求解任意一个一元二次方程,并将求解结果输出。

基本思路:先从最上层考虑,该求解问题可以分成三个小问题,即输入问题、求根问题和输出问题。这三个小问题就是求一元二次方程根的三个功能函数:输入函数 Input、计算处理函数 Process 和输出函数 Output。其中 Input 函数完成输入必要的原始数据,Process 函数根据求根算法求解,Output 函数完成所得结果的显示或打印。这样的划分,使求一元二次方程根的问题变成了三个相对独立的子问题,而这三个子问题的求解都是相对较为简单,而且可以直接给出求解步骤的。

```
#include <stdio.h>
#include <math.h>
void Input(float *,float *,float *);                //输入三个方程参数
void EquationProcess(float,float,float,float *,float *); //求出方程的两个解
void Output(float,float,float);
```

```
main( )
{
    float   a,b,c,s1,s2;

    Input(&a,&b,&c);
    EquationProcess(a,b,c,&s1,&s2);
    Output(a,s1,s2);
}
    printf("input = >");
    scanf("%d,%d",&a,&b);
    first = a; second = b;
    swap1(first,second);
    printf("%d,%d, => %d,%d",a,b,first,second);
    swap2(&first,&second);

void Input(float * pa1,float * pa2,float * pa3)
{
    printf("input parameters = >");
    scanf("%f,%f,%f",pa1,pa2,pa3);
    return;
}
void EquationProcess(float a,float b,float c,float * ps1,float * ps2)
{
    float   temp;

    temp = sqrt(b * b - 4 * a * c);
    if (abs(a)<0.00001)                    //原方程成为一元一次方程
        * ps1 = - c/b;
    else {
        * ps1 = ((- b) + temp)/(2 * a);
        * ps2 = ((- b) - temp)/(2 * a);
}
void Output(float a,float s1,float s2)
{
    if (abs(a)<0.00001)                    //原方程成为一元一次方程
        printf("Equation solution is %f",s1);
```

```
    else
        printf("Equation solution is %f,%f",s1,s2);
}
```

例 1.28 编程完成字符串的复制,即编写一个 strcpyext( )函数:
strcpyext(char *s1,char *s2,int m,int n)

strcpyext( )函数的功能就是:将字符串 $s2$ 从第 m 个字符位置开始共 n 个字符串复制到字符串 $s1$ 中。

基本思路:先从最上层考虑,该求解问题可以分成三个小问题,即

问题 1:首先获得 $s2$ 的字符串长度;

问题 2:检查输入参数 m,n 的合法性;

问题 3:将字符串 $s2$ 从第 m 个字符位置开始,连续取出 n 个字符,追加到字符串 $s1$ 尾部。

```c
#include <stdio.h>
#include <string.h>
#define  N              100
int GetStringLength(char *);            //获得字符串长度
int CheckParameters(int,int,int);       //检查参数是否合法
int StringAppend(char *,char *,int,int); //字符串追加
int Strcpyext(char *,char *,int,int);
main( )
{
    char s1[N] = "hello";
    char s2[N] = "happy new year";
    int   m,  n,len;

    printf("input parameters =>");
    scanf("%d,%d",&m,&n);

    ret = Strcpyext(s1,s2,m,n);         //回送处理结果

    if (ret ==1)
        printf("Merge result => %s\n",s1);
    else
```

```c
        printf("input parameters error! \n");
}
int GetStringLength(char *s);
    {
    int   count = 0;
    while (s[count])  count++;           //字符串的结束符号为 '\0'
    return count;
}
int CheckParameters(int m,int n,int len)
{
    if (m+n > len return 0; else return 1;   //参数越界
}
int StringAppend(char *t,char *s,int m,int n)
{
    int tlen,i;
    tlen = GetStringLength(t);
    for (i=0; i<n; i++)
        t[tlen+i] = s[m+i];              //复制 n 个字符
    t[tlen+n] = '\0';                    //加上结束符
    return tlen+n;                       //返回最后字符长度
}
int Strcpyext(char *t,char *s,int m,int n)
{
    int   len,ret;

    len = GetStringLength(s);
    ret = CheckParameters(m,n,len);
    if (ret) {                           //如果参数没有越界
        StringAppend(t,s,m,n,len);
        return ret;
    }
    else
        return 0;
}
```

例 1.29 编程完成字符串的复制,在输入参数 m 和 n 越界时,将其尽量修改为合法参数,完成相应字符串的复制。

说明:为了完成上述任务,只需要修改 int CheckParameters(int,int,int)。使用 n 参数的引用调用(CheckParameters(m,&n,len)),以便必要时修改 n 参数值。

```
int CheckParameters(int,int * ,int);   //检查参数是否合法
int CheckParameters(int m,int * pn,int len)
{
    if m > len   return 0;

    if (m+ * pn) > len   * pn= len - m;
    return 1;
}
```

可见,编制程序与建大楼一样,首先要考虑大楼的整体结构而忽略一些细节问题,待把整体框架搭起来后,再逐步解决每个房间的细节问题。在程序设计中就是首先考虑问题的顶层设计,然后再逐步细化,完成底层设计。使用自顶向下、逐步细化的设计方法符合人们解决复杂问题的一般规律,是人们习惯接受的方法,可以显著地提高程序设计的效率。在这种自顶而下、分而治之的方法的指导下,实现了先全局后局部,先整体后细节,先抽象后具体的逐步细化过程。这样编写的程序具有结构清晰的特点,可读性和可维护性也得到了提高。

程序设计风格,从一定意义上讲,就是一种个人编写程序时的习惯。而风格问题不像方法问题那样涉及一套比较完善的理论和规则,程序设计风格是一种编写程序的经验和教训的提炼,不同程度和不同应用角度的程序设计人员对此问题也各有所见。正因如此,程序设计风格很容易被人们忽视,尤其是初学者。结构化程序设计强调对程序设计风格的要求。因为,程序设计风格主要影响程序的可读性。一个具有良好风格的程序应当有以下特点:

(1) 语句形式化。程序语言是形式化语言,需要准确,无二义性。所以,形式呆板、内容活泼是软件行业的风范。

(2) 程序一致性。保持程序中的各部分风格一致,文档格式一致。

(3) 结构规范化。程序结构、数据结构、甚至软件的体系结构要符合结构化程序设计原则。

(4) 适当使用注释。注释是帮助程序员理解程序,提高程序可读性的重要手

段,对某段程序或某行程序可适当加上注释。

(5) 标识符贴近实际。程序中数据、变量和函数等的命名原则是:选择有实际意义的标识符,以易于识别和理解。要避免使用意义不明确的缩写和标识符。例如:表示电压和电流的变量名尽量使用 V 和 I,而不要用 a 和 b。要避免使用类似 aa、bb 等无直观意义的变量名。

1.5 本章小结

1. 循环语句是计算机编程设计最重要的语句,采用不断重复地执行某段程序,以求解某个问题,是计算机求解问题与人类思考求解问题最大的不同之处。

2. 采用函数(模块化)设计程序,计算机求解问题的基本策略是:求解问题时,首先摒弃细节,从宏观上将问题求解分为几个主要部分,然后逐步深入,直到每个最小任务均可以被求解,这些最小任务的求解程序,就是构成整个程序的基本函数。

3. 学习计算机编程,与学习英语类似,只不过它是与计算机进行交流的语言,因此要想掌握计算机编程语言,唯一有效的方法就是:多读、多写。

习 题

1.1 设 x,y,z 是整型变量,初始值分别为 1,2,3,写出下列语句执行后 x 的值。
    (1) x = y = = z;
    (2) x = ((z>y>x)? 1∶0);
    (3) x = (y++ * 1/3);
    (4) z * = 2+3;x = z;
    (5) x = 'B' − 'A'。

1.2 指出下列程序中的错误并改正。

(1)

```c
#include <stdio.h>
void main(){
    int i;char *str[5];
    for(i=0;i<5;i++)scanf("%s",str[i]);
    for(i=0;i<5;i++)printf("%s\n",str[i]);
}
```

(2)

```c
#include <stdio.h>
void main(){
    int i,r[10],sum;
    for(i=0;i<=10;i++){
        r[i]=i+1;
        sum+=r[i];
    }
    printf("sum=%d\n",sum);
}
```

1.3 写出下列程序运行的结果。

(1)

```c
#include <stdio.h>
void main(){
    int i,x;
    for(i=1,x=1;i<7;i++){
        if(x>=7)break;
        if(x%2){x+=5;continue;}
        x-=3;
        printf("i=%d,x=%d\n",i,x);
    }
    printf("i=%d,x=%d\n",i,x);
}
```

(2)

```
#include <stdio.h>
void main( ){
    int i,j;
    char c,a[ ]="datastruct",*p=a;
    for(i=0,j=strlen(a)-1;i<j;i++,j--)
        c=p[i];
        *(p+i)=*(p+j);
        p[j]=c;
    }
    printf("%s\n",a);
}
```

(3)

```
#include <stdio.h>
void swap1(int *p1,int *p2){
    int *t;
    t=p1;p1=p2;p2=t;
}
void swap2(int *p1,int *p2){
    int t;
    t=*p1;*p1=*p2;*p2=t;
}
void main( ){
    int x=2,y=4,*px=&x,*py=&y;
    swap1(px,py);
    printf("%d,%d\n",x,y);
    swap2(px,py);
    printf("%d,%d\n",x,y);
}
```

1.4 已知一个整型元素的数组 $A[n][n]$,编写函数实现：

(1) 计算对角线元素之和；

(2) 判断该二维数组表示的矩阵是否是对称矩阵；

(3) 判断该矩阵是否是稀疏矩阵(非零元比例<5%)。

1.5 编写一个程序,用结构体存储 N 个学生信息,学生信息包括学号、姓名、年龄和成绩。程序要求实现以下功能:

(1) 输入学生信息,存储到结构体数组中;

(2) 按照成绩递减排序;

(3) 输出成绩表。

第 2 章 数据结构导论

数据是信息的载体,在计算机科学中,数据是指所有能输入到计算机中并由计算机程序处理的符号的总称。随着计算机技术的发展,计算机处理的数据已不再局限于数值数据,而是更多地用于表示文字、图像、声音等非数值数据。因此,大多数计算机程序不仅要完成运算,还要进行数据的存储、检索和处理。为了有效地完成这些数据处理任务,这些程序必须快速地组织信息并将其准确地表示出来,即采用有效的逻辑结构和存储结构,以支持高效的信息处理。随着计算机技术的迅速发展,人们越来越深刻地认识到,程序设计的实质就是构造一种好的数据结构(处理对象表示)加上设计一种好的算法(处理对象的步骤),即人们常说的"程序设计=数据结构+算法"。所以,研究数据对象的表示方法和处理步骤以有效地支持程序的实现,就成了计算机科学的核心问题之一。

数据结构课程研究的主要内容就是数据的逻辑结构、编程表示以及数据对象的基本操作与算法,因此,数据结构课程已成为计算机科学与技术专业的重要专业基础课程之一,同时也是其他相关专业的重要必修或选修课程。

2.1 概念与术语

为了方便同学们尽快地理解数据结构等相关内容,这里先介绍一些基本概念和术语。

2.1.1 数据与数据结构

1. 数据

数据(Data)是对客观事物的符号表示,在计算机科学中,是指能输入到计算机并能由计算机程序进行处理的符号的总称。例如,数值计算中求积分程序的处理对象是整数和实数,而文件处理程序或语言编译程序所处理的对象是字符。因此,整数、实数、字符都是数据。

在多媒体程序中,其处理对象是声音、图像等。虽然计算机不能直接处理声音和图像,但声音和图像经过数字化或编码后,就变成能被计算机程序处理的对象,因此,声音和图像都是数据。对计算机科学而言,数据的含义极为广泛,除上面列举的整数、实数、字符、声音和图像等数据之外,它还具有更广泛的内涵。

2. 数据元素

数据元素(Data Element)是数据的基本单位,在程序中通常是作为一个整体来进行处理的。一个数据元素通常由若干个数据项(Data Item)组成,而数据项是数据的不可分割的最小单位。例如,在图书检索程序中,一本书的信息就是数据元素,它由书名、作者名、出版社和分类号等数据项组成,这些数据项是不可分割的最小单位,比如,分类号虽然由若干字符和数字组成,它不能再分割,因为分割后就没有任何含义。

3. 数据对象

数据对象(Data Object)是性质相同的数据元素的集合。任何计算机程序不会只处理一个数据元素,其处理对象通常是相同性质的数据元素的集合。例如,图书检索程序处理的常常是某图书馆内所有图书,而不是某一本图书。

4. 数据结构

数据结构(Data Structure)的概念至今还没有一个统一的定义,一般来说,数据结构是相互之间存在的一种或多种特定关系的数据元素的集合。从程序设计的角度来说,数据结构就是计算机求解问题时问题对象的逻辑结构,以及在利用一定计算机算法求解该问题时如何编程表示这些问题对象的具体实现方法等有关知识。

下面从三个方面来理解数据结构。

(1) 结构。结构即数据元素之间的关系。根据数据元素之间关系的不同特性,通常有下列四类基本结构形式:

① 集合:数据元素之间除了"属于同一个集合"并具有某些共同特征之外,没有任何其他关系,如图 2.1 所示。例如:一个班级所有学生的分数,显然分数与分数之间没有关系。

② 线性结构:数据元素之间存在着一对一的关系(线性关系),即除第一个和最后一个数据元素外,其他每个数据元素有且仅有一个直接前驱和一个直接后继,如图 2.2 所示。例如:一个图书馆中存放的图书,图书与图书之间存在先后摆放的

有序关系。

图 2.1 数据的集合结构

图 2.2 数据的线性结构

③ 树形结构:数据元素之间存在一对多的关系,也即一个数据元素可以与一个或多个数据元素有关系,其结构形式犹如倒生长的树,如图 2.3 所示。例如:军队中的隶属关系,每个士兵隶属于某个班,某个班又隶属于某个排等等。

④ 图状结构或网状结构:数据元素之间存在多对多的关系。在

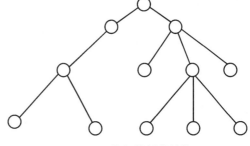

图 2.3 数据的树状结构

这种关系中,数据元素之间关系不受任何限制,它可以描述几乎所有数据元素之间存在的关系,如图 2.4 所示。例如:一个城市中的公共交通路线图,站点与站点之间就构成了一个图状结构或网状结构。

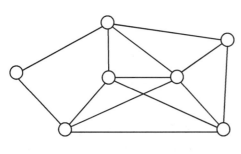

图 2.4 数据的图状结构

(2) 数据结构的组成部分。从数据结构的形式定义知,数据结构的实质是一个二元组:数据结构=〈数据对象,数据对象之间的关系〉。但这种二元组并没有真正反映数据结构的内涵,因此,它不能成为数据结构的标准定义。

一般来说,数据结构包括四部分内容:数据对象、数据的逻辑结构、数

据的存储结构和数据的操作运算。数据的逻辑结构是对数据元素之间关系的数字形式描述。而上述二元组中的"关系"仅是数据的逻辑结构,讨论数据的逻辑结构的目的是准备利用计算机处理数据元素,因此,仅有数据的逻辑结构还不够,还需要研究在计算机编程实现中如何表示或定义出这种逻辑结构。

(3) 数据的存储结构。数据结构在计算机中的存储方式称为数据的物理结构,本书中又称为存储结构,它包含数据元素及数据元素之间关系的计算机编程表示。在计算机中表示信息的最小单元是二进制数的一位,称为位(bit)。那么表示一个数据元素时需要若干个位,这若干个位组成位串,称这种位串为结点(Node)或元素(Element),而结点中对应于数据项的子位串称为数据域(Data Field)。

数据的存储结构有两种不同的形式:顺序存储结构(数组表示)和链式存储结构(指针表示)。顺序存储结构的特点是利用结点在存储器中的相对位置来表示逻辑关系。而链式存储结构借助于指向结点存储地址的指针(Pointer)表示数据元素之间的逻辑关系。例如,复数的存储就可以采用这两种存储方式。若用顺序存储结构,则实部用一个四字节长的内存空间表示,而虚部用接下来的一四字节长的内存空间表示,如图 2.5 所示。

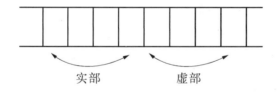

图 2.5　复数的顺序存储

对应如图 2.5 所示复数的顺序存储,其编程实现/定义可以采用以下方式:

```
struct {
    float   realpart;
    float   virtualpart;
} complex;
```

若用链式结构表示复数,则实部用一个四字节长的内存空间,但接下来的两个字节长的内存空间存储虚部所在的地址,如图 2.6 所示。

对应图 2.6 所示的复数的链式存储,其编程实现/定义可以采用以下方式:

```
struct {
    float   realpart;
    float   *virtualpartpoint;
} complex;
```

图 2.6　复数的链式存储

图 2.7 为复数 −3.5+2.4i 的两种表示方法在内存中的映像。

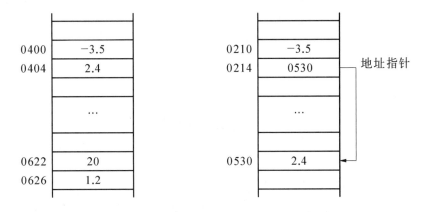

图 2.7　复数两种存储方式的内存映像

2.1.2　数据与数据结构

从学科方面来说,数据结构是一门研究程序设计问题中操作对象以及它们之间关系与表示及其运算的学科。具体地讲,数据结构研究以下四个方面的问题:
(1) 数据的逻辑结构,即数据元素之间的逻辑关系;
(2) 数据的物理结构,即数据在计算机中的存储方式(编程实现/定义);
(3) 定义在数据结构上一组基本操作及其实现算法;
(4) 算法的效率分析,主要分析算法的时间和空间效率。
数据结构是计算机科学与技术的核心课程。早期的数据结构几乎是表、树、图的同义语,发展到现在,数据结构课程还包括排序、查找、文件等方面的内容,该课程不仅研究常规的数据结构,还研究抽象数据类型。由于数据结构研究的数据要在计算机中处理,因此,不仅要考虑数据本身的数学性质,还要重点考虑数据的存储结构(编程实现)及相应操作的算法实现,这一点丰富了数据结构的研究内容,使数据结构课程成为计算机科学技术专业的核心课程,也成为学习程序设计的基础课程。

学习数据结构的目的,就是提高程序设计理论和技术水平,提高计算机程序的效率,这些技巧包括数据的编程表示和实现算法。程序设计的实质就是为问题设计一个好的数据结构,加上设计一种好的处理算法,只有这样才会有高效的程序。有人可能认为,随着计算机的日益强大,程序的运行效率好像变得越来越小,没那么重要了。事实并非如此,计算机功能越强大,人们就越想去尝试更复杂的问题,而更复杂的问题需要更大的计算量,这就使得对高效率程序的需求更加明显。因此,今天的学生必须彻底理解隐藏在高效程序设计后面的理论和技术,才能具备设计高效可靠程序的能力。这种能力无法从日常的生活经验中获得,只有通过不断地进行计算机程序设计训练才能得到。

2.2 抽象数据类型

在高级语言编程中,任何一个变量、常量或表达式都有一个它所属的确定的数据类型。这些数据类型明显或隐藏地规定了数据取值范围及定义在其上的运算,因此,数据类型是值的集合和定义在值集上的一组操作的总称。例如,C语言的整型数据,其值集为[−32768,32767]区间内的整数(这个区间依赖于机器字长),而定义在其上的操作为加、减、乘、除和取余等运算。按"值"的不同特性,可以把数据类型分为两类:原子类型和结构类型。

原子类型的值是不可分解的。例如,C语言中的整型、实型、字符型、指针型等都是原子类型的数据类型。这种类型较少,一般高级语言中定义的基本数据类型就可以满足实际需要。当然,有时为了某种特定目的,还可以定义新的原子类型,例如,"位长100的整数"就是一种原子类型。

结构类型的值是由若干成分(原子类型或结构类型)按某种结构组成的。例如,一本书的值可以定义为由书名、作者、出版社、出版时间和分类号等成分值组成；又如，C语言的数组是语言唯一定义的一种结构类型，它由若干分量组成，而每个分量可以是整型、实型等原子类型，也可以是数组。因此，结构类型的值是可分解的。

对于数据结构和数据类型的区别，可以这样简单理解：数据结构是具有相同结构值的集合，而数据类型可以看成由数据结构和定义在其上的一组操作组成。

在计算机科学里，数据类型的概念不局限于高级语言中，在计算机硬件系统、软件系统以及许多应用环境中都提供数据类型。引入"数据类型"，对于普通用户来说，使他们不必了解这些类型和操作的实现方法，而只需知道输入什么后，按操作规则计算机会输出什么；有效地达到信息的封装，使用户不必也不需要去了解封装内的复杂细节；简化用户对概念的理解，使计算机硬件、软件和应用系统能被一般用户所理解，有利于计算机的普及。高级语言中的这种数据类型成功地实现了数据和操作的抽象化，但这种数据类型对数据关系和操作能力的抽象还不是很强，为了提高抽象能力和更进一步了解数据类型的本质，有必要引入抽象数据类型的概念。

定义 2.1 抽象数据类型（Abstract Data Type），简称 ADT，是指基于一个逻辑类型的数据类型以及这个类型上的一组操作。所谓类型是指一组值的集合。

每个操作由数据的输入和输出定义，一个 ADT 的定义并不涉及它的实现细节，这些实现细节对 ADT 用户来说是隐藏的，隐藏实现细节的过程称为封装，由此，数据结构的实质就是 ADT 的物理实现——计算机上的实现。

和数据结构的形式定义一样，抽象数据类型可用以下的三元组表示：

$$ADT = <D, S, P>$$

其中，D 是数据对象，S 是 D 上的关系集，P 是对 D 的基本操作集。与前面介绍的高级语言数据类型不同，这里的数据对象之间的关系更复杂、更灵活，常用关系模型表示，而基本操作可在数据类型定义中根据需要自行定义。本书采用以下格式定义抽象数据类型。

```
ADT <抽象数据类型名>｛
数据：
   <数据元素及其数据元素之间的关系描述>
操作：
   <运算描述>
｝End ADT <抽象数据类型名>
```

其中,数据对象和数据关系按严格的数学形式描述,而基本操作描述格式为

    基本操作名(参数表); //操作功能描述

如果形式参数的前面有&,则操作结束后返回相应结果给实际参数。

本书采用 C 语言来实现抽象数据类型。由于是在 C 语言的虚拟层次上讨论抽象数据类型的表示和实现,故采用介于伪码和 C 语言之间的类 C 语言作为描述工具,本书中的程序一般都用标准 C 语句,只在一个抽象操作的抽象算法中才采用伪码描述。所有的程序和结构描述,只需进行很少的修改就可以在 C 或 C++ 编程集成环境中调试运行。

为了更好地理解抽象数据类型,例 2.1 给出复数的抽象数据类型的定义。

例 2.1 复数抽象数据类型的定义。

```
typedef int status;
ADT ComplexNumber{
数据:
    D = {r,c|r,c∈R(实数集合)}
    R = {<r,c>}
操作:
    void InitComplexNumber(&T,v1,v2);      //构造一个复数
    void DestroyComplexNumber(&t);         //销毁一个复数
    status PlusComplexNumber(t1,t2,&t);    //复数相加,结果放在 t 中
    status MinusComplexNumber(t1,t2,&t);   //复数相减,结果放在 t 中
    status MultiComplexNumber(t1,t2,&t);   //复数相乘,结果放在 t 中
    status DivideComplexNumber(t1,t2,&t);  //复数相除,结果放在 t 中
}End ADT ComplexNumber
```

2.3 算 法 概 述

2.3.1 问题、算法和程序

程序设计人员需要不断地处理问题、算法和计算机程序,这是三个不同的概念,这一节将详细描述这些概念,最后还将讨论如何进行算法分析。

1. 问题

从直觉上讲,问题(Problem)就是一个始定的需要完成的任务,即对应一组输入有一组输出。作为计算机程序员,只有在问题被准确定义并完全理解后才能研究问题的解决方法。对问题的理解还必须包含该问题的一些限制,计算机要解决的任何一个问题,总有一些直接或间接的限制,比如说,内存、外存和运行时间的限制。但是,问题的定义中不能包含有关怎样解决问题的限制,应该包含对任何可行方案所需资源的限制。

2. 算法

算法示例:公元前300年左右出现的著名的欧几里得算法,就描述了求解两个整数的最大公因子的解题步骤。要求解的问题描述为:"给定两个正整数 m 和 n,求它们的最大公因子,即能同时整除 m 和 n 的最大整数"。欧几里得当时给出的算法如下:

(1) 以 n 除 m,并令所得余数为 r(必有 $r<n$);

(2) 若 $r=0$,输出结果 n,算法结束;否则继续步骤(3);

(3) 令 $m=n$ 和 $n=r$,返回步骤(1)继续进行。

有关算法(Algorithm)一词的定义不少,但其内涵基本上是一致的。最为著名的定义是计算机科学家 D. E. Knuth 在其巨著《计算机程序的艺术》(*Art of Computer Program*)第一卷中所作的有关描述。其非形式化的定义是"一个算法,就是一个有穷规则的集合,其中之规则定义了一个解决某一特定类型问题的运算序列。"

通常,算法是指解决问题的一种方法或者一个过程,是计算机操作步骤的集合。一个问题可以有多种算法,但一个给定的算法只解决一个特定的问题。本书对涉及的许多问题给出了不同的算法,例如,对排序问题就给出多种算法。

一个算法应该具有以下几条性质:

(1) 正确性:它必须完成期望的功能,把每一次输入转化为正确的输出。

(2) 具体性:一个算法必须由一些具体步骤组成。具体意味着每一步骤必须是机器可读的,而且是可执行的。

(3) 确定性:下一步应执行的步骤必须明确。选择语句(C语言中的 if 和 switch 语句)是任何算法描述语言的组成部分,它允许对下一步执行的语句进行选择,但选择过程必须是确定的。

(4) 有限性:一个算法必须由有限步组成。如果一个算法的描述是无限步组成的,那么就不能将算法写出来,更不可能将它变成计算机程序来实现。大多数描述语言均提供一些重复行为的方法,如循环语句(C语言中的 while、do … while

和 for 语句都是循环语句)。循环结构具有简短的描述,但是实际执行的次数会是许多次,它由输入来决定。

(5) 可终止性:算法必须可终止,即不能进入死循环。

3. 程序

程序(Program)是对一个算法使用某种程序设计语言的具体实现。

本书中几乎所有算法都给出了 C 语言程序,由于不用语言语法规则不同,因而一个算法可以有多个不同的程序实现。本书中常常混淆"算法"和"程序",把它们看成同一概念。但根据算法和程序的定义,可以知道并不是所有计算机程序都是算法,例如,一个有死循环的程序就不是算法,但任何一个算法至少对应一个计算机程序。

给出欧几里得算法的 C 语言描述的程序如下:

```c
#include "stdio.h"
main( )
{
    int m,n,r;
    printf("请输入两个正整数:");
    scanf("%d %d",&m,&n);
    printf("\n %d 和 %d 的最大公约数是:",m,n);
    r=m % n;
    while(r!=0){
        m=n;
        n=r;
        r=m%n;
    }
    printf("%d \n",n);
}
```

2.3.2 算法特性

一个好的算法要满足五条标准要求,评价一个算法优劣的五条标准描述如下:

(1) 正确性。所设计出来的算法要能够正确求解给定的问题。这就要求算法中的每一个步骤的描述是准确无歧义的,并且是可以执行的;要求算法能够满足问题要求,并在有限步骤内获得结果;否则就不具备正确性的要求,更谈不上解决给定的实际问题了。算法要能经得起一切可能的输入数据的考验。

在将算法用程序语言表示为特定语言的程序后还必须注意：

① 程序中不含有语法错误；

② 对于一切合法的输入数据，程序能够产生满足要求的输出结果；

③ 对于一切非法的输入数据，程序能够得出满足规格说明的结果；

④ 对于精心选择的，甚至是带有刁难性的典型测试数据，程序都有满足要求的输出结果。

(2) 可读性。表示出来的算法要能够方便地供人们阅读、理解和交流。算法的可读性好是保证正确性的前提，良好的可读性有利于人们理解算法思想，减少出错机会，便于检查和修改。可适当地增加注释，增强算法或程序的可读性。

(3) 健壮性。算法对意外情况的反映能力要强。当输入数据非法、0 作除数、负数开平方等，算法应能做出相应的处理，给出错误信息或终止算法执行，避免产生错误的或莫名其妙的输出结果。

(4) 高效性。算法的执行效率要高。算法的效率可分为时间效率和空间效率。时间效率是通过该算法转化的程序在计算机上运行的时间耗费来确定，在算法设计与分析阶段用执行基本操作的次数（是问题规模的函数）相对于问题规模的渐近阶来表示。空间效率主要考虑除存储数据结构之外的辅助存储空间。一个高效算法是指执行算法耗费时间少，使用辅助存储空间小的算法。

(5) 简洁性。所设计出来的算法要尽可能地简洁。对于同一问题所设计的不同算法，越简洁明了的越好。越简洁的算法可读性越好，越易于理解、编码和调试、测试，越受人们欢迎。

在评价一个算法时，要对这五个方面综合考虑，不要片面追求某一指标。有些指标之间往往是相互制约的，如时间效率与空间效率，简洁性与高效性等等；要学会针对具体问题要求和软硬件实现环境进行综合平衡，设计出满足需要的好算法。

2.4 算 法 分 析

一个问题有多种算法求解时，应怎样选择呢？当然应该选择"最好"的算法来求解问题，但什么算法是"好"算法呢？这需要从程序设计的目的出发来分析该问题。计算机程序设计有两个核心目标：

(1) 简便算法，设计一个容易理解并且方便编码和调试的算法；

(2) 高效算法，设计一个能有效利用计算机资源的算法，即运行时间短，存储空间少的算法。

在理想情况下，达到这两个目标的最终程序都是"最好"的程序，有时也可以说是"完美的"。但通常这两个目标是相互冲突的，高效算法对一般用户，有时甚至对计算机专家来讲都是难理解的，而容易理解的算法常常达不到高效的目的。本书所给出的算法是按"完美"要求进行设计的，因此本书中的算法基本是趋于"完美"的。如何达到简便算法的要求是软件工程课程追求的内容，不是本书的目的。本书追求的目的是高效的算法，或者是在高效算法的基础上来实现简便算法。

估量一个算法效率的方法，称为算法分析。算法分析的目标在于尽可能少地占用计算机资源。计算机资源一般有两个：存储空间和执行时间。算法需用的存储空间大小称为算法的空间复杂度，算法的执行时间称为算法的时间复杂度。对于大多数算法而言，相对于空间复杂度，时间复杂度显得更重要，更需要研究。本书讨论最多的是算法的时间复杂度。

2.4.1 算法的时间复杂度

比较两种算法的时间复杂度，有两种办法。一种办法就是：用源程序分别实现这两种算法，然后输入适当的数据运行，测算两个程序各自的时间开销。但是，这个方法并不可行。第一，编写两个程序，测算两种算法将花费较多的时间和精力，而实际上至多只需要其中的一个程序；第二，仅凭实验来比较两种算法，很有可能因为一个程序比另一个"写得好"，而使得另一个算法由于"写得不好"使其真正质量没有得到很好的体现；第三，测试数据的选择可能对其中的一个算法有利；第四，即使是较好的那种算法也超出了原来预算的时间开销，这就意味着还得重复一遍这样的过程——寻找一种新的算法，再编写一个程序实现它。

另一种办法可以解决所有这些问题，这就是渐近算法分析（Asymptotical Algorithm Analysis），或事先估算算法分析，简称算法分析（Algorithm Analysis）。它可以估算出当问题规模变大时，一种算法及实现它的程序的效率和开销。这种方法实际上是一种估算方法，若两个程序中一个总是比另一个"稍快一点"时，它并不能判断那个"稍快一点"的程序的相对优越性。但是在实际应用中，它被证明是很有效的，尤其是当证明某种算法是值得实现的时候。

许多因素都会影响程序的运行时间。第一，程序运行时间与程序的编译和运行环境有关，如计算机主频、总线和外部设备等；第二，程序运行时间与网络环境有关，在与其他用户共享计算机资源时有时会使程序慢得像蜗牛爬行；第三，程序设计使用的语言和编译系统生成的机器代码的质量会对程序运行时间产生很大的影响,同时编程人员用程序实现算法的效率也会在很大程度上影响运行的速度。如果要在一台指定的机器上,在给定的时间和空间限制下运行一个程序,以上这些因素都会对结果产生影响。但是,这些因素与两种算法或数据结构的差异无关。为了公平起见,同一个问题的两种算法所对应的两个程序,应该在同样的条件下用同一个编译器编译,在同一台计算机上运行。并且,两次编程时所花费的精力也应该尽可能地相等,以使得算法实现"等效"。做到这几点,上面提到的那些因素就不会对结果产生影响,因为它们对每一个算法都是公平的。

要知道一种算法的运行时间,只考虑主频、编程语言、编译器之类的因素是不够的。从理论上说,应该在标准的环境下测算一种算法的时间开销;然而事实上,通常只是在某一台计算机上运行算法的载体。因此,需要选用另一种尺度来代替运行时间。

在现代算法分析中,判断算法性能的一个基本考虑是处理一定"规模"(Size)的输入时该算法所需要执行的"基本操作"(Basic Operation)数。"基本操作"和"规模"这两个名词的含义都是模糊不清的,而且要视具体算法而定。

"规模"一般是指输入量的数目,比如,在排序问题中,问题的规模一般可以用被排序的元素的个数来衡量。

一个"基本操作"必须具有这样的性质:完成该基本操作所需时间与操作数的具体取值无关。在大多致高级语言中,两个整数相加、相乘和比较两个整数的大小等操作都是基本操作,但 n 个整数累加就不是基本操作,因为其运行时间要由 n 的大小来决定,因此,算法需要执行的基本操作数是问题规模 n 的函数,记为 $T(n)$。$T(n)$ 必定是一个随着规模 n 增大而增大的函数,它体现了算法随规模 n 的增长速度。

例2.2 求有 n 个元素的整数数组的最大元素。算法是依次遍历数组中的每个元素,并保存当前的最大元素,该算法称为"最大元素顺序检索"。下面就是使用 C 语言编写的程序。

```c
int largest(int *a,int n)
{
    int  maxnumber = a[0];
    int  i;
    for(i  = 1; i<n; i++)
        if(a[i] > maxnumber)
```

```
        maxnumber = a[i];
    return maxnumber;
}
```

其中,问题的规模为 n,这些整数存放在数组 a 中,基本操作是"比较"两个整数和给变量 maxnumber"赋值",即把一个存放现有整数的变量与 maxnumber 作比较,然后考虑是否赋值。可以认为,这样检查数组中的某个整数所需要的时间是一定的,与该整数的大小或其在数组中的位置无关;而"赋值"操作则与整数的分布有关。

把上述 largest 函数中检查一个元素所需要的时间记为 c。c 中包括变量 i 增值的时间(这是处理数组中每一个元素时都要做的工作),还有当找到一个新的最大元素时要做的工作。现在不考虑 c 的实际值,也不考虑函数初始化所需要的一小部分额外时间,只考虑执行该算法的一个合理的近似时间。因此,运行 largest 函数的总时间可近似地认为是 $(n-1) \times c$(共需要 $n-1$ 步检查工作,每一步需要时间 c)。largest 函数的时间代价可以用下面的等式来表示:

$$T(n) = (n-1) \times c$$

这个等式表明了求最大元素顺序检索法时间代价的增长率。实际上可以认为

$$T(n) = n \times c$$

因为 largest 函数中还有初始化的时间。

例 2.3 考察下面的 C 程序段:

```
{
    sum = 0;
    for (i = 1; i <= n; i++)
        for (j = 1; j <= n; j++)
            sum = sum + a[i] * a[j];
}
```

如何计算这个程序段的运行时间(Running Time)呢?显然,随着 n 的增大,其运行时间也会增长。例 2.3 中的基本操作是变量 sum 与两个数组元素乘积的相加,可以认为该操作所需要的时间是一定的,记为 c_1(在此可以忽略初始化 sum 和循环变量 i 与 j 累加的时间。事实上,这些时间开销都可以计入 c_1。后面的内容还将对此作进一步的解释)。要执行的基本操作总数为 n^2,因此,运行时间函数为

$$T(n) = c_1 \times n^2$$

增长率的概念是非常重要的。它可以用来比较两个算法的时间代价,而不用真的编写出两个程序,并在计算机上运行。从上面的两个例子,可以看出:一个算法的运行时间是问题规模 n 的一次函数,另一个是问题规模 n 的二次函数。这两个算法的运行时间随着问题规模的增大是有明显区别的。假设 $c = c_1 = 1$,那么 $n = 10$ 时,第一个程序的运行时间为 10,而第二个的运行时间为 100,而 $n = 1\,000$ 时,相应的运行时间分别为 1 000 和 1 000 000。由此看出,问题规模越大运行时间区别越大,显然,第一个程序比第二个程序的效率高。

一般情况下,算法的运行时间 T 是问题规模 n 的函数 $f(n)$,记为

$$T(n) = O(f(n))$$

在一般情况下,很难精确计算出算法中的基本操作次数,因此实际上,只需得到时间是对于问题规模的增长率,就基本能判断出时间的复杂度。因此,求时间复杂度就是求 $f(n)$ 的阶。用数学符号"O"来表示时间复杂度。它是数学上在 n 趋近于 ∞ 时的等级概念,因此有

$$O(n) = O(n + 100)$$
$$O(n) = O(10n)$$
$$O(n^2) = O(n^2 + 100n)$$
$$O(n^2) = O(kn^2 + k_1 n + k_2)$$

其中,k、k_1、k_2 为常数。

时间复杂性的渐近阶(同阶)表示,是对算法时间性能优劣的宏观定性评价。

例如,为了求解同一问题所设计的两个不同的算法 A1 和 A2,其时间耗费分别为 $T_1(n) = 40n^2$ 和 $T_2(n) = 5n^3$;显然,当问题规模 $n < 8$ 时,$T_1(n) > T_2(n)$,算法 A2 比 A1 时间花费少;利用渐近阶表示的时间复杂度 $O(n^2)$ 和 $O(n^3)$ 反映了对这两个算法时间性能优劣的宏观定性评价结论。

由于是宏观的定性评价,算法中频度最大的语句的频度,与算法中每条语句频度的和 $T(n)$ 是同阶函数;所以人们在计算算法时间复杂度时,往往只需考虑算法中频度最大的语句的频度就可以了。

例 2.4 下面的程序段:

```
{
    sum = 0;
    for(i=1; i<=n; i++)
        for(j=1; j<=i; j++)
```

```
            sum = sum + a[i] * a[j];
}
```

同样,如果把一个数组元素累加到变量 sum 中为一个基本操作,该算法执行的基本操作数为

$$1 + 2 + 3 + \cdots + n = n(n+1)/2$$

可以看出该算法的运行时间关于 n 的增长率为 n^2,所以时间复杂度为 $O(n^2)$。

例 2.5 两个 $n \times n$ 矩阵相乘的程序。

```
{
    for(i=1; i<=n; i++)                          //n 次加法
        for(j=1; j<=n; j++) {                    //n² 次加法
            c[i][j] = 0;                         //n² 次赋值
            for(k=1; k<=n; k++)                  //n³ 次加法
                c[i][j] = c[i][j] + a[i][k] * b[k][j];   //n³ 次乘法
        }
}
```

其中,每一条语句的频度说明在注释中。该算法的时间耗费 $T(n)$ 可表示为

$$T(n) = 2n^3 + 2n^2 + n$$

显然,它是矩阵的阶(该问题的规模)n 的函数。并且当 $n \to \infty$ 时,$T(n)/n^3 \to 2$。这表示当 n 趋于无穷大时,$T(n)$ 与 n^3 是同阶函数或者说是同量级的。因此有 $T(n) = O(n^3)$。

在算法分析的许多实例中,一般得不到基本操作的次数,它依赖于算法的输入数据分布情况。

例 2.6 冒泡排序算法的程序如下:

```
Bubble(int a[ ], int n)
{
    int  i,j,t;
    for (i=n-1; i>=1; i--)
        for (j=1; j<=i; j++)
            if (a[j]<a[j-1]) {
                t=a[j]; a[j] = a[j-1]; a[j-1] = t;
```

　　　　}
　}

　　上述排序算法的基本操作是两个数据的交换。当初始数据是由小到大的序列时,基本操作的执行次数为 0;而在初始数据是由大到小的序列时,基本操作的执行次数为 $n(n-1)/2$。

　　对于这种算法可以用两种算法分析方法讨论。

　　第一种方法是计算算法的平均执行时间,设输入数据可能出现不同情况的有 N 种,那么平均执行时间为

$$T_{\text{avg}}(n) = \sum f(n)/N$$

其中,$\sum f(n)$ 为对所有情况的求和。在查找算法中,是用平均执行时间来度量时间复杂度的。但对排序算法来说,平均执行时间只是其中一种特例的执行时间,在每种情况是等概率出现时,平均执行时间不能说明算法的好坏。同时,对于某些算法,输入数据的各种情况数是无限的,分析它的平均时间需要更高深的数据基础,因此,就需要采用另一种分析方法。

　　第二种方法是分析最坏情况下的时间复杂度,它是算法的时间复杂度的上限。因此,用它衡量算法估算时间复杂度,是判断算法时间复杂度的一个很有效的手段。例如上述的冒泡算法,在最坏情况下的执行时间为 $n(n-1)/2$,因此冒泡排序算法的时间复杂度为 $O(n^2)$。本书中,如果没有特别指明,所分析出的时间复杂度均指算法在最坏情况下的执行时间。

2.4.2　算法分析的基本原则

　　这里简单介绍一下算法分析时,所遵循的基本原则:

　　(1) 执行一条基本操作如读写或赋值语句等,需要 $O(1)$ 的时间花费。

　　(2) 对于顺序结构,需要执行一系列语句,所用时间用求和准则估计。

　　(3) 对于选择结构如 if 语句,主要时间耗费是执行 then 子句或 else 子句所用的时间;此外,检验条件还需用 $O(1)$ 的时间。多选择结构的时间耗费与 if 语句类同。

　　(4) 对于循环结构,执行时间为多次迭代中循环体的执行和检验循环条件的耗时,常用乘法准则估计。

　　(5) 对于复杂算法,可以将它分成几个容易估算的部分分别估计,然后利用求和准则和乘法准则计算整个算法的时间复杂度。

1. 大 O 下的求和准则

(1) 若 $T_1(n) = O(f(n))$, $T_2(n) = O(g(n))$（不相同问题规模时），则有 $T_1(n) + T_2(n) = O(f(n) + g(n))$；

(2) 若 $T_1(n) = O(f(n))$, $T_2(n) = O(g(n))$（相同问题规模时），则有 $T_1(n) + T_2(n) = O(\max(f(n), g(n)))$；

(3) 若 $g(n) = O(f(n))$（特殊运算规则），则 $O(f(n) + g(n)) = O(f(n))$。

2. 大 O 下的乘法准则

(1) 若 $T_1(n) = O(f(n))$, $T_2(n) = O(g(n))$（不相同问题规模时），则有 $T_1(n) * T_2(n) = O(f(n) * g(n))$；

(2) 若 $T_1(n) = O(f(n))$, $T_2(n) = O(g(n))$（相同问题规模时），则有 $T_1(n) * T_2(n) = O(f(n) * g(n))$；

(3) 若 c 是一个正常数（特殊运算规则），则 $O(cf(n)) = O(f(n))$。

例 2.7 两个 $n \times n$ 矩阵相乘的程序。

```
    {
(1)     for(i=1; i<=n; i++)                              //n 次加法
(2)         for(j=1; j<=n; j++) {                        //n² 次加法
(3)             c[i][j] = 0;                             //n² 次赋值
(4)             for(k=1; k<=n; k++)                      //n³ 次加法
(5)                 c[i][j] = c[i][j] + a[i][k] * b[k][j];  //n³ 次乘法
            }
    }
```

如对这样的矩阵相乘算法，它是三层嵌套的循环结构，可以从最内层循环的循环体语句(5)开始分析：

(1) 赋值语句(5)，与问题规模无关，时间复杂度为常数阶 $O(1)$，即 $T_5(n) = O(1)$；

(2) 对于语句(4)，$T_4(n) = O(n)$，它与语句(5)是循环关系，应该用乘法准则，即 $T_4(n) * T_5(n) = O(1 * n) = O(n)$；

(3) 对于语句(3)，$T_3(n) = O(1)$，它与语句(4)、(5)是顺序结构，应该用求和准则，即 $T_3(n) + T_4(n) * T_5(n) = O(\max(1, n)) = O(n)$；

(4) 对于语句(2)，其 $T_2(n) = O(n)$，语句(3)到(5)是它的循环体，适用乘法准则，故有 $T_2(n) * (T_3(n) + T_4(n) * T_5(n)) = O(n * n) = O(n^2)$；

(5) 语句(1)的耗时 $T_1(n) = O(n)$，语句(2)～(5)是它的循环体，适用乘法准则，所以有 $T_1(n) * (T_2(n) * (T_3(n) + T_4(n) * T_5(n))) = O(n * n^2) = O(n^3)$。

利用这组程序分析法则可得矩阵相乘算法的时间复杂度为 $T(n) = O(n^3)$，它与我们在前面用所有语句执行频度的总和关于问题规模的函数表达后求渐近阶得出的结果一致，但却省去了计算所有语句执行频度总和的麻烦。

常见的时间(或空间)复杂度有：常数阶 $O(1)$、对数阶 $O(\log_2 n)$、线性阶 $O(n)$、线性对数阶 $O(n\log_2 n)$、平方阶 $O(n^2)$、立方阶 $O(n^3)$ 和指数阶 $O(2^n)$。

图 2.8 常见函数的增长率

如图 2.8 所示，部分函数的增长情况。可以看出指数阶的算法效率极低，当问题规模 n 稍大时就无法使用。

2.4.3 算法的空间复杂度

运行时间是算法代价的一个关键方面，但是也不能片面地注重运行速度，而应该同时考虑其他因素。另一个很重要的因素是运行该程序所需要的空间代价(包括内存和磁盘空间)，因此，分析一种算法(或者是实现该算法的一个程序实例)的性能，需要分析算法所花费的时间，以及算法所采用的数据结构所占用的空间。

算法的空间复杂度指的是算法所需的存储空间的量度，这种存储空间包括内存和外存，一般用"字节"(Byte)作为空间的基本度量单位。设问题的规模为 n，算法所需的空间单元数 S 一般是问题规模 n 的函数 $d(n)$。记为

$$S(n) = O(d(n))$$

一个上机执行的程序所需的存储空间包括：① 程序本身所用的指令、常量、变

量;② 输入的数据;③ 对数据进行加工的工作单元;④ 存储计算所需要的额外存储空间。一般来说,如果输入的数据所用的空间与算法无关,就只需要分析③和④所用的内存空间,否则就必须同时考虑输入本身所需的空间。本书中,一般只讨论算法所用的额外空间。

2.5 本章小结

1. 数据结构包括数据的逻辑结构和数据的存储结构,以及在此结构上的基本操作。数据的逻辑结构主要有:集合、线性结构、树状结构和图状结构;数据的存储结构主要有:顺序存储和链式存储。学习数据结构的关键就是要学会如何使用顺序存储(数组)和链式存储(指针),来表示所遇到各种数据对象(三种逻辑结构)。

2. 在数据的逻辑结构的实现基础上,还需要掌握基于这些逻辑结构的基本数据操作。这些操作将是未来求解问题的基本任务单元。

3. 算法,就是计算机求解问题的步骤。描述一个计算机算法,通常需要说明清楚该算法的输入与输出,以及算法的功能(如何根据输入产生相应输出的计算步骤)。衡量计算机算法优劣,一般采用算法的时间复杂度,即分析计算机算法中基本操作次数与问题规模之间的函数关系。

习 题

2.1 设有数据结构(D,R),其中:

$$D = \{d1, d2, d3, d4\}$$
$$R = \{r1, r2\}$$
$$r1 = \{\langle d1,d2 \rangle, \langle d2,d3 \rangle, \langle d3,d4 \rangle, \langle d1,d4 \rangle, \langle d4,d2 \rangle, \langle d4,d1 \rangle\}$$
$$r2 = \{(d1,d2), (d1,d3), (d1,d4), (d2,d4), (d2,d3)\}$$

试绘出其逻辑结构示意图。

2.2 设 n 是正整数。试写出下列程序段中用记号"△"标注的语句的频度:

(1)

```
i = 1; k = 0;
while(i <= n - 1) {
△ k + = 10 * i;
    i + + ;
}
```

(2)

```
i = 1; k = 0;
do {
△ k + = 10 * i;
    i + + ;
}while(i <= n - 1)
```

(3)

```
i = 1; k = 0;
do {
△ k + = 10 * i; i + + ;
}while(i = = n);
```

(4)

```
i = 1; j = 0;
while(i + j <= n) {
△ if(i<j) i + + ; else j + + ;
}
```

(5)

```
x = n; y = 0;//n 是不小于 1 的常数
while(x >= (y + 1) * (y + 1)){
△ y + + ;
}
```

(6)

```
x = 91; y = 100;
while (y>0)
△ if(x>100) { x -= 10; y-- ; }
    else   x++;
}
```

(7)

```
for(i = 0; i<n; i++)
    for(j = i; j<n; j++)
        for(k = j; k<n; k++)
            △ x+ = 2;
```

第 3 章 线 性 表

线性数据结构的典型代表就是线性表。这种数据结构的特点是同处一个集合的数据元素通过元素之间的相对位置来确定它们之间的相互关系,这种关系是一对一的关系,因此称为线性结构。

3.1 线性表的基本概念

线性表(Linear List)是 $n(n \geqslant 0)$ 个数据元素的有限序列,这些数据元素同属于一个集合,在这个序列中相邻的数据元素之间存在一种相对的位置关系,我们称之为"序偶"关系。线性表通常记作

$$(a_1, a_2 \cdots, a_{i-1}, a_i, a_{i+1}, \cdots, a_{n-1}, a_n) \tag{3.1}$$

在序列中,a_{i-1} 位于 a_i 前面,a_{i+1} 位于 a_i 的后面,称 a_{i-1} 是 a_i 的直接前驱元素,a_{i+1} 是 a_i 的直接后继元素。当 $i \neq n$ 时,a_i 有且仅有一个直接后继,当 $i \neq 1$ 时,a_i 有且仅有一个直接前驱。i 正是标识数据元素相对位置的一个编号,我们称之为**位序**。

线性表中元素的个数 $n(n \geqslant 0)$ 称为线性表的长度,当 $n=0$ 时线性表为空表。

下面是几个线性表的例子,26 个大写字母可以构成一个线性表;扑克牌的 13 张同一花色牌也构成一个线性表;学生的基本信息也可以构成线性表,但和前面两个例子稍有不同,其数据元素不再是简单的字符了,而是由多个数据项构成的,如学号、姓名、性别等。

例 3.1 $(A,B,C,\cdots,Z)$ 是一个线性表,长度 26。

例 3.2 $(A,2,3,4,5,6,7,8,9,10,J,Q,K)$ 也是线性表,长度 13。

例 3.3 学生基本信息如表 3.1 所示。

表 3.1 学生基本信息表

学号	姓名	性别	出生年月
0406210001	张三	男	1987.09
0406210002	李四	女	1987.07
...	...	...	...
0406210199	王五	男	1988.04

线性表的常用基本操作有插入、删除和查找等。当线性表进行插入操作时,线性表的长度将增加,在插入位置之后的所有元素的位序都会随之增加 1。而删除操作则相反,删除位置之后的所有元素位序都随之减 1。

线性表是实际应用中最常用到的数据结构,如前所述,线性表的主要操作是插入、删除和查找等。但不同的应用所涉及的对线性表的操作也不尽相同。

线性表的抽象数据类型定义如下:

```
ADT List{
    数据对象:D = {a_i | a_i ∈ ElemSet, i = 1,2,…,n, n≥0, ElemSet 为元素集合}
    数据关系:R = {<a_{i-1}, a_i> | a_{i-1}, a_i ∈ D, i = 2,…,n}
    基本操作:
InitList(&L)
    操作结果:创建一个空的线性表 L。
DestroyList(&L)
    操作结果:销毁线性表。
    参数说明:线性表 L 已存在。
ClearList(&L)
    操作结果:将线性表 L 重置空。
    参数说明:线性表 L 已存在。
ListEmpty(L)
    操作结果:若线性表 L 为空则返回 TRUE;否则返回 FALSE。
    参数说明:线性表 L 已存在。
ListLength(L)
    操作结果:返回线性表 L 中的元素个数,亦即线性表长度。
    参数说明:线性表 L 已存在。
```

GetElem(L,i,&e)

  操作结果:将 e 赋值为线性表 L 中位序为 i 的元素。

  参数说明:线性表 L 已存在,且 $1 \leqslant i \leqslant ListLength(L)$。

LocateItem(L,e)

  操作结果:返回线性表 L 中首个 e 元素的位序。若不存在 e 则返回值为 0。

  参数说明:线性表 L 已存在。

PriorElem(L,cur_e,&pre_e)

  操作结果:若 cur_e 非线性表 L 的第一个元素,则将 pre_e 赋值为 cur_e 的直接前驱元素,同时返回 TRUE;否则返回 FALSE。

  参数说明:线性表 L 已存在。

NextElem(L,cur_e,&next_e)

  操作结果:若 cur_e 非线性表 L 的最后一个元素,则将 next_e 赋值为 cur_e 的直接后继元素,同时返回 TRUE;否则返回 FALSE。

  参数说明:线性表 L 已存在。

ListInsert(&L,i,e)

  操作结果:在线性表 L 中位序为 i 的元素前面插入元素 e,线性表长度增加 1。

  参数说明:线性表 L 已存在,且 $1 \leqslant i \leqslant ListLength(L)+1$

Listdelete(&L,i,&e)

  操作结果:删除线性表 L 中位序为 i 的元素,并将其值赋予 e,线性表长度增加 1。

  参数说明:线性表 L 已存在,且 $1 \leqslant i \leqslant ListLength(L)$。

ListTravers(L)

  操作结果:按元素的位序依次输出线性表 L 中的所有元素。

  参数说明:线性表 L 已存在。

}end ADT List

  上述线性表 ADT 描述中的操作仅仅是一种抽象的描述,并没有涉及具体的结构存储和高级语言的实现。当我们用具体的高级语言如 pascal、C++ 等来表示线性表的存储结构时,相应地,这些操作也就都可以使用对应的高级语言来实现了。这些基本操作一般可以用于研究算法和构建更复杂的操作,因为针对具体的应用有时需要更多的复杂操作。通过对这些基本操作的调用,可以使我们抛开数据结构的实现细节,集中精力面向应用,展开深入的讨论和研究。

  例 3.4 利用两个线性表 La 和 Lb 分别表示两个集合 A 和 B,求集合 $A = A \cup B$。例如 La = (2,3,5,8),Lb = (4,6,8,10),则结果为 (2,3,5,8,4,6,10)。

  从线性表角度描述这个问题就是:把线性表 Lb 存在而 La 中没有的元素插入到 La 中。由于集合内元素是没有顺序之分的,因此可以插在任意位置。我们这里选择插在最后一个元素后面。这个问题我们可以使用线性表 ADT 的基本操作来实现,而不必关注线性表具体存储是怎么实现的。具体操作步骤如下:

(1) 取 Lb 中一个元素并从 Lb 中删除;
(2) 在 La 中查询有没有该元素;
(3) 若 La 中不存在该元素,则将该元素插入到 La 中;
(4) 重复(1)~(3)直到 Lb 为空,销毁 Lb。

算法 3.1

```
void union(List &La,List &Lb)
{
    La_len = ListLength(La);        //求 La 的长度
    while(! ListEmpty(Lb))          //循环处理 Lb 中的元素
        ListDelete(Lb,1,e);         //删除 Lb 中第一个元素并赋予 e
        If(! LocateItem(La,e))ListInsert(La, ++La_len,e);
                                    //若 e 不在 La 中则插入 La 的最后一个元素后面
    }//end while
    DestroyList(Lb);
}//end unoin
```

例 3.5　利用两个线性表 La 和 Lb 分别表示两个集合 A 和 B,求一个新的集合 $A = A - B$。

该例与前例类似,从线性表角度描述这个问题就是:把线性表 Lb 中存在且在 La 中也存在的元素从 La 中删除。具体操作步骤如下:

(1) 取 Lb 中一个元素并从 Lb 中删除;
(2) 在 La 中查询有没有该元素;
(3) 若 La 中存在该元素,则将该元素从 La 中删除;
(4) 重复(1)~(3)直到 Lb 为空,销毁 Lb。

算法 3.2

```
void  minus(List &La,List &Lb)
{
    while(! ListEmpty(Lb))      //循环处理 Lb 中的元素
      ListDelete(Lb,1,e);       //删除 Lb 中第一个元素并赋予 e
      If((i = LocateItem(La,e))! = 0)ListDelete(La,i,e);
      //若 e 在 La 中则从 La 中删除
```

}//end while
   DestroyList(Lb);
}//end minus

3.2 线性表的顺序表示

前一节介绍了线性表的逻辑结构是一种线性的结构,表中的元素通过相对位置来确定其相互之间的关系。那么线性表如何在存储器中存储,这就是线性表的物理结构(或称存储结构)了。任何一种数据结构的存储一般都考虑两种方式:顺序存储和链式存储。所谓顺序存储就是在存储器一块连续的区域中把元素按照存储器单元的自然次序一一存放,借助于存储器的连续性来体现元素之间的逻辑关系。这样存储的结果就是元素的逻辑位置和物理位置是保持一致的。而链式(链接)存储则是利用指针链接来反映元素之间的逻辑关系,这时元素的逻辑位置和物理位置就未必一致了。下面分别介绍这两种存储方式。

3.2.1 顺序表

当用顺序的存储方式来实现线性表的存储时,我们就称之为线性顺序表,简称顺序表。这种方式使用一组地址连续的存储单元来存储线性表的元素。在C语言中的一维数组正是这样的一组地址连续的存储区域。例如数组 elem[n] 可以用来存储 n 个元素的线性表。elem[0]存储位序为 1 的元素,elem[1]存储位序为 2 的元素,……,elem[$n-1$]存储位序为 n 的元素。有时在 elem[0]用来存储其他信息,并不用来存储线性表的元素,这样线性表的位序就可以和数组下标相等了。本教材中 elem[0]也用来存储数据元素,这样位序 $i = j+1(j = 0,1,2,\cdots,n-1,j$ 为数组下标)。

由于数组在建立时并不能预知将来可能存储的元素是多少,所以在创建数组时一般只能根据估算设定数组的规模。此外,由于线性表中当前的元素是可以增删的,其个数也就是线性表的长度是不定的。因此,数组的长度和线性表的长度是两个不同的概念,当前线性表的长度总是应该小于数组长度。线性表的顺序表示如下:

```
#define LIST_INIT_SIZE   100
#define LIST_INC_SIZE    20
    typedef struct{
      ElemType  *elem;      //数据元素类型的指针
      int   listsize;       //线性表分配的初始数组长度(单位:ElemType)
      int   length;         //线性表的长度
    }SqList;
```

上述定义中，ElemType 元素类型，在不同的结构体中元素类型可以有不同的定义。例如在例 3.1、例 3.2 中 ElemType 是 char 型，在例 3.3 学生基本信息表中 ElemType 则应该是一个结构体，该结构包括学号、姓名和性别等。

图 3.1　线性顺序表的存储映像示意图

3.2.2　顺序表的基本操作实现

当确定了线性表的顺序存储方式后，就可以很容易地实现上一节中提到的线性表的基本操作了。在实现顺序表的过程中，要注意到两个特点：一是顺序表的长度由 length 给出；另一个是顺序表的元素位序 $i=j+1(j=0,1,2,\cdots,n-1,j$ 为数组 elem 的下标)。下面给出顺序表部分基本操作的实现。

1．顺序表的初始化 InitList_sq

顺序表的初始化主要是为结构 Sqlist 分配空间。为了有效利用内存资源，一般采用动态地为顺序表的数组分配存储区域，InitList 和 DestroyList 正是实现动态分配和销毁的两个基本操作。初始化顺序表除了要给 elem 指针分配内存，还需要给 listsize 和 length 赋值，可以在 msize 参数中指定，也可以采用缺省值。

算法 3.3

```
void InitList_sq(SqList &L, int msize = LIST_INIT_SIZE)
{
    //构造一个容量是 msize 的顺序表 L
```

```
    L.elem = new ElemType[msize];      //给 elem 指针动态分配 msize 长度的数组
    L.listsize = msize;                //顺序表的最大容量
    L.length = 0;                      //顺序表初始时的元素数是 0
}//end InitList_sq
```

2. 顺序表的销毁操作 DestroyList_sq

顺序表的销毁操作和初始化操作相对应,释放已经分配的内存空间。在某些应用中如果线性表特别庞大,不再使用后应及时在程序中销毁。

算法 3.4

```
void  DestroyList_sq(SqList &L)
{
    //销毁顺序表 L
    delete [ ] L.elem;   //释放数组空间
    L.length = 0;
    L.listsize = 0;
}//end DestroyList_sq
```

3. 检查空、满和获取长度 ListEmpty/ListFull/ListLength

这几个操作都和 length 这个结构成员有关。ListEmpty 通过检查 length 是否为 0 来判断顺序表是否为空;ListFull 通过检查 length 是否和 listsize 相等来判断顺序表是否满了;ListLength 则直接返回 length。

算法 3.5

```
bool ListEmpty_sq(SqList L)
{//判断 L 是否空
    return (L.lenth = = 0);
}//end ListEmpty_sq
```

算法 3.6

```
bool ListFull_sq(SqList L)
{//判断 L 是否满
    return (L.lenth = = L.listsize);
```

}//end ListFull_sq

算法 3.7

```
int ListLength_sq(SqList L)
{//返回顺序表 L 的长度
    return L.lenth;
}//end ListLength_sq
```

4. 查找和获取元素 LocateItem/GetItem

这两个操作都和查找元素有关。LocateItem 是已知某个元素的值,在顺序表中查找第一次出现该元素的位置。如果存在则返回位序,如果不存在则返回 0。而 GetItem 则是已知元素的位序,从顺序表中获取该元素的值。

算法 3.8

```
int LocateItem_sq(SqList L,Elemtype e)
{//在顺序表 L 中查找第一个值为 e 的元素,若找到则返回位序,否则返回 0
    for(i=1;i<=L.length;i++)          //依次查找每个元素
        if(L.elem[i-1]==e)return i;   //找到位序为 i 的元素
    return 0;                          //没有找到值为 e 的元素
}//end LocateItem_sq
```

算法 3.9

```
void GetItem_sq(SqList L,int i,Elemtype &e)
    {//将顺序表 L 中位序为 i 的元素值赋予 e
    e=L.elem[i-1];
    }//end GetItem_sq
```

5. 插入元素 ListInsert

顺序表的插入操作是一个相对比较复杂的操作。当在顺序表 L 中位序为 i 的元素(即 L.elem[$i-1$])前插入一个新的元素 e 时,需要将 L.elem[L.length-1] 至 L.elem[$i-1$] 所有元素都向后移动一个单元。很显然,在插入之前顺序表不能是满状态,至少需要有一个空位置,否则就需要重新为顺序表分配更大的空间。例如在顺序表 L(6,9,11,20,40,48,52,69)中第 5 个元素前插入 25,25 插入后就变成 elem[4]。如图 3.2 所示。

算法 3.10

```
void ListInsert_sq(SqList &L,int i,Elemtype e)
{//在顺序表 L 中位序为 i 的元素前插入一个新的元素 e
 //如果在插入之前顺序表已经处于满状态,则需要先增加顺序表容量
 //同时需要考虑 i 的合法性
    if(i<1||i>L.length+1){ErrorMsg("i 值非法!");return;}
    if(L.length= =L.listsize)Increment(L);//当前 L 已满
    for(j=L.length-1;j>=i-1;j--)       //由后往前逐个后移元素
        L.elem[j+1]=L.elem[j];
    L.elem[i-1]=e;                      //在 L.elem[i-1]放入 e
    ++L.length;
}//end ListInsert_sq
```

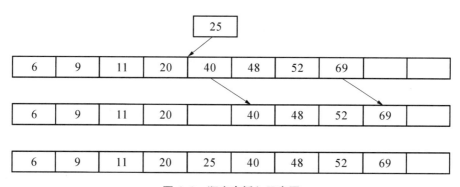

图 3.2　顺序表插入示意图

上面算法中调用了 Increment 方法,该方法用来增加顺序表的容量,由于数组不一定能在原区域基础上扩张,所以必须重新为顺序表分配更大的数组,并把原来的数据元素复制过去(C 语言中 realloc 函数也实现了类似功能),如算法 3.11 所示。在上面的算法中还用到了 ErrorMsg 方法,这是一个错误处理函数,一个完整的算法应该有针对各种异常情况的处理能力,即容错性。该函数仅调用了简单的 IO 函数将信息提示显示给用户,如 C 中的 printf 或者 C++ 中的 cout 等。本教材后续章节均使用 ErrorMsg 作为错误处理函数,不再说明。

算法 3.11

```
#define LIST_INC_SIZE 20
void   Increment(SqList &L,int inc_size = LIST_INC_SIZE)
{
    //增加顺序表 L 的容量为 listsize + inc_size
    ElemType * a;
    a = new ElemType[L.listsize + inc_size];   //给 a 指针动态分配内存
    if(! a){ErrorMsg("分配内存错误!");return;}
    for(i = 0;i<L.length;i++)a[i] = L.elem[i];
                                 //将原数组的元素复制到新数组
    delete [ ] L.elem;            //释放原数组空间
    L.elem = a;                   //将新的数组赋予顺序表的指针
    L.listsize + = inc_size;       //顺序表的容量增加 inc_size
}//end ListInsert_sq
```

通过上面的算法我们可以看出,顺序表的插入操作与插入点有关。长度为 n 的顺序表中,如果插入位置为 L.length+1,那么元素移动的次数是 0;如果插入位置是 1,那么元素移动的次数是 n。一般地,如果插入的位置是 i,则元素移动的次数是 $n+1-i$。

如果考虑在所有位置插入的概率相同,那么每个位置插入的概率都是 $1/(n+1)$,这样在等概率情况下顺序表插入元素的平均移动次数为

$$E_{in} = \sum_{i=n+1}^{1} P_i C_i = \frac{1}{n+1}\sum_{i=n+1}^{1}(n+1-i) = \frac{1}{n+1}\frac{n(n+1)}{2} = \frac{n}{2} \quad (3.2)$$

因此顺序表插入元素的时间复杂度为 $O(n)$。此外,顺序表的扩容也是相当地耗费时间,需要将所有的元素都移动一次。所以我们在设计顺序表时尽量一次分配好空间,以避免动态增加容量。

6. 删除元素操作

和插入元素相反,删除顺序表中位序为 i 的元素的时候,需要将之后的所有元素均向前移动一个单元,以保证顺序表在存储空间上的连续性。当删除顺序表 L 中位序为 i 的元素(即 L.elem[$i-1$])时,需要将 L.elem[L.length−1]至 L.elem[i]所有元素均向前移动一个单元。例如在顺序表 L(6,9,11,20,25,40,48,52,69)中删除第 6 个元素,则元素移动情况如图 3.3 所示。

算法 3.12

```
void ListDelete_sq(SqList &L,int i,Elemtype &e)
{//从顺序表 L 中删除位序为 i 的元素并把值赋予 e
    if(i<1||i>L.length){ErrorMsg("i 值非法!");return;}
    e=L.elem[i-1];                        //保存 L.elem[i-1]到 e
    for(j=i;j<=L.length-1;j++)            //由前往后逐个前移元素
      L.elem[j-1]=L.elem[j];
    L.length--;
}//end ListDelete_sq
```

图 3.3　顺序表删除示意图

通过上面的算法可以看出,顺序表的删除操作也和删除元素的位置有关。在长度为 n 的顺序表中,若删除位置为 L.length,则元素移动的次数是 0;若删除位置为 1,则元素移动的次数是 $n-1$。一般地,若删除的位置是 i,则元素移动的次数是 $n-i$。

如果考虑删除每个位置元素的概率相同,那么删除每个位置元素的概率都是 $1/n$,这样在等概率情况下顺序表删除元素的平均移动次数为

$$E_{\text{del}} = \sum_{i=1}^{n} P_i C_i = \frac{1}{n}\sum_{i=1}^{n}(n-i) = \frac{1}{n}\frac{n(n-1)}{2} = \frac{n-1}{2} \quad (3.3)$$

因此顺序表删除元素的时间复杂度也是 $O(n)$。由式(3.2)和式(3.3)可以看出,顺序表的插入和删除平均都要移动约一半数量的元素。当顺序表的长度非常大时,这个时间的消耗还是不容忽视的,这也是顺序存储的最大缺陷。这个缺陷正是由于顺序表是依靠内存的连续性来反映元素之间的逻辑关系而造成的。因此顺序表常常用于那些无需频繁插入和删除元素的应用。

3.2.3　顺序表应用举例

在线性表的顺序存储方式下,再回头看看例 3.4 中求两集合的并集的操作。

在算法 3.1 中并没有涉及线性表的存储,只是利用了线性表的抽象操作来实现了具体的应用。下面的算法 3.13 则是完全针对顺序存储使用 C 语言来实现的。在实际的应用中我们是不建议使用算法 3.13 的方式来实现的,因为这样的算法实际是把应用逻辑和具体的基本操作实现掺合到一起来实现的。它既考虑了应用的业务逻辑,也给出了顺序存储方式下一些基本操作的实现,如 LocateItem、ListInsert 等,而且针对具体的应用把这些方法做了修改,如这里的 ListInsert 就仅考虑在最后一个元素的后面插入元素。

例 3.6 利用两个顺序表 La 和 Lb 分别表示两个集合 A 和 B,求集合 $A = A \cup B$。

算法 3.13

```
void Union_sq(SqList &La,SqList &Lb)
{//实现顺序表 A 和 B 所表示的集合的并,结果放在 A,销毁 B
    for(i=0;i<Lb.length;i++){          //逐个处理 Lb 的元素
        e=Lb.elem[i];                   //取 Lb 中第 i 个元素
        j=0;
        while(j<La.length&&La.elem[j]!=e) ++j; //在 La 中查找 e
        if(j==La.length){               //La 中没有找到 e
            La.elem[La.length]=e;       //e 插入到 La 的最后
            La.length++;                //La 长度增加 1
        }//if
    }//for
    delete [ ] Lb.elem;                 //释放 Lb 内存
    Lb.length=0;Lb.listsize=0;
}//end Union_sq
```

3.3 线性表的链式表示

如前所述,顺序表的插入和删除平均都要移动约一半的元素。当顺序表的长度非常大时,这个时间的消耗还是不容忽视的,这也是顺序存储的最大缺陷。因此顺序表常常用于那些无需频繁插入和删除元素的应用。那么对于需要频繁插入和删除的线性表，我们采用什么样的存储方式呢？本节将介绍另一种存储表示方法——链式存储方法。链式存储不再依靠内存的连续性来反映元素之间的逻辑关系，而是通过指针链接体现元素之间的逻辑关系。使用链式存储的方式实现的线性表称为**链表**。链表没有了顺序表所要求的存储必须连续的弱点，但也失去了顺序表随机存取任一个元素的优点。

3.3.1 单链表

顺序表是用一组连续的存储单元来存储元素，存储单元的相邻关系体现了元素之间的序偶关系，因此每个存储单元仅仅存储数据元素本身。而链表则无需连续的存储单元来存储数据元素，因此每个存储单元除了要存储数据元素本身外，还需要存储一个指示直接后继元素的信息——指针。这两部分信息构成一个结点。结点中表示数据元素的域称为**数据域**，指向直接后继存储位置的域称为**指针域**。链表的这种存储结构使得链表无需像顺序表那样预先分配好所有的存储空间，而是在插入一个新元素时临时为新的元素分配结点。本节介绍的链表只包含一个指针域，区别于后面介绍的多指针域，称之为**单链表**。单链表用C语言表示如下：

```
typedef struct LNode{
    ElemType  data;
    struct LNode * next;
}LNode, * LinkList;
```

图3.4给出了一个结点的示意图，图中p是一个指向LNode类型的一个指针变量。如果一个指针指向一个结点，那么就可以通过p->data来访问该结点的数据域，通过p->next访问该结点的指针域。

图 3.4　单链表结点示意图

由于p->next也是一个指针，其指向当前结点的下一个结点，因此通过p->next->data就可以访问下一结点的数据域。依此类推，从第一个结点开始就可以依次访问到链表中的所有结点。

图3.5给出了一个单链表的结构示意图。图中H是一个LNode型指针变量，指向链表的第一个结点，称为头指针。最后一个结点因其没有后继结点，其指针域

图 3.5　单链表结构示意图

是一个空指针 NULL，一般用"∧"表示。

此外，常常会在第一个结点之前附加一个"头结点"，令头指针指向它，头结点不存放任何数据元素，而线性表第一个元素所在的结点则称为"首元结点"，如图 3.6 所示。这种设计在后面讲的循环链表中很有用。

图 3.6　带头结点的单链表结构示意图

在介绍链表的操作前，先简单回顾一下 C 语言中有关指针的操作。根据上述 LNode 结构的定义，LNode 是一个自定义数据类型。我们可以这样来定义 LNode 类型的指针变量：

$$\text{LNode } *p, *q;$$

因 LinkList 被定义为 LNode 类型的指针，下面的定义是等价的：

$$\text{LinkList } p, q;$$

需要注意一下运算符"->"和"."的区别："->"是指向运算符，用于访问指针所指结构体变量中的成员；而"."是成员运算符，用于访问结构体变量的成员。如下面的变量定义：

$$\text{LNode } *p, q;$$

那么在完成相应的内存分配后，要访问变量的数据域应该使用下面的操作符：p->data 或 q.data。当然使用这样的方式访问也可以：(*p).data 或(&q)->data。

在 C 语言中为一个指针分配内存的语法为

$$p = (\text{LNode } *)\text{malloc}(\text{sizeof}(\text{LNode}));$$

其对应的释放内存语法为

$$\text{free}(p);$$

在 C++ 中的分配内存的语法是

$$p = \text{new LNode};$$

对应的释放内存语法为

$$\text{delete } p;$$

本教材后续章节均采用C++的分配存储方法,略显简洁。在链表的操作中,经常会用到关于指针的各种操作,归纳起来有如图 3.7 所示的几种。

操作内容及语句	操作前	操作后
指针指向结点 p=q		
指针指向后继 p=q->next		
指针向后移动 p=p->next		
指针改链接 p->next=q		
指针改接后继 p->next=q->next		

图 3.7 指针相关操作示意图

3.3.2 单链表的基本操作

在使用单链表存储方式来实现线性表时,其基本操作如下:

1. 初始化 InitList_L

单链表的初始化操作很简单,由于链表不需要像顺序表那样预先分配所有的空间,因此链表的初始化只需要定义一个空指针。

算法 3.14

```
void InitList_L(LinkList &L)
{//初始化链表 L
    L = NULL;
}//end InitList_L
```

2. 求链表长度 ListLength_L

和顺序表相反,单链表的长度获取相对复杂些。由于链表没有一个属性来表示链表的元素个数,因此需要采取从头至尾逐个遍历计数的方法来实现。

算法 3.15

```
Int ListLength_L(LinkList L)
{//求链表 L 的长度
    p = L;k = 0;
    while(p){
        k++;p = p->next;
    }//while
    return k;
}//end ListLength_L
```

上述算法中,k 初值为 0,当 L 是 NULL 时,不进入循环体,函数直接返回 0;若 L 不空,则令指针变量 p = L,指针 p 不断向后移动扫描整个链表,每经过一个结点 k 加 1,直到 p 为 NULL 为止,此时 p 为最后一个结点的 next 值。因此此时 k 值即链表的长度。可以看出链表求长度的算法扫描了每个结点,因此算法复杂度为 $O(n)$,n 为结点数。

3. 链表查找元素 LocateItem_L

链表的查找和顺序表的查找有相似之处,但也有不同。相似之处是均从第一个元素开始逐一比较,直至发现要找的元素。不同之处是找到元素后不是返回位序,而是返回该结点的指针,如果找不到,则返回 NULL 指针。虽然也可以通过类似 ListLength 的方法返回该结点的位序,但由于链表中无法直接访某位序的结点,因此一般返回指向结点的指针(地址)。此外,由于链表不能像顺序表那样已知长度,直接 for 循环"线性表长度"次,链表是以指针变量指向 NULL 为线性表遍历结束条件的。

算法 3.16

```
LNode * LocateItem_L(LinkList L,ElemType e)
{//在链表 L 中查找元素 e
    p = L;
```

```
    while(p&&p->data! =e)p=p->next;
    return p;
}//end LocateItem_L
```

可以看出,查找元素和求长度差不多,都需要逐个遍历元素,不同的是,查找不一定遍历完所有的元素,当发现第一个 e 元素后就返回了。根据前面对顺序表的分析,不难得出,在等概率的条件下,链表查找元素平均扫描比较的次数是 $n/2$,因此其时间复杂度也是 $O(n)$。

4. 链表插入元素 ListInsert_L

由于链表并不依靠存储区域的连续性来体现元素之间的逻辑序偶关系,而是通过指针链接来体现元素的逻辑关系。因此当我们在链表中插入元素时就不需要移动元素来保持存储的连续性,而是增加一个新的结点,然后通过修改相关的指针来实现把该元素插入链表。此外,由于位序的概念在链表中很不方便使用,因此我们插入时不再以位序作为参数,而是直接以某个结点的指针作为参数,将结点插在它的前面或后面。

在讨论顺序表插入元素时,待插元素总是插在位序为 i 的元素前面,其实插在位序为 i 的元素前面或后面对于顺序表而言是几乎同样的操作,只是移动的元素少了一个而已。但对于链表而言,则差别很大。

看下面的例子。假设 s 是指向待插入结点的指针,p 是链表中某个结点的指针,现在需要把 s 指向的结点插在 p 所指结点的后面,称之为**后插**。插入前后如图 3.8 所示。

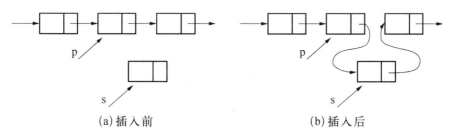

(a) 插入前　　　　　　　　　　(b) 插入后

图 3.8　链表后插示意图

图 3.8 中的后插操作主要包括下面的两个指针操作,这两个操作次序是不可以颠倒的,否则在 p->next 被赋值为 s 后,p 原来的后继结点将无法再访问。

```
        s->next=p->next;    //s 的后继置为 p 的原后继
        p->next=s;          //p 的后继置为 s
```

下面考虑将 s 插在 p 的前面的情况,称之为**前插**。要使 s 插在 p 的前面,必须使 p 的原前驱的指针指向 s,s 的指针指向 p。但从已知的 p 指针是无法获得其前驱地址的,因此必须从链表的头指针开始寻找 p 的前驱,找到 p 的前驱(假设为 q 指针所指结点)后便可以按照前述后插的方法将 s 插在 q 的后面了。

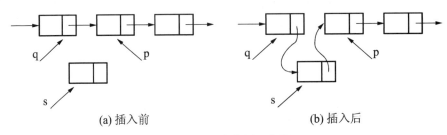

(a) 插入前　　　　　　　　　　(b) 插入后

图 3.9　链表前插示意图

q->next = s;　　//p 的原前驱的后继置为 s
s->next = p;　　//s 的后继置为 p

由此可见,前插操作比后插要复杂,复杂主要体现在要寻找给定结点 p 的前驱。寻找的过程是从头指针开始,逐个比较其后继是否为 p。这里要考虑一个特例,若 p 是第一个结点,那么其不存在前驱,这时 s 插在 p 前面将变成第一个结点。这种情况其实只需要直接修改头指针指向 s 即可。算法 3.17 给出了对不同情况的具体处理。

算法 3.17

```
void ListInsert_L(LinkList &L,LNode * p,LNode * s)
{//在链表 L 中,在 p 所指结点前插入 s 所指的结点
    if(p= = L){                   //p 是第一个结点
        s->next = L;
        L = s;
    }//if
    else {                        //p 不是第一个结点
        q = L;
        while(q&&q->next! = p)q = q->next;   //q 逐个后移,找到后继是 p 的结点
        if(q){q->next = s;s->next = p;}      //在 p 前插入 s
        else ErrorMsg("p 不是 L 中的结点");    //q 为空说明 p 不是 L 中的结点
    }//else
}//end ListInsert_L
```

链表的插入操作中,后插比较简单,和表长度无关,因此其时间复杂度为 $O(1)$;而前插操作需要从链表的第一个元素开始逐个比较查找前驱,根据前述分析,各个插入点等概率条件下平均比较的次数大约是 $n/2$,所以其时间复杂度为 $O(n)$,其中 n 为链表长度。细心的读者也许发现,其实前插也可以这样来考虑:首先把 s 后插在 p 后面,然后交换两个指针的数据域,就实现了 s 的前插。这样也可以使得前插的操作时间复杂度达到 $O(1)$。

```
s->next=p->next;        //s 的后继置为 p 的原后继
p->next=s;              //p 的后继置为 s
s->data ←→ p->data      //交换 s 和 p 的数据域
```

5. 链表删除结点 ListDelete_L

和链表的插入结点类似,链表删除结点也不需要像顺序表那样移动元素,只需要修改相关的指针就可以实现。由于修改的指针涉及前驱结点,因此也需要像前插那样寻找待删除结点的前驱,当然也同样要考虑 p 没有前驱的特例。假设 p 指针所指结点是待删除结点,q 是需要寻找的 p 的前驱,那么所需要修改的指针就是把 q 的后继直接指向 p 的后继。即

$$q->next=p->next$$

(a) 删除前   (b) 删除后

图 3.10 链表删除结点示意图

因链表的结点是插入时动态分配的内存,故在删除结点时也需要释放相应的内存空间,被删除结点的元素值通过参数 e 返回。

算法 3.18

```
void ListDelete_L(LinkList &L,LNode * p,ElemType &e)
{//在链表 L 中,删除 p 所指结点
    if(p==L)L=p->next;                      //p 是第一个结点
    else{                                   //p 不是第一个结点
        q=L;
        while(q&&q->next!=p)q=q->next;      //q 逐个后移,找到后继是 p 的结点
        if(q)q->next=p->next;               //使 p 的原前驱直接指向 p 的后继
        else ErrorMsg("p 不是 L 中的结点");   //q 空说明 p 不是 L 中的结点
```

}//else
  e = p->data;delete p;   //保存被删除的元素值,释放结点空间
}//end ListDelete_L

  和链表的插入操作类似,链表的删除操作也需要从链表头指针开始逐个查找待删除结点的前驱,删除第一个结点比较的次数最少,删除最后一个结点比较的最多。各个结点等概率的情况下平均查找比较的次数大约是 $n/2$。因此链表删除操作的时间复杂度也是 $O(n)$。

3.3.3 单链表的应用

  现依然考虑前面章节中求两个集合并集的问题。使用单链表的存储方式来看看如何解决例 3.4 的问题。

  由于链表在删除结点时,删除第一个结点查询的次数最少,因此从 Lb 中删除结点时总选择删除第一个结点。在 La 中插入结点时,也是插在第一个结点前最快,但由于在 La 中查找某元素是否存在时已经遍历了 La,因此也可以考虑把新增加的元素链接在最后一个元素后面。具体见算法 3.19。

  例 3.7 利用两个单链表 La 和 Lb 分别表示两个集合 A 和 B,求集合 $A = A \cup B$。

算法 3.19

```
void Union_L(LinkList &La,LinkList &Lb)
{//将链表 La 中不存在的 Lb 中元素结点插到 La 中,插在最后一个结点的后面
    if(! La){La = Lb;return;}            //La 为空,Lb 直接赋值给 La
    while(Lb){                           //Lb 还有结点没有处理
        s = Lb;Lb = Lb->next;            //Lb 中删除第一个结点,指针赋予 s
        p = La;
        while(p&&p->data! = s->data){   //在 La 中查找值和 s 结点相等的结点
            pre = p;                     //保存前一个结点指针在 pre
            p = p->next;
        }//while
        if(p) delete s;                  //La 中存在相同的元素,直接删除 s
        else {pre->next = s;s->next = NULL;}
                                         //把 s 链接在 La 的最后一个元素后面
    }//while
```

}//end Union_L

上述算法中对 La 的空表检测不可少,否则会导致下面的 pre 指针值为空而访问 pre->next。这个算法还可以做一些优化,比如按照集合的概念 Lb 内部不应该有元素相等的两个结点,那么在这些结点在插入 La 后就不需要再和后来的 Lb 中结点作比较了。可以通过设置一个指针指向原始 La 的最后一个结点,这样每次在 La 中查找 Lb 的某个元素时查到此结点为止。但这样一来 pre 的值就没法获得了。于是可以考虑另一个方法,将 Lb 中元素都前插在 La 的第一个元素前,这样我们就需要设置一个指针来保存 La 的原头指针了。当然,如果前插也就无需找到最后一个结点了。于是可以形成稍作改进的算法 3.20。

算法 3.20

```
void Union1_L(LinkList &La,LinkList &Lb)
{//将链表 La 中不存在的 Lb 中元素结点插到 La 中,插在第一个结点的前面
    pa = La;                            //La 的原头指针保留
    while(Lb){                          //Lb 还有结点没有处理
        s = Lb;Lb = Lb->next;           //Lb 中删除第一个结点,指针赋予 s
        p = pa;                         //仅从 La 的原头指针开始查找
        while(p&&p->data! = s->data)    //在 La 中查找值和 e 结点相等的结点
           p = p->next;
        if(p) delete s;                 //La 中存在相同的元素,直接删除 s
        else{s->next = La;La = s;}      //把 s 插在 La 的第一个元素前面
    }///while
}//end Union1_L
```

3.4 线性结构的深入

在本节将介绍一些线性结构的其他存储方法以及一些应用示例。

3.4.1 循环链表

循环链表是单链表的一种变化形式,把单链表的最后一个结点的 next 指针指

向第一个结点,整个链表就成了一个环。这样在环上任意一个结点出发顺着 next 指针都可以遍历整个链表。一般循序链表都会设置一个头结点,并把头指针指向最后一个结点,这样可以做到首尾兼顾。一个空的循环链表就是一个头结点,结点的 next 指针指向自身。头指针也指向该头结点。

(a) 循环链表　　　　　　(b) 空循环链表

图 3.11　循环链表示意图

循环链表和单链表的方法基本一致,主要是判断链表遍历结束的方法不一样。在单链表中主要使用 p == NULL 来判断,而在循环链表中则通过 p == head->next 来判断。循环链表和单链表相比,主要优点体现在非常方便在表尾插入结点。在单链表中要在表尾加结点必须从头指针开始找到指向最后一个结点的指针,因此时间复杂度为 $O(n)$。而在循环链表中因为头指针指向最后一个结点,因此可以直接插在头指针所指结点的后面,其时间复杂度为 $O(1)$。

3.4.2　双向链表

在前面的讨论中可以看到,无论是链表的前插操作还是删除操作都需要找到某个结点的前驱,而在单链表中访问一个结点的前驱就必须从头指针开始查找,从而导致时间复杂度是 $O(n)$。既然我们可以为每个结点设立一个指向后继的指针,当然也可以设立一个指向前驱的指针,这样在求一个结点的前驱或后继时都可以直接访问了。对于这种每个结点设置两个指针分表指向前驱和后继的链表,称之为**双向链表**(Double linked list)。

和单链表相比,双向链表主要多了一个指针域 prior,其结构的 C 语言描述如下:

```
typedef struct DLNode{
    ElemType   data;
    struct DLNode * prior;
    struct DLNode * next;
}DLNode, * DLinkList;
```

双向链表一般也采用带头结点的循环链表,并且有一个头指针指向头结点,称之为**双向循环链表**。空的双向循环链表只有一个头结点,并且前驱和后继的指针都指向自身。如图 3.12 所示。

(a) 双向循环链表　　　　　　　　(b) 空双向循环链表

图 3.12　双向循环链表示意图

双链表的结构极大地方便了链表的前插和删除操作,避免了从头结点开始的查找前驱工作,使原来链表中前插和删除操作的时间复杂度均达到 $O(1)$。图 3.13 和 3.14 分别给出了链表的前插操作和删除操作示意图。

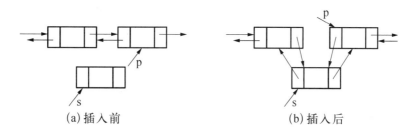

(a) 插入前　　　　　　　　　(b) 插入后

图 3.13　双向循环链表前插结点示意图

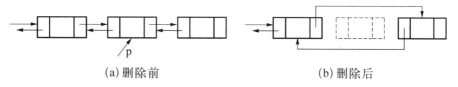

(a) 删除前　　　　　　　　　(b) 删除后

图 3.14　双向循环链表删除结点示意图

双向链表中结点插入操作实现见算法 3.21。

算法 3.21

```
void ListInsert_DL(DLinkList &L,DLNode *p,DLNode *s)
{//在双向循环链表 L 中结点 p 前插入结点 s
    s->prior = p->prior;
```

```
    s->next = p;
    p->prior->next = s;
    p->prior = s;              //后面两个指针赋值次序不能颠倒
}//end ListInsert_DL
```

双向链表中结点的删除操作实现见算法 3.22。

算法 3.22

```
void ListDelete_DL(DLinkList &L,DLNode *p,ElemType &e)
{//将双向循环链表 L 中 p 结点删除,并把元素值赋予 e
    e = p->data;
    p->prior->next = p->next;
    p->next->prior = p->prior;
    delete p;
}//end ListDelete_DL
```

上述讨论的循环链表和双向链表都是单链表的一种变化,在实际应用中我们还可以根据应用的实际情况,对链表的结构作有利于应用的针对性变化。例如循环链表有利于快速定位到尾结点;双向链表有利于快速找到前驱;针对链表求长度的困难我们也完全可以定义一个链表结构,使其一个属性成员体现表长,甚至包括尾指针。例如我们可以定义这样一个高级链表类型:

```
typedef struct{
    LinkList head,tail;
    int length;
}AdvLinkList;
```

针对这样的结构存储,我们来看一个例子。

例 3.8 把数组 $A[n]$ 所表示的顺序表的元素按序创建 AdvLinkList。

如前所述,在单链表中把元素接在表尾是很不方便的,需要从头指针开始查找最后一个结点,然后修改其 next 指针由 NULL 指向待插入的结点,显然其时间复杂度为 $O(n)$。因此单链表的插入经常会选择在表头插入,这样对于本例中要求创建后的元素次序和原顺序表一致,就需要采用逆插的方法:也就是数组 $A[n]$ 的最后一个元素 $A[n-1]$ 最先插入单链表,接下来 $A[n-2]$ 插入在 $A[n-1]$ 前面,……,一直到 $A[0]$ 插在 $A[1]$ 的前面。

而对于使用 AdvLinkList 存储结构来实现本例就不需要进行逆插了,因为有专门的 tail 指针指向表中最后一个元素。因此就可以按照正常的顺序把元素插在链表末端。

算法 3.23

```
void CreateList_AdvL(AdvLinkList &L,Elemtype A[ ],int n)
{//把数组 A[n]的元素按序存储在 AdvLinkList 中
    L.head = L.tail = new LNode;    //产生头结点
    L.head->next = NULL;
    L.length = 0;
    for(i = 0;i<= n-1;i++){
        s = new LNode;              //产生新结点
        s->data = A[i];             //新结点赋值
        s->next = NULL;
        L.tail->next = s;           //新结点插在表末端
        L.tail = s;                 //tail 指向新结点
        L.length++;
    }//for
}//end CreateList_AdvL
```

3.4.3 有序表

线性表中元素之间的逻辑关系是序偶关系。对元素值并没有任何的约束。如果在元素的值上再加以约束,比如按照值的大小来依次排列元素,那么就会简化很多算法。

如果一个线性表中元素之间可比较大小,并且对于所有的元素都按照非递减或非递增有序排列,即 $a_i \leqslant a_{i+1}$ 或 $a_i \geqslant a_{i+1}$ ($i=1,2,…,n-1$),那么称该线性表为有序表。当然有序表既可以是顺序存储的,也可以是链式存储的。

有序表的插入操作也有限制,插入元素依然要使得元素之间满足有序表的约束关系。因此有序表的插入元素就不能随意给定插入的位置了,而是由其值来决定应该插入的位置。有序表的插入总是需要从线性表的第一个元素开始依次比较其与待插入元素的大小,其时间复杂度和顺序表的前插操作一样为 $O(n)$。但在有些情况下有序表可以表现出很好的特性,如本教材后面将要讨论的两分法查找等。

例 3.9 把一个顺序有序表 L 表示的非纯集合（即集合内有相同的元素）进行纯化,把相同的元素删除掉。

这个例子可以借助于例 3.4 的思想,把 La 看作空表,Lb 看作现在的 L。这样,仍然是每次从 Lb 中删除一个元素看其在 La 是否存在,如果没有就插入 La。显然当 Lb 中所有元素都处理完以后,La 就是一个纯化的集合。通过前面的分析很容易得到对于每个 Lb 的元素都需要和已经插入 La 的元素比较,即每个元素的处理时间复杂度是 $O(n)$,因此这个算法的时间复杂度是 $O(n^2)$。

本例中因 L 是有序表,那么操作将会大大简化。

算法 3.24

```
void Purge(SqList &L)
{//把顺序有序表 L 中相同的元素删除
    i = -1;j = 0;
    while(j<L.length){
        if(j==0||L.elem[j]!=L.elem[i])
            L.elem[++i] = L.elem[j];
        j++;
    }//while
    L.length = i+1;
}//end Purge
```

由于 L 是有序表,因此如果 L 中有值相同的元素必定是连续的。我们只需要从 L 的第一个元素开始扫描一遍有序表,发现后一个元素和前一个相同就舍弃它,继续考察其后面的元素直至发现值不同的元素,则把它复制过来。于是我们可以把 L 看成是两个顺序表 La 和 Lb 的结合体,La 初始为空,Lb 初始为 L。设置一个变量 i 用来指示 La 最后一个元素的下标,再设置一个变量 j 用来指示 Lb 当前第一个元素的下标。很显然初始时 $i=-1,j=0$。在处理过程中,La 的最大元素总是不大于 Lb 的最小元素。我们只需要比较 La 的最后一个元素和 Lb 的第一个元素以决定该元素是否插入到 La。如果不等,则通过 L.elem[++i] = L.elem[j] 把 Lb 的第一个元素复制到 La 的最后一个元素后面;否则通过 j++ 舍弃 Lb 的第一个元素。La 最终的元素个数应该是 $i+1$。

在这个算法中只扫描了一遍 L,因此时间复杂度是 $O(n)$。而在前述章节介绍的利用顺序表或链表来解决本例的算法复杂度都是 $O(n^2)$。

3.4.4 线性结构的应用示例

例 3.10 设计一个算法,用尽可能少的辅助空间实现顺序表中前 m 元素和后 n 个元素的整体互换。即把线性表 $(a_1,a_2,\cdots,a_m,b_1,b_2,\cdots,b_n)$ 改变为 $(b_1,b_2,\cdots,b_n,a_1,a_2,\cdots,a_m)$。

算法 3.25

```
void exchange(SqList &L,int m,int n)
{//实现 L 中前 m 个元素和后 n 个元素的交换
    for(k=1;k<=n;k++){              //对 b₁,b₂,…,bₙ 逐个处理
        w=L.elem[m+k-1];            //移出 bₖ
        for(j=m+k-1;j>=k;j--)       //a₁,a₂,…,aₘ 均后移
            L.elem[j]=L.elem[j-1];
        L.elem[k-1]=w;              //bₖ 放到 a₁ 前
    }//for
}//end exchange
```

上面的算法是很容易理解的:把每个 b_k 移动到 a_1 前面,每个 b_k 需要移动 m 次,因此共需要移动 $n*m$ 次,其时间复杂度是 $O(n*m)$。

接下来看看算法 3.26。

算法 3.26

```
void invert(ElemType &R[ ],int s,int t)
{//实现数组 R 中从下标 s 到 t 的逆置
    for(k=s;k<=(s+t)/2;k++){
        w=R[k];                     //交换 R[k]和 R[t-k+s]
        R[k]=R[t-k+s];
        R[t-k+s]=w;
    }//for
}//end invert
```

算法 3.27

```
void exchange2(SqList &L,int m,int n)
{
    //利用 invert 实现 L 中前 m 个元素和后 n 个元素的交换
    invert(L.elem,0,m+n-1);
    invert(L.elem,0,n-1);
    invert(L.elem,n,m+n-1);
}//end exchange2
```

算法 3.26 的 invert 实现了把 $R[s],R[s+1],\cdots,R[t]$ 变成 $R[t],\cdots,R[s+1],R[s]$。这样可以通过三次 invert 的调用实现 L 的前 m 个元素和后 n 个元素的交换。invert 的时间复杂度是 $O(t-s)$,因此三次调用的时间复杂度是 $O(m+n)$。对比前后两种方法的算法复杂度可以看出,看似简洁的算法未必是最有效的。

例 3.11 元素值递增的带头结点的单向循环有序链表 La 和 Lb 分别表示两个集合 A 和 B,求表示集合 $A \cup B$ 的有序链表 Lc。

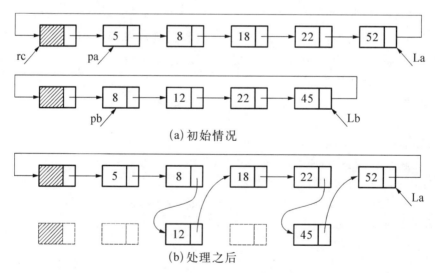

图 3.15 有序链表求并示意图

根据集合的定义,Lc 的元素来自于 La 和 Lb 的元素和,相同的元素只取一个。我们用三个指针 pa、pb、rc 分别指向 La、Lb 的当前结点以及 Lc 的最后一个结点。

pa 的初值指向 La 的第一个结点 pa=La->next->next；pb 的初值指向 Lb 第一个结点 pb=Lb->next->next；用 La 的头结点作为 Lc 的头结点，故 rc 的初值指向 rc=La->next。然后每次比较 La 和 Lb 中的最小值结点（显然是 pa、pb 所指），值小的结点加入 rc，若相同则删掉一个，另一个加入 rc。当一个链表处理完以后，直接把另一个链表剩余的部分链入 rc。

算法 3.28

```
void union_ord(LinkList &La,linkList &Lb)
{//有序循环链表 La、Lb 表示的集合 A、B,求表示集合 A∪B 的链表 Lc,结果存储在 La 中
    pa=La->next->next;                        //pa、pb、rc 赋初值
    pb=Lb->next->next;
    rc=La->next;
    ha=La->next; hb=Lb->next;                 //保留头结点指针
    while(pa!=ha && pb!=hb){
        if(pa->data<pb->data){                //pa 所指结点值小
           rc->next=pa;rc=pa;pa=pa->next;     //pa 链入 Lc
        }
        else if(pa->data > pb->data){         //pb 所指结点值小
           rc->next=pb;rc=pb;pb=pb->next;     //pb 链入 Lc
        }
        else{
           rc->next=pa;rc=pa;pa=pa->next;     //pa 链入 Lc
           qb=pb;pb=pb->next;delete qb;       //删除 pb 所指结点
        }
    }//while
    if(pb==hb)rc->next=pa;                    //Lb 结束直接链入 La 剩余部分
    else{
       rc->next=pb;pb=Lb->next;               //直接链入 Lb 剩余部分
       Lb->next=ha;La=Lb;
    }//else
    delete pb;                                //释放 Lb 头结点
}//end union_ord
```

3.5 本章小结

本章主要讨论了线性表的概念以及线性表的两种存储方式:顺序表和链表。顺序表和链表各有利弊。顺序存储利用内存的自然顺序来体现线性表的逻辑序偶关系,顺序存储可以随机存取任一位序的元素,但为了保持元素的连续性,在删除和插入操作时都要做大量的元素移动工作;链表则是在每个结点除了存储数据本身以外,还存储了指针来指向该元素的后继或前驱,而对每个结点的存储位置没有任何要求。链表的优点是删除元素和插入元素不再需要大量移动元素,可以直接通过改变指针的指向来实现,但链表不能像顺序表那样随机存取元素,链表的长度也不容易获得。既然这两种方式各有利弊,那么我们在实际应用中如何选取线性表的存储呢? 一般要考虑以下因素:

(1) 线性表的长度 n 是否预先确定? 在程序运行过程中 n 的变化范围如何?

由于顺序表是事先分配一定长度的内存空间的,后期的重新分配需要大量移动元素,因此最好是一次性分配好应用可能需要的空间。然而如果分配得过大又会造成空间的浪费。所以对于长度预先确定或基本可以确定、变化不大的应用宜采用顺序表;而对于那些在运行过程中 n 变化范围大的、长度不易确定的应用,则宜采用链表。

(2) 考虑对线性表的主要操作。我们知道顺序表是以内存的连续性来体现元素间的逻辑关系的,因而其删除和插入元素都需要移动大量的元素。而链表对插入和删除操作只需要修改指针的指向就可,因此对于插入和删除频繁的应用不易采用顺序存储。

顺序表中的元素可以按照位序随机访问,而链表则难以做到,因此对于需要按照位序频繁访问元素的应用宜采用顺序存储结构。

习 题

3.1 描述以下三个概念的区别:头指针、头结点、首元结点。

3.2 描述以下几个概念:顺序存储结构、链式存储结构、顺序表、有序表。

3.3 已知顺序表 La 中数据元素按非递减有序排列。试写一个算法,将元素 x 插到 La 的合适位置上,保持该表的有序性。

3.4 已知单链表 La 中数据元素按非递减有序排列。按两种不同情况,分别写出算法,将元素 x 插到 La 的合适位置上,保持该表的有序性:
(1) La 带头结点;
(2) La 不带头结点。

3.5 试写一个算法,实现顺序表的就地逆置,即在原表的存储空间将线性表$(a_1, a_2, \cdots, a_{n-1}, a_n)$逆置为$(a_n, a_{n-1}, \cdots, a_2, a_1)$。

3.6 试写一个算法,对带头结点的单链表实现就地逆置。

3.7 设有两个非递减有序的单链表 A 和 B。请写出算法,将 A 和 B "就地"归并成一个按元素值非递增有序的单链表 C。

3.8 已知线性表用顺序存储结构表示,表中数据元素为 n 个正整数。试写一算法,分离该表中的奇数和偶数,使得所有奇数集中放在左侧,偶数集中放在右侧。要求:
(1) 不借助辅助数组;
(2) 时间复杂度为 $O(n)$。

3.9 设以带头结点的双向循环链表表示线性表 $L = (a_1, a_2, a_3, \cdots, a_n)$。试写一时间复杂度为 $O(n)$的算法,将 L 改造为 $L = (a_1, a_3, \cdots, a_n, \cdots, a_4, a_2)$。

3.10 已知线性表 L 采用顺序存储结构存放。对两种不同情况分别写出算法,删除 L 中值相同的多余元素,使得 L 中没有重复元素:
(1) L 中数据元素无序排列;
(2) L 中数据元素非递减有序排列。

3.11 设有一个长度大于 1 的单向循环链表,表中既无头结点,也无头指针,s 为指向表中某个结点的指针,如题图 3.11 所示。试编写一个算法,删除链表中指针 s 所指结点的直接前驱。

3.12 已知两个单链表 A 和 B,其头指针分别为 La 和 Lb,编写一个算法从单链表 A 中删除自第 i 个元素起的共 len 个元素,然后将单链表 A 插入到单链表 B 的第 j 个元素之前。

3.13 给定一个带表头结点的单链表,设 L 为头指针,data 域为整型元素,指针域为 next,试写算法按非递减次序输出单链表中各结点的数据元素,并释放结点所占的存储空间。(要求空间复杂度为 $O(1)$。)

题图 3.11

3.14 已知两个带头结点的线性链表 A、B 的结点均依元素值非递减排列(可能存在两个以上值相同的结点),编写算法对 A 表进行操作,使操作后的链表 A 中仅留下两个表中均包含的数据元素的结点,且没有值相同的结点,并释放所有无用的结点。限定算法的时间复杂度为 $O(m+n)$,其中 m、n 分别为 A、B 的长度,空间复杂度为 $O(1)$。

第4章 栈和队列

线性数据结构中有两个典型代表——栈和队列。它们的存储和线性表一样,不同之处在于其操作的特殊性:栈的插入和删除操作只能在线性表的一端进行,并且元素遵循"后进先出"的原则;而队列的插入和删除操作分别分布在两端,插入的一端是队尾,删除的一端是队首,并且元素遵循"先进先出"的原则。与一般线性表相比,栈和队列的插入和删除操作受到了更多的约束和限制,故又称限定性线性表结构。

4.1 栈的基本概念

栈(Stack)是一种线性结构,是一种限定只能在表的一端进行插入和删除操作的线性表。后进入栈的元素将最先出栈,因此栈又称 LIFO(Last In First Out)表。在栈中,允许插入和删除元素的一端称为"栈顶"(Top),另一端则称为"栈底"(Bottom)。

右图是元素 $a_1, a_2, \cdots, a_n$ 依次入栈后的情况,a_1 是最先入栈的,a_n 是后入栈的,而出栈时 a_n 先出栈,a_1 最后出栈。

栈的基本操作主要是插入(入栈)和删除(出栈)操作。这两个操作都是

图 4.1 栈示意图

在栈顶完成。

下面给出栈的抽象数据类型定义：

ADT Stack{
  数据对象：$D = \{a_i | a_i \in ElemSet, i = 1, 2, \cdots, n, n \geqslant 0, ElemSet$ 为元素集合$\}$
  数据关系：$R = \{<a_{i-1}, a_i> | a_{i-1}, a_i \in D, i = 2, \cdots, n\}$
  基本操作：
  InitStack(&S)
    操作结果：创建一个空的栈 S。
  DestroyStack(&S)
    操作结果：销毁栈 S。
    参数说明：栈 S 已存在。
  ClearStack(&S)
    操作结果：将栈 S 清空。
    参数说明：栈 S 已存在。
  StackEmpty(S)
    操作结果：若栈 S 为空则返回 TRUE；否则返回 FALSE。
    参数说明：栈 S 已存在。
  StackLength(S)
    操作结果：返回栈 S 中的元素个数，亦即栈的长度。
    参数说明：栈 S 已存在。
  GetTop(S, &e)
    操作结果：将 e 赋值为栈 S 的栈顶元素。
    参数说明：栈 S 已存在且非空。
  Push(&S, e)
    操作结果：将 e 插入为栈 S 新的栈顶元素。
    参数说明：栈 S 已存在。
  PoP(&S, &e)
    操作结果：若栈非空，删除栈 S 的栈顶元素，并将其值赋给 e。
    参数说明：栈 S 已存在。
  StackTraverse(S)
    操作结果：从栈底到栈顶依次输出 S 中各个元素。
    参数说明：栈 S 已存在。
}end ADT Stack

4.2 栈的表示与实现

栈的实现方式和线性表类似,也有顺序和链式两种实现方式。首先介绍顺序栈。

4.2.1 顺序栈

和顺序表类似,顺序栈也是利用顺序存储来实现栈的。即利用一组连续的存储单元来依次存放自栈底到栈顶的元素。顺序栈一般设置一个静态指针 top 来表示栈顶元素在顺序栈中的位置。注意这不是一个物理指针(内存地址),而是一个静态指针(整型的值),它表示的是栈顶元素的数组下标。在 C 语言中数组下标从 0 开始,因此一般用 top = -1 表示空栈(其他语言实现的栈中也有使用 top = 0 来表示空栈的)。top = 0 表示仅有一个栈底元素。顺序栈也是预先分配数组空间的,n 个元素空间的顺序栈可以存储 n 个栈元素,满栈时 top = $n-1$。

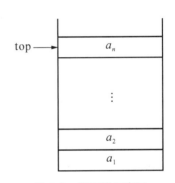

图 4.2 顺序栈示意图

C 语言中的顺序栈表示如下:

```
#define STACK_INIT_SIZE  100     //栈的初始化空间大小
typedef struct{
    ElemType  * elem;            //数据元素类型的指针
    int  stacksize;              //以 Elemtpye 为单位栈的最大容量
    int  top;                    //栈顶指针
}SqStack;
```

由于顺序栈的主要操作插入和删除都限制在栈顶进行,因此相对于线性表而言,栈的操作要简单多了。下面给出部分栈操作的顺序存储实现。

1. 顺序栈的初始化 InitStack_sq

顺序栈的初始化主要是为结构 SqStack 分配空间。和顺序表类似，一般也采用动态方法为数组分配存储区域，InitStack 和 DestroyStack 实现了动态分配和销毁的两个基本操作。初始化顺序栈需要给 stacksize 和 top 赋值，可以在 msize 参数中指定，也可以采用缺省值。

算法 4.1

```
#define STACK_INIT_SIZE 10
void InitStack_sq(SqStack &S, int msize = STACK_INIT_SIZE)
{//构造一个容量是 msize 的顺序栈 S
    S.elem = new ElemType[msize];   //给 elem 指针动态分配 msize 长度的数组
    S.stacksize = msize;            //顺序栈的最大容量
    S.top = -1;                     //顺序栈初始时空栈
}//end InitStack_sq
```

2. 顺序栈的销毁操作 DestroyStack_sq

顺序栈的销毁操作和初始化操作相对应，释放已经分配的内存空间。特别是在某些应用中如果栈特别庞大，不使用后应及时在程序中销毁。

算法 4.2

```
void DestroyStack_sq(SqStack &S)
{//销毁顺序栈 S
    delete [ ] S.elem;              //释放数组空间
    S.top = -1;
    S.stacksize = 0;
}//end DestroyStack_sq
```

3. 顺序栈获取栈顶元素 GetTop_sq

GetTop 操作从栈顶获取元素并返回。GetTop 仅仅从栈顶读取元素值，并不会改变栈的内容。

算法 4.3

```
bool GetTop_sq(SqStack S, ElemType &e)
{//若顺序栈 S 非空，用 e 返回 S 的栈顶元素，并返回 TRUE，否则返回 FALSE
```

```
    if(S.top= = -1)return FALSE;
    e=S.elem[S.top];
    return TRUE;
}//end GetTop_sq
```

4. 入栈操作 Push_sq

将某个元素插入到栈顶,作为新的栈顶元素,这种栈插入操作被称为"入栈"。和顺序表一样,插入元素需要考虑顺序栈是否已经到达最大容量。

算法 4.4

```
void Push_sq(SqStack &S,ElemType e)
{//将 e 插入栈 S,作为 S 新的栈顶元素
    if(top= =S.stacksize-1)Increment(S);  //如果栈满则增加空间
                                          //Increment 算法和顺序表的相似
    S.elem[++S.top]=e;
}//end Push_sq
```

5. 出栈操作 Pop_sq

若栈非空,将栈顶元素删除,原栈顶元素的下一个元素成为新的栈顶元素。这种栈删除操作被称为"出栈"。

算法 4.5

```
bool Pop_sq(SqStack &S,ElemType &e)
{//若顺序栈 S 非空,删除栈顶元素并赋予 e,返回 TRUE,栈空则返回 FALSE
    if(S.top= = -1)return FALSE;
    e=S.elem[S.top--];
    return TRUE;
}//end Pop_sq
```

与顺序表一样,顺序栈也是初始化时分配好最大的使用空间,如果在使用过程中发现栈满情况,就不得不重新分配一个更大块的连续空间,进行大批量的元素转移,因此应该尽量避免。如果无法预测栈可能的最大空间,可以使用下面介绍的链栈来实现。

4.2.2 链栈

用链式存储结构实现的栈称为链栈。链表的优点在链栈中也得以体现,链栈的存储空间并不在初始化时分配,而是在入栈操作时临时分配空间,因此链栈在存储空间上没有顺序栈的"最大空间"限制,也就不会有栈满状态和大量元素转移复制的情况出现。

链栈的 C 语言表示如下:
　　typedef LinkList LinkStack;

可见链栈和链表的类型定义完全一样。使用了一个 LNode 类型的指针来表示链栈,该指针指向了链栈的栈顶。

链栈的基本操作实现如下。

图 4.3 链栈示意图

1. 链栈的初始化 InitStack_L

链栈的初始化很简单,不需要分配内存空间,只需要声明一个空指针。

算法 4.6

```
void InitStack_L(LinkStack &S)
{//初始化链栈 S
    S = NULL;                    //链栈初始时空栈
}//end InitStack_L
```

2. 链栈的销毁操作 DestroyStack_L

链栈的销毁操作并不能相对于初始化操作仅仅简单地将栈顶指针置空,而是需要释放目前栈内所有元素的内存空间。

算法 4.7

```
void DestroyStack_L(LinkStack &S)
{//销毁链栈 S
    while(S){
        p = S;
        S = S->next;            //S指针后移
        delete p;
    }
```

}//end DestroyStack_L

3. 链栈获取栈顶元素 GetTop_L
链栈 GetTop 操作从栈顶获取元素并返回，并不会改变栈的内容。
算法 4.8

```
bool GetTop_L(LinkStack S,ElemType &e)
{//若链栈 S 非空,用 e 返回 S 的栈顶元素,并返回 TRUE,否则返回 FALSE
    if(!S)return FALSE;
    e=S->data;
    return TRUE;
}//end GetTop_L
```

4. 入栈操作 Push_L
将元素 e 插入到栈顶，作为新的栈顶元素，相当于链表中在第一个结点之前插入结点。
算法 4.9

```
void Push_L(LinkStack &S,ElemType e)
{//将 e 插入 S 的栈顶,作为 S 新的栈顶元素
    p=new LNode;
    p->data=e;
    p->next=S;
    S=p;
}//end Push_L
```

5. 出栈操作 Pop_L
若栈非空，则将栈顶元素删除，原栈顶元素的下一个元素成为新的栈顶元素。
算法 4.10

```
bool Pop_L(LinkStack &S,ElemType &e)
{//若链栈 S 非空,删除栈顶元素并赋予 e,返回 TRUE,栈空则返回 FALSE
    if(!S)return FALSE;
    p=S;
```

```
        S = S->next;                      //S 删除栈顶元素
        e = p->data;
        delete p;                         //释放该结点内存空间
        return TRUE;
}//end Pop_L
```

可以看出,由于栈限制了插入和删除操作只能在栈顶,用链式存储实现栈正是发挥了链表的长处,避免了链表中前插和删除需要查询前驱元素的不足。此外,由于顺序栈有最大空间限制问题,因此和顺序存储相比,链式存储是实现栈更好的选择。

4.3 栈的应用

"先进后出"的特点使得栈在程序设计中被广泛使用。下面看一些经典的例子。

例 4.1 数制转换问题:把非负整数 N 转换为 d 进制数。

数制转换的原理是基于下面的多项式的,十进制整数 N 总可以表示为

$$N = a_n d^n + a_{n-1} d^{n-1} + \cdots + a_1 d^1 + a_0, \quad 0 \leqslant a_i < d, \quad i = 0, 1, \cdots, n$$

那么 N 表示为 d 进制数就是 $a_n a_{n-1} \cdots a_1 a_0$。因此将 N 转换为 d 进制数就变成求 $a_n a_{n-1} \cdots a_1 a_0$ 序列,并按照 $a_n, a_{n-1}, \cdots, a_0$ 的次序输出。

在求解过程中先求 $a_0 = N \% d$,而 N/d(整除)应该是 $a_n d^{n-1} + a_{n-1} d^{n-2} + \cdots + a_1$。$N/d$ 的结果再对 d 取模就是 $a_1 = (N/d) \% d$。如此重复就可以不断地求得 $a_2, a_3, \cdots, a_{n-1}, a_n$。也就是说我们最先求得的是 d 进制数的最低位 a_0,最后求得的是 d 进制数的最高位 a_n。而我们输出的需要是 $a_n a_{n-1} \cdots a_1 a_0$,因此可以利用栈的"先进后出"的特性来输出 d 进制各个数位。

算法 4.11

```
void conversion(int N, int d)
{//把非负整数 N 转换位 d 进制数并按从高到低的顺序输出数位
    InitStack(S);                        //初始化栈 S
```

```
    while(N){                  //N非零继续处理
      push(S,N%d);             //取模入栈
      N = N/d;                 //N/d再赋予N循环处理
    }//while
    while(! StackEmpty(s)){
      pop(S,e);
      cout<<e;
    }//while
}//end conversion
```

这个例子是一个最简单的应用,只是利用了栈的 LIFO 特性把一个序列反序,先是 n 个元素全部入栈,然后是全部出栈,中间并没有交叉出、入操作,还没有真正体现出栈的威力。大家一定发现这个反序操作完全可以使用数组来实现,但是引入了栈使得我们简化了程序设计,更多地关注于应用本身。

例 4.2 括号匹配问题。

在表达式中常常会用到很多括号,括号有多种,如( )、[ ]、{ }等,括号也可以嵌套,如{[ ](( ))}就是合法的嵌套,而有些嵌套则是不允许的,如{[(()}。如何检测出一个表达式中的括号是否正确匹配即合法的嵌套,并不是一件很容易的事。考虑下面的括号序列,这里剔除了非括号的操作数:

$$\{\ (\ [\ ]\ (\ )\ )\ \}$$
$$1\ 2\ 3\ 4\ 5\ 6\ 7\ 8$$

假设由一个算法来处理这些括号,那么当第 1 个括号"{"接受到后,它就希望接下来接收的是和第 1 个"{"相匹配的"}",但接下来接收的并不是"}",而是第 2 个括号"(",这时对"}"的期望不是最迫切的了,而对")"的期望最迫切。接下来接收的是第 3 个括号"[",于是最迫切的期望是"]",对")"的期望次之,对"}"的期望再次之。第 4 个恰巧出现的就是"]",于是消解了刚刚的最期望的任务,次之的期望——")"的出现再次变成最迫切的期望。如此一直处理下去,直至括号序列处理完毕。在这样的过程中我们发现,每次最后接受的左括号都会变成最迫切的任务,期望有相对的右括号消解它。越是先接受的括号其迫切程度越低,这正是栈的特点——最后接受的括号期望最先得到匹配。

于是我们可以使用栈来处理这样的括号匹配问题。每当接受到一个左括号,就做入栈处理,每当碰到一个右括号就做消解处理——出栈。原栈顶的下一个括号变成新的栈顶等待消解,直至括号序列处理完。那么怎么判别不匹配的情况呢?

比如上例中第 4 个括号不是"]",而是")",那么这就是不匹配的情况。用栈的情况来描述就是,当接收的是右括号,但和栈顶的左括号又不能形成一对时,就是不匹配情况出现了。

此外,还有两种情况需要考虑,一种形如({[( )]},也就是括号序列处理完后还有没匹配上的左括号,从栈的角度考虑就是当处理完括号序列后,栈非空;另一种形如{[( )]}),也就是右括号比左括号数量多,在栈中体现就是当栈空时出现了要接收右括号匹配的情况。综合上述可以有下面的算法 4.12。

假设表达式 exp 以"♯"结束。

算法 4.12

```
bool match(char exp[ ])
{//检查表达式 exp 中的括号是否嵌套正确,是则返回 TRUE,否则返回 FALSE
    int matchstat = 1;
    InitStack(S);                    //初始化栈 S
    ch = * exp++;
    while(ch! = '♯'&&matchstat){     //exp 没有处理完
        switch (ch){
            case '(':
            case '[':
            case '{':
                push(S,ch);
                break;
            case ')':
                if(! Pop(S,e)||e! = '(')matchstat = 0;
                break;                //栈空或栈顶不是"(",则表示不匹配
            case ']':
                if(! Pop(S,e)||e! = '[')matchstat = 0;
                break;
            case'}':
                if(! Pop(S,e)||e! = '{')matchstat = 0;
                break;
        }//switch
        ch = * exp++;
    }//while
    if(matchstat&&StackEmpty(S))return TRUE;
```

```
    else return FALSE;
}//end match
```

例 4.3 背包问题求解。假设有一个体积为 T 的背包和 n 个体积分别为 w_1，$w_2,\cdots,w_n$ 的物品，任意从 n 个物品中抽取 k 个，使其恰好装满背包(体积之和为 T)，即 $w_{i1}+w_{i2}+\cdots+w_{ik}=T$。

求解的这类问题需要给出所有可能的解，因此需要穷举所有的物品组合。那么怎样才能遍历所有可能的组合而又简化编程代码呢？通常使用"回溯"的设计思想来实现。

首先将所有物品排成一列，然后顺序选取物品放入背包，如果当前选取的物品不能装入背包(即包中已有的物品体积加上当前选取的物品体积超出了 T)，则放弃它继续选取下一个物品，直至背包装满为止。如果装入某个物品后，剩下的物品都"不合适"再装入背包(即一直尝试到最后一个物品都不能放进背包)，那么说明我们最后一个放进背包的物品"不合适"，需要取出它，并从它下一个物品继续尝试。如果某个物品放入背包后，恰巧装满背包，那么就需要输出当前的背包内物品作为一组解，然后再取出最后一个放进去的物品，从它下一个物品继续尝试下一个解。

这种从背包中取出最后一个放进去的物品再继续尝试的策略称为**回溯**。很显然，回溯时取出物品的次序和当初放入的次序刚好相反，最后放进去的最先被"回溯"出来，这和栈的"后进先出"性质是一致的。如果我们把背包用一个栈来表示，每次放入一个物品用入栈来表示，那么回溯时取出物品的操作实际上就是一个出栈操作。

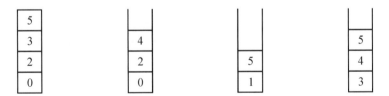

图 4.4 背包问题的几组解栈示意图

还需要注意的问题是，我们入栈时元素的数据域内容不是物品的体积，而是物品排列的序号 k，如果我们用 $w[n]$ 来存储各个物品的体积，那么 k 的取值为 $0,1,\cdots,n-1$，第 k 个物品的体积是 $w[k]$，当第 k 个物品不合适时，就需要尝试第 $k+1$ 个物品。

例如对于 $T=10,w[6]=\{1,8,4,3,5,2\}$ 的情况，k 取值为 $0,1,\cdots,5$。首先从体积是 $1(k=0)$ 的物品开始，可以放入背包，将 $k=0$ 入栈。继续尝试体积为 $8(k=1)$ 的物品，也可以放进去，但其后的所有物品都不能再放入背包了。因此可以认为最后放进的体积为 $8(k=1)$ 的物品不合适，将其 $(k=1)$ 出栈后再继续入栈体积为 $4(k=2)$ 和体积为 $3(k=3)$ 的物品。接着尝试放体积为 $5(k=4)$ 的物品，不合适，最后体积为 $2(k=5)$ 的物品恰好可以放进去。于是此时栈里的元素 $k=0,2,3,5$（对应体积为 $1,3,4,2$ 的物品）是一组解。再接下来就是出栈 $k=5$，因 $k=5$ 后面已经没有物品需要继续回溯，继续出栈 $k=3$，再继续尝试 $k=4$，得到另一组解 $k=0,2,4,\cdots$。如相应算法 4.13 所示。

算法 4.13

```
void knapsack(int w[ ],int T,int n)
{//体积为T的背包和n个体积分别为w[0],w[1],…,w[n-1]的物品,任意从n个物品中
 //抽取k个,使得其体积之和恰好为T,输出所有可能的解。
 //在算法中,T表示背包装入物品后剩余的容积。
    InitStack(S);k=0;              //初始化栈S
    do{
        while(T>0 && k<n){         //背包未满,物品也没有尝试到最后一个
            if(T-w[k]>=0){         //序号为k的物品可以放进背包
                push(S,k);         //当前物品入栈
                T-=w[k];           //背包剩余体积减少
            }//if
            k++;                   //继续考虑下一个物品
        }//while                   //循环结束时:T==0找到解或k==n尝试到最后一个物品
        if(T==0)StackTraverse(S);  //找到一组解,输出
        if(!StackEmpty(S)){        //无论是找到一组解或尝试到最后物品均要回溯
            pop(S,k);T+=w[k];      //退出栈顶物品,背包剩余体积增加
            k++;                   //从退出物品下一个继续尝试
        }//if
    }while(!StackEmpty(S)||k!=n);
    DestroyStack(S);
}//end knapsack
```

例 4.4 表达式求值问题。

一个表达式总是由操作数（Operand）、运算符（Operator）和界限符（Delimiter）构成。操作数可以是常数也可以是变量或常量的宏定义。运算符可以分为算术运算符、关系运算符和逻辑运算符几类。界限符则主要是指体现运算优先级的括号以及表达式结束符等。

一个表达式可以表示成"操作数 运算符 操作数"的形式，对于一元运算符而言，可能只有一个操作数，此处仅讨论二元运算符。表达式中的操作数可以是简单变量、常数，甚至可以是表达式。由于操作数可以嵌套表达式，使表达式可以变得非常复杂。

如果以 S1 表示第一个操作数，S2 表示第二个操作数，OP 表示运算符，那么一个表达式可以有下面三种表现方式：

前缀表达式：OP S1 S2，又称波兰式
中缀表达式：S1 OP S2
后缀表达式：S1 S2 OP，又称逆波兰式

例如表达式 $exp = a \times b + (c - d/e) \times f$，其相应的表现方式为

前缀表达式为：$+ \times ab \times - c/def$
中缀表达式为：$a \times b + c - d/e \times f$
后缀表达式为：$ab \times cde/ - f \times +$

上面三种表达式中中缀表达式直接丢弃了括号，因此失去了原表达式的运算次序信息（为了区别中缀表达式，我们把带括号信息的表达式称作原表达式）。而后缀和前缀表达式都保留了原表达式的运算次序信息。前缀表达式的运算规则是：连续出现的两个操作数和它们之前紧挨的运算符构成一个最小表达式，最小表达式直接运算后形成新的操作数代入原表达式重复上述规则；后缀表达式的运算规则是：每个运算符和它们之前紧挨的两个操作数构成一个最小表达式，最小表达式直接运算后形成新的操作数代入原表达式重复上述规则。后缀表达式中运算符的排列顺序正好是表达式的运算次序。因此后缀表达式更加适合计算机做运算处理，而中缀表达式是人类习惯的表达方式。

若要计算后缀表达式的值只需要从左至右顺序扫描表达式，在扫描过程中，如果碰到运算符就开始作运算，运算的操作数就是在其前刚刚扫描到的两个操作数，如何取得"刚刚扫描到"的操作数呢？可以利用栈来实现。在扫描过程中，如果碰到操作数就直接入栈，碰到运算符后从栈顶出栈两个操作数，先出栈的作为第二操作数。运算的结果作为新的操作数入栈，继续扫描表达式，直至碰到表达式结束符，则栈里的元素值即为表达式的值。

在下面的算法中，我们使用 operate($s1, op, s2$) 来表示使用运算符 op 对 $s1$、

s2 进行运算的结果；使用 isoperator(ch) 来判断 ch 是否是运算符，若是则返回 TRUE。

算法 4.14

```
int calculate(char suffix[ ])
{///对串 suffix 表示的后缀表达式求值,表达式以'♯'结束
    char *p = suffix;
    InitStack(S);                          //初始化栈 S
    ch = *p++;
    while(ch! = '♯'){                      //表达式没有结束
        if(! isoperator(ch))push(S,ch);    //非运算符直接入栈
        else {
            pop(S,b);pop(S,a);             //两个操作数出栈
            push(S,operate(a,ch,b));
        }
        ch = *p++;                         //继续处理下一个
    }//while
    pop(S,e);                              //表达式结果
    DestroyStack(S);
    return e;
}///end calculate
```

可以看出，后缀表达式的求值使用栈来实现非常方便，那么如何把我们所熟悉的原表达式转换成后缀表达式呢？由于原表达式需要借助于运算符本身的优先级关系，因此我们需要给出如表 4.1 所示的优先级关系。

表 4.1 符号优先级

运算符	♯	(	+	−	*	/
优先级	−1	0	1	1	2	2

假设原表达式是由"♯"结束的字符串，求取后缀表达式的规则为：

(1) 设立运算符栈，预设栈底元素"♯"；

(2) 从左向右扫描原表达式，若当前字符是操作数，直接发送到后缀表达式；

(3) 若当前运算符是"("，则直接入栈；若当前运算符为")"，则弹出栈顶运算符发送到后缀表达式，直至弹出"("为止，"("不发往后缀表达式；

(4) 若当前字符为运算符且优先级大于栈顶元素则入栈,否则出栈顶运算符发送到后缀表达式,重复此过程直至当前运算符优先级大于栈顶元素入栈("♯"不入栈)。

注意符号优先级表中的运算符都是在栈中可能出现的运算符,像")"只会出现在当前运算符中而不会出现在栈中,规则做了特殊处理故不在表中列出其优先级。"("的优先级也是指其位于栈内时的优先级,因此其优先级很低。这样,若当前为＋－×/等运算符时优先级都高于它,均可直接入栈;而当"("出现在当前运算符中时,规则也是做了特殊处理,其实也可以认为其优先级最高,直接入栈而起着隔离作用;")"的出现意味着其和"("之间的运算符都要输出,因此将一直出栈栈顶运算符到后缀表达式,直至碰到"(","("本身出栈但不发往表达式,")"本身也不入栈。另外"♯"不入栈是为了原表达式结束时栈空而结束循环。具体算法如算法 4.15 所示。

算法 4.15

```
void getsuffix(char exp[ ],char suffix[ ])
{//将串 exp 表示的原表达式(♯结束)转换为后缀表达式 suffix
    InitStack(S); push(S,'♯');            //初始化栈 S
    char *p = exp;
    k = 0;                                 //初始化后缀表达式下标
    while(! StackEmpty(S)){
        ch = *p++;                         //处理原表达式一个字符
        if(! isoperator(ch)){
            suffix[k++] = ch;continue;     //非运算符直接发送
        }
        switch(ch){
            case '(':Push(S,ch);break;
            case ')':
                while(Pop(S,c)&&c! = '(')suffix[k++] = c;
                break;
            default:
                while(GetTop(S,c)&&preop(c,ch))
                    {suffix[k++] = c;Pop(S,c);}
                if(ch! = '♯')push(S,ch);   //'♯'除外当前字符入栈
                break;
        }//switch
    }//while
```

```
    suffix[k] = '\0';DestroyStack(S);
}//end getsuffix
```

在上述算法中,函数 preop(c,ch)是用来比较运算符(这里包括了'♯'和'('等)c 和 ch 的优先级的,如果 c 的优先级≥ch 的优先级,则返回 TRUE,否则返回 FALSE。有了算法 4.14 和 4.15,那么能否实现直接对一个中缀表达式的求值而不经过中缀到后缀表达式的转换过程呢?答案是肯定的。操作数依然设置一个栈 SVAL 来暂存,而运算符也设置一个栈 SOP 来暂存,当算法 4.15 中需要发往后缀表达式的运算符出现时,不再发送,而是直接运算之,因为后缀表达式运算符的出现次序就是实际计算的次序。代码如算法 4.16 所示。

算法 4.16

```
OperandType EvaluateExp(char exp[ ])
{//对串 exp 表示的原表达式求值(♯结束)
    InitStack(SOP); Push(SOP,'♯');      //初始化运算符栈
    InitStack(SVAL);                     //初始化操作数栈
    char *p = exp;
    while(!StackEmpty(SOP)){
        ch = *p++;                        //处理原表达式一个字符
        if(!isoperator(ch)){
            Push(SVAL,ch);continue;       //非运算符直接入操作数栈
        }
        switch(ch){
        case '(':Push(SOP,ch);break;
        case ')':                         //碰到右括号一直出栈运算符,直到'('
            while(Pop(SOP,c)&&c! = '('){
            Pop(SVAL,b); Pop(SVAL,a);     //出栈两操作数
            Push(SVAL,operate(a,c,b));    //计算后再入栈
            }
            break;
        default:
            while(GetTop(SOP,c)&&preop(c,ch)){
            Pop(SOP,c);                   //栈顶运算符优先级不低于当前运算符,出栈
            Pop(SVAL,b); Pop(SVAL,a);     //出栈两操作数
            Push(SVAL,operate(a,c,b));    //计算后再入栈
```

```
            }
        if(ch! ='#')Push(SOP,ch);    //除'#'外当前运算符入栈
        break;
      }//switch
   }//while
   GetTop(SVAL,e);                   //操作数栈中是计算的结果
   DestroyStack(SOP); DestroyStack(SVAL);
   return e;
}//end EvaluateExp
```

还需注意的是,此算法中操作数或变量都是单字符的,若要考虑复杂的变量或操作数,尚需要进行较复杂的操作数识别操作,本教材在此不再介绍。

4.4 队列的基本概念

队列(Queue)也是一种线性结构,是一种限定只能在表的一端进行插入、另一端进行删除操作的线性表。在队列中,插入元素的一端称为"队尾"(Rear),删除元素的一端则称为"队首"(Front)。先进入队列的元素将先出队列,因此队列又称FIFO(Fisrt In First Out)表。

在日常生活中也常常会遇到类似队列的情况,比如医院的门诊挂号队伍,银行的柜台服务队伍,都是一个队列。后来的人必须排在队伍的"尾部"(队尾),排在最前面(队首)的人最先办理业务,办完后就离开队伍。我们要研究的队列正是这种"队伍"的一种抽象,因为我们不需考虑插队和提前离队等一些实际生活中可能存在的"特殊"情况。

图 4.5 队列结构示意图

如图所示,队列元素按照 $a_1, a_2, \cdots,$ a_n 的次序进入队列,那么出队列也必须依照此次序进行。

队列的基本操作也主要是插入(入队列)和删除(出队列)操作。下面给出队列的抽象数据类型定义：

```
ADT Queue{
    数据对象:D={$a_i$|$a_i$∈ElemSet,i=1,2,…,n,n≥0,ElemSet 为元素集合}
    数据关系:R={<$a_{i-1}$,$a_i$>|$a_{i-1}$,$a_i$∈D,i=2,…,n}
    基本操作:
InitQueue(&Q)
    操作结果:创建一个空的队列 Q。
DestroyQueue(&Q)
    操作结果:销毁队列 Q。
    参数说明:队列 Q 已存在。
ClearQueue(&Q)
    操作结果:将队列 Q 清空。
    参数说明:队列 Q 已存在。
QueueEmpty(Q)
    操作结果:若队列 Q 为空则返回 TRUE;否则返回 FALSE。
    参数说明:队列 Q 已存在。
QueueLength(Q)
    操作结果:返回队列 Q 中的元素个数,亦即队列的长度。
    参数说明:队列 Q 已存在。
GetHead(Q,&e)
    操作结果:将 e 赋值为队列 Q 的队首元素。
    参数说明:队列 Q 已存在且非空。
EnQueue(&Q,e)
    操作结果:将 e 插入队列 Q 成为新的队尾元素。
    参数说明:队列 Q 已存在。
DeQueue(&Q,&e)
    操作结果:若队列非空,删除队列 Q 的队首元素,并将其值赋给 e。
    参数说明:队列 Q 已存在。
QueueTraverse(Q)
    操作结果:从队首到队尾依次输出 Q 中各个数据元素。
    参数说明:队列 Q 已存在。
}end ADT Queue
```

4.5 队列表示与实现

队列的实现方式也和线性表类似,有顺序和链式两种实现方式。首先介绍顺序队列。

4.5.1 顺序队列

和顺序栈相似,顺序队列也是利用顺序存储来实现的。即利用一组连续的存储单元来依次存放自队首到队尾的所有元素。顺序队列一般设置两个静态指针front(头指针)和rear(尾指针)来分别表示队首元素和队尾元素在队列中的位置。注意这个"指针"也不是内存地址,而是一个 int 类型的值,它表示的是数组存储单元的下标。一般约定,初始空队列时 front＝rear＝0;每当在队尾插入一个元素时 rear 加 1,每当在队首删除一个元素时 front 加 1。这样,front 始终指向队列中的队首元素,而 rear 指针则指向队尾元素的"下一个"位置。如图 4.6 中的(a)是一个空队列。当 $a_1,a_2,\cdots,a_5$ 依次入队列后,当然这中间可以穿插着 a_1,a_2 元素出队列,如图中(b)所示,那么这时 rear 指针按定义应该指向 a_5 的下一个位置(图中虚箭头所指),超出了数组的边界,而实际上这时队列空间并没有装满。为了解决这种情况,我们把顺序队列想象成一个首尾相接的循环空间,认为逻辑上 a_5 的下一个位置又从数组空间的第一个位置开始,可以通过取模((rear＋1)mod 5＝0)来实现。因此习惯上把这样的顺序队列称为循环队列。

图 4.6 队列结构示意图

图中(b)继续入队列元素 a_6、a_7 后形成了(c)的情况，这时队列处于满状态，对比(a)图我们可以发现这时 front 和 rear 值都相等，无法区别开满还是空。处理这样的情况一般有两种方法：一种是在队列定义中增加一个指示变量，用来指示队列的空满，但这样就需要在入、出队列时都要维护该指示变量的值，比较麻烦；另一种是少用一个队列空间，当 a_6 入队列后，就认为队列满了，此时(rear + 1) mod 5 == front。于是可以有这样的约定：rear == front 时队列空，(rear + 1) mod Qsize == front 时队列满。本教材亦采用后者实现循环队列，Qsize 表示数组长度。

C 语言中的循环队列表示如下：

```
#define QUEUE_INIT_SIZE    100
    typedef struct{
        ElemType   *elem;         //数据元素类型的指针
        int    queuesize;         //分配的初始数组长度
        int    front;
        int    rear;
    }SqQueue;
```

循环队列的主要操作插入和删除都限制在两端进行，相对于顺序表而言，顺序队列的操作要简单多了，下面给出循环队列部分操作的实现。

1. 循环队列的初始化 InitQueue_sq

初始化主要是为结构 SqQueue 分配空间。初始化顺序队列需要给 queuesize 赋值，可以在 msize 参数中指定，也可以采用缺省值。

算法 4.17

```
#define QUEUE_INIT_SIZE 10
void InitQueue_sq(SqQueue &Q,int msize = QUEUE_INIT_SIZE)
{//构造一个容量是 msize 的循环队列 Q,实际存储元素最多为 msize-1
    Q.elem = new ElemType[msize];    //给 elem 指针动态分配 msize 长度的数组
    Q.queuesize = msize;             //顺序栈的最大容量(实际存储 msize-1)
    Q.front = Q.rear = 0;            //顺序栈初始时空栈
}//end InitQueue_sq
```

2. 循环队列的销毁操作 DestroyQueue_sq

循环队列的销毁操作和初始化操作相对应，释放已经分配的内存空间。

算法 4.18

```
void DestroyQueue_sq(SqQueue &Q)
{//销毁循环队列 Q
    delete [ ] Q.elem;            //释放数组空间
    Q.front = Q.rear = 0;
    Q.queuesize = 0;
}//end DestroyQueue_sq
```

3. 求循环队列的长度 Queulength_sq

Queulength_sq 返回循环队列的长度,即元素的个数。

算法 4.19

```
int Queuelength_sq(SqQueue Q)
{//返回循环队列的长度
    return (Q.rear + Q.queuesize - Q.front) % Q.queuesize;
}//end Queuelength_sq
```

4. 入队列操作 Enqueue_sq

将某个元素插入到队尾作为新的队尾元素,需要考虑队列是否已满。

算法 4.20

```
void Enqueue_sq(SqQueue &Q,ElemType e)
{//将 e 插入 Q 队尾,作为 Q 新的队尾元素
    if((Q.rear + 1) % Q.queuesize = = Q.front) Increment(Q);   //如果队列满则增加空间
    Q.elem[Q.rear] = e;
    Q.rear = (Q.rear + 1) % Q.queuesize;
}//end Enqueue_sq
```

5. 出队列操作 DeQueue_sq

若队列非空,将队首元素删除,并移动队首指针。

算法 4.21

```
bool DeQueue_sq(SqQueue &Q,ElemType &e)
```

{//若循环队列Q非空,删除队首元素并赋予e,返回TRUE,队列空则返回FALSE
    if(Q.front = = Q.rear)return FALSE;
    e = Q.elem[Q.front];
    Q.front = (Q.front + 1) % Q.queuesize;
    return TRUE;
}//end DeQueue_sq

和顺序表一样,循环队列也是预先分配好最大的使用空间,如果在使用过程中发现队列满的情况,就不得不重新分配一个更大的连续空间,实行大批量的元素转移。这里的incrcment函数和顺序表的不完全一样,不能照搬顺序表的方法,需要按照从队首到队尾的次序重新排列到新的存储空间,因此不能使用realloc函数来实现,这里不再赘述,留给读者自己实现。为了避免这种队列满的情况出现,采用链队列是一种很好的选择。

4.5.2 链队列

链式存储方式实现的队列称为链队列。链表的优点在链队列中也得以体现,链队列在存储空间上没有"最大空间"的限制,也不会有队列满状态和大量元素转移复制的情况出现。链队列的C语言描述如下:

```
typedef LinkList Queueptr;
typedef struct{
    Queueptr front;        //队首指针
    Queueptr rear;         //队尾指针
}LinkQueue;
```

可见链队列的结点和链表中结点的定义完全一样。链队列使用了两个LNode类型的指针来分别指向队列的队首和队尾。为了方便管理,链队列一般采用带头结点的单链表实现。注意队首指针指向头结点,而不是队首元素。空队列时front和rear都指向头结点。

链队列的基本操作实现如下。

1. 链队列的初始化 InitQueue_L

链栈的初始化需要创建一个头结点,并赋予两个指针。

算法 4.22

```
void InitQueue_L(LinkQueue &Q)
{//初始化链队列 Q
    Q.front = Q.rear = New LNode;
    Q.front->next = NULL;
}//end InitQueue_L
```

图 4.7 链队列示意图

2. 链队列的销毁操作 DestroyQueue_L

链队列的销毁操作也需要释放当前队列内所有元素的内存空间。

算法 4.23

```
void DestroyQueue_L(LinkQueue &Q)
{//销毁链队列 Q
    while(Q.front){
        Q.rear = Q.front->next;     //Q.rear 不断后移指针
        delete Q.front;             //释放 Q.front 结点
        Q.front = Q.rear;
    }
}//end DestroyQueue_L
```

3. 链队列获取队首元素 GetHead_L

链队列 GetHead 操作返回队首元素,不改变队列的内容。

算法 4.24

```
bool GetHead_L(LinkQueue Q,ElemType &e)
{//若链队列 Q 非空,用 e 返回 Q 的队首元素,并返回 TRUE,否则返回 FALSE
    if(Q.front = = Q.rear)return FALSE;
    e = Q.front->next->data;
    return TRUE;
}//end GetHead_L
```

4. 入队列操作 EnQueue_L

将元素 e 插入到队尾,作为新的队尾元素。

算法 4.25

```
void Enqueue_L(LinkQueue &Q,ElemType e)
{//将 e 插入 Q 的队尾,作为 Q 新的队尾元素
    p = new LNode;
    p->data = e; p->next = NULL;
    Q.rear->next = p;
    Q.rear = p
}//end Enqueue_L
```

5. 出队列操作 DeQueue_L

若队列非空,将队首元素删除,下一个元素成为新的队首元素。

算法 4.26

```
bool DeQueue_L(LinkQueue &Q,ElemType &e)
{//若链队列 Q 非空,删除队首元素并赋予 e,返回 TRUE,队列空则返回 FALSE
    if(Q.front = Q.rear)return FALSE;
    p = Q.front->next;
    Q.front->next = p->next;
    e = p->data;
    if(Q.rear = = p)Q.rear = Q.front;    //删掉的恰好是最后一个结点
    delete p;                             //释放该结点内存空间
    return TRUE;
}//end DeQueue_L
```

出队列操作时,如果删除的结点是队列中唯一的一个结点,那么在删除该结点之前还需要修改 rear 指针。可以看出,和顺序存储相比,链式存储是实现队列更好的选择。

4.6 队列的应用

队列常常被用于仿真系统中排队的模拟,本节从另一个角度来一瞥队列的使用。

例 4.5 编写一个打印二项式系数表(杨辉三角)的算法。

众所周知,二项式系数表中第 k 行有 $k+1$ 个数,第 1 个和最后一个是 1,其他的值是由 $k-1$ 行计算出来的,每个数都等于其左上和右上角数据之和。

本例也可以通过设立两个 $n+1$ 长度的数组来计算出 n 阶二项式系数。但我们通过使用循环队列来看看它是如何减少辅助空间的。要计算前 n 阶的二项式系数,需要的队列最大空间是 $n+2$。假设已经计算出 k 行的二项式系数并存放在队列中,行间插入一个 0 作为行界。队首指针指向 k 行前面的 0,尾指针指向 $k+1$ 行前面的 0。现在通过循环队列来计算 $k+1$ 行的二项式系数。

```
 1  1
 1  2  1
 1  3  3  1
 …… ……
```

图 4.8 二项式系数

对于每个 $k+1$ 行的数据可以这样获得,出队列一个元素(左上方),再取队首元素(右上方),二者之和作为当前数据入队列。队首 k 行的"0"也可以看作是 $k+1$ 行第一个 1 的左上方数据。在计算第 $k+1$ 行前先入队列一个行界符"0"。如此,从 $k=1$ 开始,队列的初值应该是"0 1 1",然后就可以用循环方式求得 $k=n$ 行的值,在循环过程中,计算 $k+1$ 行的同时可以输出 k 行的值。

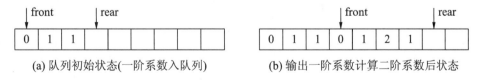

(a) 队列初始状态(一阶系数入队列)　　(b) 输出一阶系数计算二阶系数后状态

图 4.9 二项式系数求解过程队列状态

具体算法如算法 4.27 所示。
算法 4.27

```
void yanghui(int n)
{//输出 n 行的二项式系数表
    SqQueue Q;
    InitQueue(Q,n+2);
    EnQueue(Q,0);
    EnQueue(Q,1);
    EnQueue(Q,1);                              //一阶系数入队列"0 1 1"
    k=1;
    while(k<n){                                //计算出 n 行系数,输出前 n-1 行系数
      for(i=1;i<=n-k;i++)cout<<' ';            //根据 k 输出空格保持三角形
      EnQueue(Q,0);                            //入队列行界符"0"
      do{
        DeQueue(Q,s);                          //出队列左上方元素
        GetHead(Q,e);                          //读取队首元素(右上方)
        if(e)cout<<e<<' ';                     //e 非行界"0",输出
        else cout<<endl;                       //是行界则换行
        EnQueue(Q,s+e);                        //k+1 行数据入队列
      }while(e!=0);                            //k+1 行数据计算结束
      k++;
    }//while
    DeQueue(Q,e);                              //n 行行界符"0"出队列
    while(!QueueEmpty(Q)){                     //单独输出 n 行数据
      DeQueue(Q,e);
      cout<<e<<' ';
    }
}//end yanghui
```

例 4.6 舞伴组合问题。某舞厅举行舞会,约定男士只能和女士组成舞伴,参加舞会的男士人数多于女士,且舞厅最多只能容下 X 对舞伴同时跳舞。这样始终都会有一部分人处于等待中,一对舞伴跳完后可以重新组合舞伴。为了让大家获得舞伴以及跳舞的机会均等,可以事先进行组合舞伴。

假设男士有 m 人,姓名存储在 M_name$[m]$ 中 女士有 n 人,姓名存储在

F_name[n]中,且 $m>n>X$。开始时,把男士和女士分别进入两个队列 Qm 和 Qf,舞会开始后,每次从两个队列各出队列一人组成一对舞伴,共有 X 对舞伴在跳舞,其后每当一对舞伴跳完后再进入队列等候时新的一对舞伴才可以跳舞。下面算法 4.28 模拟舞会进程,给出每一对进入舞池舞伴的姓名。

算法 4.28

```
void DancePartner( )
{///为 m 位男士和 n 位女士组合舞伴,一次最多 X 对舞伴可以同时跳舞 m>n>X
    Queue Qm,Qf;
    InitQueue(Qm,m);            //初始化男士队列
    InitQueue(Qf,n);            //初始化女士队列
    for(i = 0;i<m;i++)
        EnQueue(Qm,i);          //男士入队列,入的是数组下标
    for(i = 0;i<n;i++)
        EnQueue(Qf,i);          //女士入队列
    for(i = 0;i<X;i++){
        DeQueue(Qm,mk);
        DeQueue(Qf,nk);
        printf("%s和%s组成舞伴。\n",M_name[mk],F_name[nk]);
    }
    endflg = 0;                 //舞会结束标志
    while(! endflg){
      evt = getevent( );        //取得下一个事件,E 表示有舞伴跳完,Q 表示舞会结束
      switch(evt){
        case 'E':               //有舞伴跳完,进入队列,新的组合进入舞池
          getcurid(mk,nk);      //获得当前结束舞伴的男女 id(数组下标)
          EnQueue(Qm,mk);       //刚跳完的舞伴进入队列排队
          EnQueue(Qf,nk);
          printf("%s和%s跳舞结束。\n",M_name[mk],F_name[nk]);
          DeQueue(Qm,mk);       //队列首部的男士和女士组成舞伴
          DeQueue(Qf,nk);
          printf("%s和%s组成舞伴。\n",M_name[mk],F_name[nk]);
          break;
        case 'Q':
          printf("舞会结束! \n");
```

```
        endflg = 1;
        break;
    }//switch
}//while
Destroy(Qm); Destroy(Qf);  //销毁队列
}//end DancePartner
```

4.7　递归及其应用

我们知道高级语言中的函数调用一般都是使用栈来实现的,因为函数调用时需要保存两方面的信息:(1) 函数调用时的实际参数以及函数返回的地址需要传递给执行函数;(2) 保存调用函数时的"现场",包括调用函数的局部变量、参数等。在高级语言如 C 语言中调用函数时似乎并没有感觉到栈的存在,那是因为栈的使用都被编译程序在内部实现,这使得高级语言的编写更简洁方便。递归函数和普通的函数一样,也是需要通过栈来保存函数调用时的信息,所不同的是,递归函数需要反复的函数调用,从栈的方面来考虑也就是栈的元素不断增加,直到递归结束的条件满足,再层层返回,栈里的元素也就一一出栈。下面我们避开编译系统对栈的处理,直接使用栈来实现递归函数,从而了解栈的工作过程,加深对栈的理解。

例 4.7　Ackerman 递归函数的实现。

Ackerman 函数的定义如下:

$$A(n,x,y) = \begin{cases} x+1, n=0 \\ x, n=1, y=0 \\ 0, n=2, y=0 \\ 1, n=3, y=0 \\ 2, n \geqslant 4, y=0 \\ A(n-1, A(n,x,y-1), x), n \neq 0, y \neq 0 \end{cases}$$

这个函数使用递归方式很容易实现,如算法 4.29 所示。

算法 4.29

```
void Ackerman1(int n,int x,int y)
{//使用递归函数方式实现 Ackerman 函数
    if(n = = 0)return (x + 1);
    if(y! = 0)return Ackerman1(n - 1,Ackerman1(n,x,y - 1),x);
    return (n = = 1)? x:
           (n = = 2)? 0:
           (n = = 3)? 1:2;
}//end Ackerman1
```

可以看出,递归函数的实现基本上就是按照函数原型去编写的,不需要考虑递归究竟是如何使用栈来实现的。下面用非递归函数借助栈的操作来实现,先考虑栈的元素类型定义如下:

```
typedef struct{
    int n;
    int x;
    int y;
}Elemtype;
```

假设需要求解的是 Ackerman(n,x,y),那么将(n,x,y)构成的 e 元素入栈表示初始任务,如果 $n \neq 0$ 且 $y \neq 0$,那么该任务目前是无法直接完成的。根据函数的定义,必须知道 Ackerman$(n,x,y-1)$ 的值,于是当前最迫切的任务变成求 Ackerman$(n,x,y-1)$。因此再把由$(n,x,y-1)$构成的 e 元素入栈,如此重复直至 $n=0$ 或 $y=0$ 可以计算出函数值。当 Ackerman$(n,x,y-1)$可直接求解出来并假设值为 u,还需要求解 Ackerman$(n-1,u,x)$(即 Ackerman(n,x,y))。Ackerman$(n-1,u,x)$能否直接求解还需看 $n-1$ 和 x 的值,如果不能求解还需要把它入栈,继续根据函数定义求更低阶的函数。如算法 4.30 所示。

算法 4.30

```
void Ackerman2(int n,int x,int y)
{//使用非递归函数方式实现 Ackerman 函数
    InitStack(S);
```

```
    e = {n,x,y};
    push(S,e);                      //初始化任务(n,x,y)
    do{
      GetTop(S,e);
      while(e.n! = 0 && e.y! = 0){  //无法直接求解
        e.y--;                      //形成任务(n,x,y-1)
        push(S,e);
      }//while
      pop(S,e);                     //e是可以直接求解的任务
      u = getvalue(e.n,e.x,e.y);
      if(!StackEmpty(S)){           //e不是初始任务
        pop(S,e);                   //出栈(n,x,y)
        e.n--;e.y = e.x;e.x = u;    //形成(n,x,y)的等价任务(n-1,u,x)
        push(S,e);                  //入栈(n-1,u,x)
      }//if
    }while(!StackEmpty(S))
    return u;
}//end Ackerman2
int getvalue(int n,int x,int y)
{//计算 n = 0 或 y = 0 时 Ackerman 函数的值 (n,x,y)可以直接计算
    if(n = = 0)return(x + 1);
    return (n = = 1)? x:
           (n = = 2)? 0:
           (n = = 3)? 1:2;
}//end getvalue
```

在算法中,使用了 getvalue 函数,对比 getvalue 和算法 4.29 的 Ackerman1 函数,我们可以发现,两个函数的形式非常类似,所不同的是调用 getvalue 的函数参数必须满足 $n = = 0$ 或者 $y = = 0$,而在 Ackerman1 中,参数可以是任意的非负整数。

对于算法 4.30 还需要注意一个问题,虽然可以使用栈来保存需要求解的 Ackerman 函数的三个参数 (n,x,y),那么两个相邻元素之间的关系如何呢?也就是当已经求出栈顶元素的 Ackerman 函数值后,栈顶下面的一个元素对应的函数值怎么求解?二者关系如何?在本例中两个元素之间的关系正是 Ackerman 函数的递推关系:假设栈顶元素 (n,x,y) 构成的 Ackerman 函数值是 u,那么下一个

元素构成的 Ackerman 函数值就应该是 $A(n-1,u,x)$。因此每当计算出一个栈顶元素的 Ackerman 函数值后(栈顶元素出栈),立即再计算 $A(n-1,u,x)$ 并取代当前栈顶元素。Ackerman(3,1,1)函数的求解过程的栈变化示意图如图 4.10 所示。

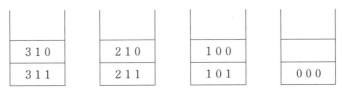

图 4.10　Ackerman(3,1,1)求解过程的栈变化示意图

例 4.8　汉诺塔问题。

传说布拉马圣殿的教士们有一黄铜浇铸的平台,上立 A、B、C 三根金刚石柱子,其中 A 柱子上有 64 个金盘子,每个盘子都比它下面的盘子略小一些,当教士们把全部盘子从 A 移到 C 之后,世界就到了末日。移动的条件是每次只能移动一个盘子,并且任何大盘子都不能放在小盘子上面。当然这只是一个神话传说故事,总共需要移动 $2^{64}-1$ 次,如果每秒移动一次,那么全部完成操作需要 5000 亿年。

看上去这似乎很复杂,但我们用递归的方法来处理,就会显得比较简单。首先考虑 A 上只有一个盘的情况,显然可以直接把它移动到 C,我们把这个移动使用函数 move(A,1,C) 来表示。

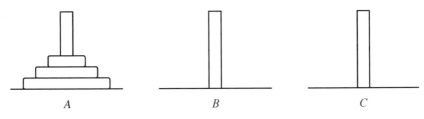

图 4.11　汉诺塔问题示意图

现在使用递归的思想来考虑,假设已经可以实现把 $n-1$ 个盘从一个柱子移动到另一个柱子,那么怎样才能实现把 n 个盘子从 A 移动到 C 呢? 答案很简单:把上面的 $n-1$ 个盘子移动到 B(刚才假设已经可以实现),再把第 n 个盘子移动到 C,然后再次把 $n-1$ 个盘子移动到 C 的上面,问题解决。那么现在的问题就变成了怎样把 $n-1$ 个盘从一个柱子移动到另一个柱子? 同样可以假设 $n-2$ 个盘子的移动已经可以实现。以此类推,最终发现只要能实现一个盘子的移动就可以完成 n 个盘子的移动了。而一个盘子的移动显然是可以直接完成的,不需要再递

归了。算法 4.31 是具体的算法。
算法 4.31

```
void hannuo(int n,char A,char B,char C)
{//将汉诺塔中 A 柱子上的 n 个盘移动到 C 盘,B 用作辅助柱子
    if(n= =1)move(A,1,C);            //一个盘子直接移动到 C
    else{
      hannuo(n-1,A,C,B);             //把 n-1 的盘子 A->B,C 作辅助
      move(A,n,C);                   //把第 n 个盘 A->C
      hannuo(n-1,B,A,C);             //把 n-1 的盘子 B->C,A 作辅助
    }
}//end hannuo
```

可以看出,使用递归思想的算法变得非常清晰和简洁,其复杂的过程都由系统使用栈完成了。

例 4.9 八皇后问题。

在国际象棋的 8×8 的棋盘上,摆放 8 个皇后,使得每个皇后之间都相互吃不到对方。由于国际象棋中皇后可以横、竖和对角线方向行走,因此意味着每一行每一列以及对角线方向上都只能有一个皇后。

图 4.12 八皇后问题一组解向量(1,3,5,7,2,0,6,4)

假设用 $R[0..7][0..7]$ 来表示 8×8 棋盘的格子,$R[0,0]$ 在左上角。为了检查某一列是否已经放有皇后,我们使用数组 $A[8]$ 来表示 8 个列($A[0]$ 表示第一列)是不是有皇后,1 表示有,0 表示没有;在左下到右上的对角线及其平行线上(斜

率为+1),元素的两个下标值之和在每条线内都是相等的,共有 15 条线,下标之和分别从 0 到 14,现使用 $B[15]$ 来表示这 15 个斜率为+1 的对角线上是否有皇后;相应地,在左上到右下方向(斜率为-1)的对角线也有 15 条,该方向的元素特点是某条线上元素下标之差为定值(从-7 到 7),如 i、j 分别表示横竖下标,那么 $i-j+7$ 在这 15 条对角线上的值对应是 0 到 14,现使用数组 $C[15]$ 来表示每条-1 斜率对角线上是否有皇后。

现使用 $X[8]$ 来表示解向量,即 $X[0]$ 表示第 0 行皇后所在的列,$X[1]$ 表示第 1 行皇后所在的列,依此类推,$X[7]$ 表示第 7 行皇后所在的列。

在求解时,先从第一行开始放皇后($i=0$),求得 $X[0]$,再放第二行的皇后,求得 $X[1]$,依此类推,直到放下第 7 行的皇后求得 $X[7]$,然后输出一组解。在这个过程中,对于每一个放成功的皇后,都有一个回溯过程,使得算法可以获得全部的解。

具体如算法 4.32 所示。

算法 4.32

```
#define N 8
int X[N];                          //存放解向量
int B[2*N-1],C[2*N-1];             //+1 和-1 斜率对角线是否有皇后的标记
int A[N];                          //某一列是否有皇后的标记
void mark(int i,int j,int flag)
{//在 R[i,j]放入或取走皇后,flag=1 放入,flag=0 取走
   A[j]=B[i+j]=C[i-j+7]=flag;
}//end mark
bool place(int i,int j)
{//检查 R[i,j]是否可以放皇后,TRUE 表示可以放
   return (A[j]==0 && B[i+j]==0 && C[i-j+7]==0);
}//end place
void Queen(int i)
{//从第 i 行开始放第 i 个皇后,调用 Queen(0)就可以得到全部的解。
    for (j=0; j<N; j++){         //逐列尝试
      if (place(i,j)){            //R(i,j)能放置吗
        X[i]=j;                   //第 i 个皇后放在 j 列
        mark(i,j,1);              //标记 R(i,j)已放置皇后
        if(i==N-1){for(k=0;k<N;k++)cout<<X[k];cout<<endl;}
        //最后一个皇后已放入,输出解向量。
```

```
            else queen(i+1);         //接着试下一行的皇后
            mark(i,j,0);             //回溯,取走刚刚放置的j列皇后,尝试下一个j
        }///if
    }///for
}///end Queen
```

在算法中使用递归来实现下一个皇后的摆放,同时还使用了回溯的方法去求解全部的解。要说明的是,这里的解没有考虑旋转不变性,即一组解如果旋转90度或180度后恰巧和另一组解相同,这在本例中也被认为是两组不同的解。可以看出,递归大大简化了算法代码。

4.8 本章小结

本章主要介绍了数据结构栈和队列的基本概念以及相应的表示和存储实现,着重给读者展示了栈和队列在解决实际问题中的威力,特别列举了一些栈和队列的经典应用。队列在事件模拟方面也具有相当重要的作用,限于篇幅关系,我们并没有完全展开去讨论队列的应用。

作为一种特殊的线性表,或者说有约束限制的线性表,栈和队列都继承了线性表的一些共性,由于本身的一些操作限制,线性表顺序存储的缺陷在栈和队列中表现得并不明显。例如顺序表在表中插入和删除元素会引起大量元素的移动,而由于栈和队列的插入和删除操作都限制在一端进行,因此避开了顺序表的缺陷。

当然,顺序存储的某些缺陷,如预先分配最大空间在栈和队列中依然存在,当顺序存储的队列和栈满时就需要重新分配更大的空间并进行相应的元素移动。相比而言,链式存储的栈和队列就没有这一问题。同时链式存储线性表的缺点因栈和队列不会在表中删除和插入元素而得以避免。就此而言,链式存储的栈和队列要优于顺序存储。

递归问题因其广泛的应用被单独拿出来作为一节讨论。递归问题是对栈的典型应用,递归可以用于解决数学上的递归函数的求解,因这类函数本身就是以递归形式表达,因此很方便用递归来实现,只需要设置好递归的"终止"条件就可以;递归还可以用来解决相似度高的重复性操作问题,如汉诺塔问题。解决这类问题的核心就是如何把实际问题抽象成递归的问题描述,如移动 n 个圆盘可以分解成移动 $n-1$ 个圆盘和第 n 个圆盘。

习 题

4.1 简述栈和线性表的差别。
4.2 如果进栈序列为 A、B、C、D,写出所有可能的出栈序列。
4.3 简述栈和队列的异同点。
4.4 已知栈 S 中存放了 8 个数据元素,自栈底至栈顶依次为 $(1,2,3,4,5,6,7,8)$。
(1) 写出在执行了函数调用 func1(S)后,S 中的元素序列。
(2) 在(1)的基础上,又执行了函数调用 func2(S,5),写出此时 S 中的元素序列。

```
void func1(Stack &S){
    int a[10],i,n = 0;
    while(! StackEmpty(S)){n++ ; Pop(S,a[n]);}
    for(i = 1; i<=n; i++) Push(S,a[i]);
}
void func2(Stack &S,int e){
    Stack T;
    int d;
    InitStack(T);
    while(! EmptyStack(S)){
        Pop(S,d);
        if(d! = e) Push(T,d);
    }
    while(! StackEmpty(T)){
        Pop(T,d);
        Push(S,d);
    }
}
```

4.5 已知队列 Q 中自队首至队尾依次存放着 $(1,2,3,4,5,6,7,8)$。写出在执行了函数调用

func3(Q)后，Q 中的元素序列。

```
void func3(Queue &Q){
    Stack S;
    int d;
    InitStack(S);
    while(! QueueEmpty(Q)){
        DeQueue(Q,d); Push(S,d);
    }
    while(! StackEmpty(S)){
        Pop(S,d); EnQueue(Q,d);
    }
}
```

4.6 试写一个算法，判断以♯为结束符的字符序列是否为形如"序列$_1$@序列$_2$"模式的字符序列。其中，序列$_1$和序列$_2$中都不包含字符"@"，且序列$_2$是序列$_1$的逆序。例如，"$xyz@zyx$"就是属于该模式的字符序列。

4.7 假设一个算术表达式中可以包含三种符号：圆括号"（"和"）"、方括号"["和"]"、花括号"{"和"}"，且这三种括号可按任意次序嵌套使用。编写判别给定表达式中所含的括号是否正确配对的算法（已知以♯结束符的表达式已存入数据元素为字符的顺序表中）。

4.8 设中缀表达式由单字母变量、双目运算符和圆括号组成，如"$(a*(b+c)-d)/e$"。试写一个算法，将一个书写正确的中缀表达式转换为逆波兰式。

4.9 试用类 C 写一个算法，对逆波兰式求值。

4.10 假设以带头结点的单循环链表表示队列，只设一个尾指针指向队尾元素，不设头指针。试编写相应的队列初始化、入队和出队的算法。

4.11 假设将循环队列定义为：以 rear 和 length 分别指示队尾元素和队列长度。试给出此循环队列的队满条件，并写出相应的入队和出队算法（在出队算法中要传递回队首元素）。

4.12 试写一个算法：判别读入的一个以"♯"为结束符的字符序列是否是"回文"（所谓"回文"是指正读和反读都相同的字符序列，如"$xyzyx$"是回文）。

4.13 数组 $A[n]$ 的元素是整型数，试写出递归算法求出 A 中的最大元素。

4.14 尝试把下列递归函数改写为非递归形式：

```
void func(int &s){
    int x;
    scanf("%d",&x);
    if(x= =0) {s=0;return;}
```

```
       func(s);s + = x;
       printf("s = % d\n",s);
}
```

4.15 已知求两个正整数 *m* 与 *n* 的最大公因子的过程用语言可以表述为反复执行如下动作：第一步：*r* = *m* % *n*；第二步：若 *r* = 0，则返回 *n*，算法结束；否则，*m* = *n*，*n* = *r*，返回第一步。

(1) 将上述过程用递归函数表达出来；

(2) 写出求解该递归函数的非递归算法。

第 5 章　串 和 数 组

字符串并不是一种新的数据结构,而是一种特殊的线性表,是以字符为元素的特殊线性表。由于字符串的广泛应用,很多高级语言中不再使用一般的线性表操作方法来处理字符串,因为字符串的常用操作和一般的线性表操作不完全一致。比如线性表中的插入和删除元素在字符串中用的并不多,而字符串中的连接操作、求子串操作等一般的线性表中也没有定义这样的基本操作。所以高级语言中一般都专门设置字符串数据类型,并定义了此数据类型上的各种基本操作。

5.1　串的基本概念

串(String)又称字符串,与线性表的定义类似,串是由零个或多个字符组成的序列。记作

$$s = "a_0 a_1 \cdots a_{n-1}", \quad n \geqslant 0$$

s 是串的名字,双引号或单引号括起来的部分是字符串的值,不包括引号本身。a_i ($0 \leqslant i \leqslant n-1$)可以是字母、数字或其他字符。字符的个数 n 称为字符串的长度。当 $n=0$ 时是空串。字符的序号是从 0 开始的,这一点和线性表的位序是不一样的,主要是为了和 C 语言中数组的下标是从 0 开始的习惯保持一致。

串中任意连续字符组成的子序列称为该串的子串,包含子串的串相应地被称为主串。子串中第 0 个字符在主串中的序号称为子串在主串中的位置。如下面 A、B、C 和 D 几个字符串:

$$A = "Bei", \quad B = "Jing", \quad C = "BeiJing", \quad D = "Bei Jing"$$

四个字符串的长度分别为 3、4、7、8。其中 A、B 都是 C、D 的子串,A、B 在 C

中的位置是 0 和 3,而在 D 中的位置是 0 和 4。空格也是一个字符。

字符串可以比较大小,两个字符串相等是指两个字符串的长度相等,并且每个对应位置的字符都相同。空串小于任何非空串,对于两个非空串怎么比较大小呢?首先我们需要确定字符大小的比较。在 C 语言中,字符大小是由该字符的 ASCII 码值大小确定的,比如 a<b,A<a。在不同的高级语言中字符大小关系未必完全一样。有了字符的大小关系就可以来比较两个字符串的大小了。

首先从两个字符串的第 0 个字符开始比较,如果一个串的字符大于另一个串的,那么字符值大的串值也大;如果第 0 个字符相等,那么字符串的大小由剩下的子串决定(即第 0 个字符除外的字串)。两个子串的比较可以重复上面的过程,直至出现首字符不相等的两个子串,或者出现一个空串。

由于串的应用不同于一般的线性表,其基本操作与线性表相差很大,在大多数高级语言里,都为串设计了专门的操作函数,下面给出串的抽象数据类型定义:

```
ADT String{
    数据对象:D={$a_i$|$a_i$∈CharSet,i=1,2,…,n,n≥0 }
    数据关系:R={<$a_{i-1}$,$a_i$>|$a_{i-1}$,$a_i$∈D,i=2,…,n}
    基本操作:
    StrAssign(&T,chars)
        操作结果:把字符串常量 chars 赋给 T。
        参数说明:chars 是字符串常量,T 是字符串变量。
    StrCopy(&T,S)
        操作结果:串 S 复制到串 T。
        参数说明:串 S 已存在。
    StrEmpty(S)
        操作结果:若串 S 为空则返回 TRUE;否则返回 FALSE。
        参数说明:串 S 已存在。
    StrLength(S)
        操作结果:返回栈 S 中的元素(字符)个数,亦即串的长度。
        参数说明:串 S 已存在。
    StrCompare(S,T)
        操作结果:若 S<T 返回负数,S=T 返回 0,S>T 返回正数。
        参数说明:串 S,T 已存在。
    StrConcat(&T,S1,S2)
        操作结果:S1、S2 连接成新串并用 T 返回。
        参数说明:串 S1、S2 已存在。
```

Substring(&Sub,S,pos,len)

  操作结果:用 Sub 返回串 S 中位置是 pos、长度为 len 的子串。

  参数说明:串 S1 已存在,0≤pos≤strlength(S)-1,0≤len≤strlength(S)-pos。

Index(S,T,pos)

  操作结果:若串 S 中从 pos 位置开始存在子串 T,则返回第一次出现 T 的位置,否则返回 -1。

  参数说明:串 S1 已存在,0≤pos≤strlength(S)-1,T 已存在。

Replace(&S,T,V)

  操作结果:若串 S 中存在子串 T,则用 V 替换所有不重叠的 T。

  参数说明:串 S、T 已存在,T 非空。

StrInsert(&S,pos,T)

  操作结果:在串 S 中 pos 位置插入子串 T。

  参数说明:串 S、T 已存在,0≤pos≤strlength(S),pos = strlength(S)时表示插在 S 最后一个字符后面。

StrDelete(&S,pos,len)

  操作结果:在串 S 中 pos 位置删除长度为 len 的子串。

  参数说明:串 S 已存在,0≤pos≤strlength(S)-1,0≤len≤strlength(S)-pos。

DestroyString(&S)

  操作结果:销毁串 S。

  参数说明:串 S 已存在。

}end ADT String

在以上操作方法中,有几个是基本的操作:StrAssign、StrCompare、StrLength、StrConcat 和 SubString。其他的操作都可以用这 5 个操作来实现,因此我们称这 5 个操作构成最小操作子集。

5.2 串表示与实现

串作为一种线性结构,也可以有顺序和链式两种实现方式。但由于字符串操作的特殊性,链式存储的方式不利于字符串的实现,本节主要介绍顺序存储的两种方法,然后简要说明链式存储。

5.2.1 顺序存储

和线性表的顺序存储一样,顺序存储的字符串也用一组连续的空间来存储字符序列。顺序存储从空间分配的过程来看,又可以分成静态和动态两种。

1. 静态顺序存储

静态顺序存储是在程序开始运行时分配一个内存,程序运行后不能改变空间的大小,也不能释放,程序结束时内存空间随程序一起释放。在 C 语言中一般用字符数组来实现。字符数组中的字符构成字符串,并以 '\0' 字符结束。数组中 '\0' 之前的字符都是字符串的内容,'\0' 本身占一个位置,这样 C 语言中 n 个长度的字符串需要的数组空间是 $n+1$。例如:

$$\text{char} \quad \text{mystr}[10];$$

mystr 最多可以存储 9 个长度的字符串。如果 mystr 存储字符串"abc",则 mystr[0] = 'a', mystr[1] = 'b', mystr[2] = 'c', mystr[3] = '\0'。

在有些高级语言中,如 pascal,并不以 '\0' 作为串结束符,而是在数组的第 0 个单元存储字符串的长度,从第 1 个单元开始存储字符串的有效字符。我们也可以在 C 语言中通过类型定义来实现这种方式存储。例如:

$$\sharp \text{define MAXLEN 255}$$
$$\text{typedef unsigned char} \quad \text{SString}[\text{MAXLEN}+1];$$

这样 SString 就也是一种字符数组实现的字符串类型,该类型最大能存储 MAXLEN 长度的字符串,其中数组的第 0 个单元存储的是字符串的长度。例如:

$$\text{SString mysstr} = ''\text{abc}'';$$

那么 mysstr[0] = 3, mysstr = 'a', mysstr = 'b', mysstr = 'c'。

下面用两种方法分别实现 Concat 操作,可以比较一下二者的区别。这里我们假设 T 的空间足以存放 $S1$、$S2$ 连接的新串。

算法 5.1

```
void Concat_sq1(char T[ ],char S1[ ],char S2[ ])
{//用 T 返回以 '\0' 为结束符的串 S1、S2 连接成的新串
    i=j=0;
    while(S1[i]!='\0')T[j++]=S1[i++];        //复制串 S1
    i=0;
    while(S2[i]!='\0')T[j++]=S2[i++];        //复制串 S2
    T[j]='\0';                               //置 T 串的结束符
```

}//end Concat_sq1

算法 5.2

```
void Concat_sq2(SString T,SString S1,SString S2)
{//用 T 返回 SString 类型串 S1、S2 连接成的新串
    for(i=1;i<=S1[0];i++)T[i]=S1[i];              //复制串 S1
    for(i=1;i<=S2[0];i++)T[i+S1[0]]=S2[i];        //复制串 S2
    T[0]=S1[0]+S2[0];                             //置 T 串的长度
}//end Concat_sq2
```

2. 动态顺序存储

动态顺序存储字符串是指存储空间在使用前才分配,而不是在程序一开始就声明,而且在使用后可以立即释放,因此称为动态存储。在 C 语言中用 malloc 来分配空间,在 C++ 中用 new 来分配。例如可以这样来分配 10 个长度的字符串空间:

$$char *p = new char[11];$$

p 就是一个字符指针。p 也指向字符串的第一个字符,可以像访问数组那样访问 p,p[0]表示串的第 0 个字符,等价于 *p。p[n]值是 '\0'(其中 n 是字符串长度),等价于 *(p+n)。

如用 p 指向的空间来存储串"abc",那么 p[0]='a',p[1]='b',p[2]='c',p[3]='\0'。

动态顺序存储的字符串空间使用相应的方法释放,C 语言中使用 free 函数,C++ 中使用 delete 方法。

大多数的高级语言都设计了专门的针对字符串的操作。下面给出部分字符串操作的顺序存储实现,其中串都是以 '\0' 为结束符的存储方法。

(1) 求字符串长度 StrLength_sq

利用 C 语言的中的 strlen 也可以直接实现此功能。

算法 5.3

```
int StrLength_sq(char *S)
{//求串 S 的长度
    i=0;
```

```
    while(S[i]!='\0')i++;
    return i;
}//end StrLength_sq
```

(2) 字符串比较 StrCompare_sq

比较两个字符串 S、T 的大小，S＞T 返回正数，相等返回 0，S＜T 返回负数。本操作也可以通过 C 语言中的 strcmp 直接实现，如 strcmp(S,T)。

算法 5.4

```
int StrCompare_sq(char *S,char *T)
{//比较字符串 S、T 的大小，S＞T 返回正数，相等返回 0，S＜T 返回负数。
    for(i=0;S[i]!='\0'&&T[i]!='\0';i++)
        if(S[i]!=T[i])return (S[i]-T[i]);
    return(S[i]-T[i]);   //先结束的字符串当前字符为 '\0',值为 0.
}//end StrCompare_sq
```

(3) 字符串求子串 Substring_sq

本操作也可以通过 C 语言中的 Strncpy 来直接实现，例如 strncpy(Sub,&S[pos],len)。

算法 5.5

```
void Substring_sq(char *Sub,char *S,int pos,int len)
{//用 Sub 返回串 S 中位置是 pos、长度为 len 的子串
    slen=StrLength_sq(S);
    if(pos<0||pos>slen-1||len<0||len>slen-pos)
    {ErrorMsg("非法输入!");return;}
    for(i=0;i<len;i++)Sub[i]=S[pos+i];
    Sub[len]='\0';                      //置 Sub 串的结束符
}//end Substring_sq
```

5.2.2 块链存储字符串

虽然也可以模仿链表那样使用链式存储来存储字符串，但是由于字符串中每个元素是一个字符，如果使用一个结点来存储一个字符，会造成很大的空间浪费。

此外由于字符串常用的取子串等操作并不能发挥链式存储的优势,因此一般不用链式存储来直接存储字符串的每个字符,而是采用一种称为块链的结构,即每个结点不是存储一个字符而是多个字符。例如我们可以设定每个结点的存储字符数是 4,但这样一来在字符串中插入和删除一个子串时如果不是正好 4 的倍数将会导致有的结点存储不满的情况。此外,如果字符串长度不是每个结点容量的整数倍时也会引起最后一个结点不满。对于这些空的单元还需要设置一个专门的符号以示其空闲而不属于字符串内容,常常使用存储密度来表示块链字符串的空闲单元情况。

$$存储密度 = \frac{串实际占用存储单元数}{已经分配的存储单元数}$$

块链存储字符串的 C 语言实现如下:

```c
#define CHSIZE  4
typedef struct Chunk{
    char ch[CHSIZE];
    struct Chunk *next;
}Chunk;
typedef struct{
    Chunk *head,*tail;          //指向头、尾的指针
    int length;                 //串长度
}CHString;
```

5.3 串 的 应 用

正文编辑程序是一种广泛应用的服务程序,如办公室公文编写、报刊编辑等都需要用到这类程序。目前常用的办公编辑软件有微软公司的 office、金山公司的 WPS 等。正文编辑的实质就是字符串的操作。大多数正文编辑的软件都会包括串的查找、插入、删除、替换等功能。

为了方便编辑,用户常常可以通过加入换页符和换行符把正文划分为若干页或若干行。如果把整个正文看作是一个正文串的话,那么页则是正文串的子串,而行则是页的子串。

编辑软件为了管理正文中的页和行,一般都需要为正文串建立相应的页表和行表。页表的每一项列出页号和该页的起始行号;行表的每一项列出每一行的行号、起始地址和该行子串的长度。因此正文编辑软件一般设立三个指针:页面指针、行指针和字符指针,分别指向页表、行表和字符。

若要在某行插入和删除字符,则需要修改行表中该行的长度;若插入的内容超出了原分配给该行的空间,则要为该行重新分配空间,并修改该行的起始位置;若删除的行恰好是所在页的首行,则还需要修改页表中相应的起始行号。

总的来说,页表和行表可以看作是正文串存储情况的一种索引。由于正文编辑功能在大多数操作系统都有相应的系统软件提供,因此本章不再赘述。

5.4 模 式 匹 配

字符串的基本操作 index 是在主串中查找第一次出现子串的位置,这种查找就是一种匹配的过程。常把要查找的子串称为"模式",这种查找过程也称模式匹配。大多数编辑软件如 Windows 下的记事本(Notepad)、unix 下的 vi 等,都具有"查找"(Search)的功能,即在被编辑的正文中查找"指定子串"的功能。

5.4.1 BF 算法

BF(Brute-Force)算法的思想是:假设主串 $S=$ "$s_0 s_1 s_2 \cdots s_{n-1}$",模式串 $P=$ "$p_0 p_1 p_2 \cdots p_{m-1}$",从主串的第 0 个字符 s_0 开始,与模式串的第 0 个字符 p_0 比较。若相等,则继续比较 P 和 S 的下一个字符;若不相等,则从 S 的第一个字符 s_1 开始与 P 的第 0 个字符开始比较。如此不断重复,直到模式 P 中每一个字符都和主串 S 的相应字符相等,称为匹配成功。结果需要返回的是当前 P 在 S 中的位置,即 p_0 的第 0 个字符在 S 中的位置。

为了能在 S 中反复查找某个模式串,可以设置一个查找的起点位置 start,查找不是从 s_0 开始,而是从 S 串的 start 位置 s_{start} 开始。BF 算法代码如下:

算法 5.6

```
int Find_BF(char *S,char *P,int start)
{//在串 S 中从 start 位置开始,查找第一次出现模式 P 的位置返回,没找到返回-1
```

```
    if(start<0||start>strlen(S) - strlen(P))
      {ErrorMSG('非法 start 值!');return - 1;}
    i = start;j = 0;
    while(i<strlen(S)&&j<strlen(P))
      if(S[i] = = P[j]){i++ ;j ++ }      //当前字符相等,继续下一个
      else {i = i - j + 1;j = 0;}         //当前字符不等,回溯指针
    if(j = = strlen(P))return (i - j);    //匹配成功,返回匹配开始的字符位置
    return - 1;
}//end Find_BF
```

从上述 BF 算法中可以看出,当模式 P 和主串 S 逐个字符进行比较时,如果发现不相等,S 的指针就回退到本次匹配开始字符的下一个,而 P 的指针则回退到 0。

如果在匹配过程中,每次匹配时 P 的第 0 个字符和 S 的相应字符都不相等,那么匹配结束时,总共需要比较的次数是 $n - m + 1$ 次;而如果每次匹配时前面的 $m - 1$ 个字符都和主串相同,只有最后一个字符不同,那么匹配结束时总共比较的次数应该是 $(n - m + 1) * m$ 次。因此 BF 算法的时间复杂度最差情况是 $O(n \times m)$,最好情况是 $O(n)$(这里考虑一般情况下 n 远大于 m)。

BF 算法最大的问题是主串指针的不断回退,造成了复杂度的上升,下面介绍的 KMP 算法很好地解决了这个问题。

5.4.2 KMP 算法

KMP 算法是由 D.E.Knuth、V. R. Pratt 和 J. H. Morris 三人同时提出的,因此被称为 KMP 算法。该算法主要针对 BF 算法的不足作了改进,使得主串的指针不必回退。

先看一个例子,设主串 S = "abcabcabcd",模式 P = "abcabcd"。

在图 5.1 中,按照 BF 算法,S 和 P 的前 6 个字符都相等,直到 $i = 6, j = 6$ 时,$S[6] \neq P[6]$,如图(a),这时 S、P 的指针都需要回退,S 的指针回退到 1,P 的指针回到 0,重新开始比较 $S[1]$ 和 $P[0]$ 是否相等,如图(b)。但是其实可以推理得出 $S[1]$ 一定不等于 $P[0]$。由于 P 给定为"abcabcd"就意味着 $P[0..2] = P[3..5]$,且 $P[0]$、$P[1]$、$P[2]$ 各不相等。无论 S 串如何,当比较到 $S[6]$ 不等于 $P[6]$ 时(称之为失配),$S[0..5]$ 必然等于 $P[0..5]$,即 $S[1] = P[1]$,而模式串中已知 $P[0] \neq P[1]$,所以必然有 $S[1] = P[1] \neq P[0]$。

换句话说,模式串 P 的内部序列特征决定了当 $P[6]$ 失配时,$P[0]$ 一定不等于 $S[1]$,这就是说没有必要把 S 指针回到 1、P 的指针回到 0 的。同样也可以推理出 $S[2] \neq P[0]$。而对于 $S[3]$ 是不是要和 $P[0]$ 比较呢?如图(c)。当然也不需要,因为 $S[3] = P[3] = P[0]$。

当 $S[3] = P[0]$ 后,接下来的 $S[4]$、$S[5]$ 和 $P[1]$、$P[2]$ 的情况如何呢?很显然也有 $S[4..5] = P[4..5] = P[1..2]$。

```
    i=6↓                          i=1↓
a b c a b c a b c d          a b c a b c a b c d
a b c a b c d                a b c a b c d
    j=6↑                          j=0↑
     (a)                           (b)

    i=3↓                          i=6↓
a b c a b c a b c d          a b c a b c a b c d
   a b c a b c d                  a b c a b c d
    j=0↑                          j=3↑
     (c)                           (d)
```

图 5.1 模式匹配过程示意图

综合上面的分析,我们可以得出这样的结论:在主串 S 在和 P 的匹配过程中,当 S 在第 i 位和 $P[j]$ 失配后,S 的指针 i 并不需要回退,因为 i 前面的 j 个字符和 P 中字符一一对应相等,和 p 中其他字符的关系也就确定,不需要再一一比较,只需要继续和 P 中的某个字符(设为第 k 个)比较,那么 k 应是 j 的函数,用 $\text{next}[j]$ 表示存储。那么 $\text{next}[j]$ 如何求得?下面来求这个 $\text{next}[j]$。

设 $S = \text{"}s_0 s_1 s_2 \cdots s_{n-1}\text{"}$,模式串 $P = \text{"}p_0 p_1 p_2 \cdots p_{m-1}\text{"}$,当 S 中第 i 个字符和 P 中第 j 个字符失配时,即 $s_i \neq p_j$,假设这时 s_i 只需要继续和 p_k 做比较,这时模式 P 的前 $k-1$ 个字符构成的子串必须满足

$$p_0 p_1 \cdots p_{k-1} = s_{i-k} s_{i-k+1} \cdots s_{i-1} \tag{5.1}$$

而前面已经匹配的结果意味着

$$p_{j-k} p_{j-k+1} \cdots p_{j-1} = s_{i-k} s_{i-k+1} \cdots s_{i-1} \tag{5.2}$$

由式(5.1)和式(5.2)可以得到

$$p_0 p_1 \cdots p_{k-1} = p_{j-k} p_{j-k+1} \cdots p_{j-1} \tag{5.3}$$

也就是说,如果模式 P 满足式(5.3)时,当其在第 j 位失配时,仅仅需要将 P 向右滑动,使其第 k 个字符继续和主串的第 i 个字符对齐继续比较。

显然 k 即为前述的 $\text{next}[j]$,$\text{next}[j]$ 含义表述为:当模式 P 中第 j 个字符和主

串当前字符失配时,在模式中需要重新和主串中当前字符进行比较的字符的位置。由此得到 next 的如下定义:

$$\text{next}[j] = \begin{cases} -1, & j = 0 \\ \max\{k \mid 0 \leqslant k < j \text{ 且 } p_0 p_1 \cdots p_{k-1} = p_{j-k} p_{j-k+1} \cdots p_{j-1}\} \end{cases}$$

简单的理解就是当某个字符紧挨着的前面最多若有 k 个字符的子串和模式的前 k 个字符子串相等(不存在这样的子串时 $k=0$),那么其 next 的函数值即为 k。根据这个定义,可以求出 $P=$"abcabcd"的 next 函数值如表 5.1 所示。

表 5.1

j	0	1	2	3	4	5	6
模式串	a	b	c	a	b	c	d
next[j]	-1	0	0	0	1	2	3

当 $j=0$ 时,next[0]$=-1$ 表示当 P 的第 0 个字符就失配,意味着主串需要移动指针到下一个字符即 $i+1$ 了,而模式串指针不动($j=0$);next[1..3]均为 0 表示 P 在第 1 到 3 个字符上失配时都需要向右滑动,使得 P 的第 0 个字符与主串当前字符比较;next[6]$=3$ 表示 P 在第 6 字符上失配时只需要重新使 P 的第 3 个字符与主串当前字符比较,如图 5.1(d)所示。由图可见,在图 5.1 中当(a)图中不匹配发生时,不再需要经过(b)、(c)图的指针回退,而是直接跳到(d)图,模式向右滑动,不再回溯主串的指针。

再看一看 $P=$"abaabcac"的 next 函数值情况,如表 5.2 所示。

表 5.2

j	0	1	2	3	4	5	6	7
模式串	a	b	a	a	b	c	a	c
next[j]	-1	0	0	1	1	2	0	1

模式的 next 函数仅仅和模式本身有关,是由模式内字符串的排列特征所决定的,和主串无关。有了模式的 next 函数后,就可以很简单地实现 KMP 算法了。

算法 5.7

```
int Find_KMP(char *S,char *P,int start)
{//在串 S 中从 start 位置开始,查找第一次出现模式 P 的位置返回,没找到返回 -1
    if(start<0||start>strlen(S)-strlen(P))
        {ErrorMSG('非法 start 值!');return -1;}
```

```
    i = start; j = 0;
    while(i<strlen(S)&&j<(int)strlen(P))
        if(j= = -1||S[i]= = P[j]){i++;j++}     //当前字符相等,继续下一个
        else j = next[j];                        //当前字符不等,滑动模式
    if(j= = strlen(P))return (i-j);              //匹配成功,返回匹配开始的字符位置
    return -1;
}//end Find_KMP
```

注意,算法中把 $j=-1$ 的情况和 $S[i]==P[j]$ 的情况合并起来考虑,很显然当 $j=-1$ 时,执行 $\{i++;j++\}$,相当于 $j=0$,主串指针 i 向右移动一位,这恰好好和前面 next[0] 的定义一致。

KMP 算法是对 BF 算法做了有效改进的结果,其主要是依赖模式的 next 函数来进行匹配过程的。前面已经分析了 next 函数的含义以及如何求得一个模式串的 next 的函数。那么如何通过算法来获得一个模式的 next 函数呢?

可以考虑通过递推的方法来求解 next 函数。由前面的定义知道

$$\text{next}[0] = -1; \tag{5.5}$$

设 $\text{next}[j]=k$,我们来考虑 $\text{next}[j+1]$ 的情况。$\text{next}[j]=k$ 说明模式有以下关系:

$$p_0 p_1 \cdots p_{k-1} = p_{j-k} p_{j-k+1} \cdots p_{j-1} \tag{5.6}$$

其中 $0 \leqslant k < j$,且 k 是满足式(5.6)的最大值,即不存在 $k'>k$ 满足式(5.6)。现在考虑 p_k 和 p_j。

(1) 若 $p_k = p_j$,则说明

$$p_0 p_1 \cdots p_{k-1} p_k = p_{j-k} p_{j-k+1} \cdots p_{j-1} p_j \tag{5.7}$$

并且不可能存在 $k'>k$ 满足式(5.7),也就是说 $\text{next}[j+1]=k+1$。

(2) 若 $p_k \neq p_j$,则说明

$$p_0 p_1 \cdots p_{k-1} p_k \neq p_{j-k} p_{j-k+1} \cdots p_{j-1} p_j \tag{5.8}$$

也就是说模式中第 $j+1$ 个元素前面不存在 $k+1$ 个字符的子串和模式的前 $k+1$ 个字符子串相等,那么有没有 $k'+1(k'<k)$ 个字符子串和模式前 $k'+1$ 字符子串相等呢? 这正是模式匹配的过程,只是在这里主串和模式串都是现在的模式串。当 $p_k \neq p_j$ 时,需要滑动模式指针 k 到 $k'=\text{next}[k]$,若 $p_{k'}=p_j$,则有

$$p_0 p_1 \cdots p_{k'-1} p_{k'} = p_{j-k'} p_{j-k'+1} \cdots p_{j-1} p_j, \quad 1<k'<k<j \tag{5.9}$$

说明模式中第 $j+1$ 个元素前面存在 $k'+1$ 个字符的子串和模式的前 $k'+1$ 个字符子串相等,所以

$$\text{next}[j+1] = k' + 1 = \text{next}[k] + 1 \tag{5.10}$$

若依然是 $p_{k'} \neq p_j$,就需要继续查看 $\text{next}[k']$,此过程就是模式匹配过程,直到没有任何 $k'(0 \leq k' < j)$ 满足式(5.9),则有

$$\text{next}[j+1] = 0; \tag{5.11}$$

例如对于前面 $P = $ "abaabcac"的 next 函数,如果已经求出 $\text{next}[0..5]$ 的值,下面求 $\text{next}[6]$ 和 $\text{next}[7]$。因为 $\text{next}[5] = 2$,而 $p_5 \neq p_2$,需要比较 p_5 和 p_0(因 $\text{next}[2] = 0$),由于 $p_5 \neq p_0$,而 $\text{next}[0] = -1$,所以 $\text{next}[6] = \text{next}[0] + 1 = 0$。

对于 $\text{next}[7]$,因 $\text{next}[6] = 0$,$p_6 = p_0$,所以 $\text{next}[7] = \text{next}[6] + 1 = 1$。

由于求 next 函数的过程类似与匹配过程,可以得到以下求 next 函数的算法 5.8。

算法 5.8

```
int get_next(char *P,int next[ ])
{//求模式串 P 的 next 函数并写入数组 next[ ].
    j=0;k=-1;next[0]=-1;
    while(j<=strlen(P)-1)
        if(k==-1||P[j]==P[k]){j++;k++;next[j]=k;}
        else k=next[k];
}//end get_next
```

上面定义的 next 函数尚存在缺陷,我们看看模式 $P = $ "aaaab"的 next 函数情况,见表 5.3 所示。

假如主串 $S = $ "aaabaaaab",那么当匹配到 $i=3, j=3$ 时 $S[3] = b \neq a = P[3]$,由 $\text{next}[3] = 2$,$S[3]$ 需要继续和 $P[2]$ 比较,以及 $P[1]$,$P[0]$ 都需要比较。然而实际上 P 中前 4 个字符都相等,是 a,因此当第 $P[3]$ 和主串当前字符不等时,前三个字符也必然和主串不等,是不需要再比较前三个的,即 $P[3]$ 失配后主串指针直接 $+1$,模式 j 右滑到 0。

表 5.3

j	0	1	2	3	4
模式串	a	a	a	a	b
$\text{next}[j]$	-1	0	1	2	3
$\text{next}[j]$ 修正	-1	-1	-1	-1	3

一般意义上说就是：若 next[j] = k，而模式 $p_j = p_k$，则在模式第 j 位失配（$p_j \neq s_i$）时，使用 p_k(k = next[j])去和 s_i 比较也必然不等，$s_i \neq p_j = p_k$。因此不需要考虑和 p_k 比较，而直接和 $p_{\text{next}[k]}$ 比较，因此 next[j]应和 next[k]相同。故需要对算法做如下修正，修正后的 next 值见表 5.3，KMP 匹配算法则不需要改变。

算法 5.9

```
int get_next1(char *P,int next[ ])
{//求模式串P的next函数修正值并写入数组next[ ].
    j = 0;k = -1;next[0] = -1;
    while(j<= strlen(P) - 1)
      if(k = = -1||P[j] = = P[k]){
        j++;k++;
        if(P[j]! = P[k])next[j] = k;  //P[j]≠P[k]时才赋值为k
        else next[j] = next[k];
      }
      else k = next[k];
}//end get_next1
```

从前述算法可以看出，KMP 算法的主要特点是主串指针不回退。即使是匹配到模式的最后才发生不匹配的情况，主串也不需要回退，模式只是向右滑动(指针移到 next[j])。因此大部分的主串都只进行一次的比较，所以 KMP 算法的时间复杂度是 $O(n)$。KMP 算法解决了 BF 算法指针回退的问题。

5.5 数　　组

数组也是一种线性结构，是线性表的一种扩展。本节将对数组进行介绍。

5.5.1 数组的基本概念

一维数组是纯粹的线性表，数组的元素类型就是线性表的元素类型；二维数组则可以看成"元素是一维数组"的线性表。

$$A^{(2)} = (A_0^{(1)}, A_1^{(1)}, \cdots, A_{m-1}^{(1)})$$

其中

$$A_i^{(1)} = (a_{i,0}, a_{i,1}, \cdots, a_{i,n-1}), \quad i = 0, 1, \cdots, m-1$$

即可以这样看：

$$A_{m \times n} = ((a_{0,0}, a_{0,1}, \cdots, a_{0,n-1}), (a_{1,0}, a_{1,1}, \cdots, a_{1,n-1}), \cdots,$$
$$(a_{m-1,0}, a_{m-1,1}, \cdots, a_{m-1,n-1}))$$

二维数组也可以看成是 $m \times n$ 的一个阵列(矩阵)，如图 5.2 所示。

$$\begin{bmatrix} a_{0,0} & a_{0,1} & a_{0,2} & \cdots & a_{0,n-1} \\ a_{1,0} & a_{1,1} & a_{1,2} & \cdots & a_{1,n-1} \\ \vdots & \vdots & \vdots & & \vdots \\ a_{m-1,0} & a_{m-1,1} & a_{m-1,2} & \cdots & a_{m-1,n-1} \end{bmatrix}$$

图 5.2 模式匹配过程示意图

同样地，我们可以把三维数组看作元素是二维数组的线性表，N 维数组看作元素是 $N-1$ 维数组的线性表。

$$A^{(N)} = (A_0^{(N-1)}, A_1^{(N-1)}, \cdots, A_{s-1}^{(N-1)})$$

数组的主要操作有 4 个：

InitArray(&A,n,bound1,…,boundn)

　　操作结果:初始化一个 n 维数组,各维长度由 bound1,…,boundn 给定。

　　参数说明:bound1,…,boundn 合法正整数。

DestroyArray(&A)

　　操作结果:销毁数组 A。

　　参数说明:数组 A 已经存在。

Value(A,&e,index1,…,indexn)

　　操作结果:把 e 赋值为指定的 A 的元素值。

　　参数说明:数组 A 已经存在,下标不越界。

Assign(&A,e,index1,…,indexn)

　　操作结果:把 e 的值赋给指定的 A 的元素。

　　参数说明:数组 A 已经存在,下标不越界。

5.5.2 数组的顺序存储表示

数组的操作主要是元素赋值和读取操作,不会做删除元素和增加元素的操作,因此数组采用顺序存储来表示是很方便的。但是由于数组可能是多维的,而计算机的内存只能是一维的连续空间,因此必须把多维的数组转换成一个一维的序列才可以存储。

可以通过约定,按照一定的次序去顺序读取和存储数组中的元素就可以得到一个一维的序列。对于图 5.2 的二维数组而言,有两种排列方式(存储映像):一种是以行为主序的存储方式,数组元素的存储次序是 $a_{0,0}, a_{0,1}, \cdots, a_{0,n-1}, a_{1,0}, a_{1,1}, \cdots, a_{1,n-1}, \cdots, a_{m-1,0}, a_{m-1,1}, \cdots, a_{m-1,n-1}$,大多数语言,如 C 语言、pascal 语言等都是这样的存储;第二种是以列为主序的存储方式,数组元素的存储次序是 $a_{0,0}, a_{1,0}, \cdots, a_{m-1,0}, a_{0,1}, a_{1,1}, \cdots, a_{m-1,1}, \cdots, a_{0,n-1}, a_{1,n-1}, \cdots, a_{m-1,n-1}$,Fortran 等少数语言采用这样的存储。

无论是哪种存储映像方式,一旦确定了存储区的首地址,对于给定的数组,其每个元素的存储位置都可以通过其下标值唯一确定。下面研究行主序存储映像方式的任意一个元素的地址计算方法。

假设二维数组 $A[m][n]$ 中每个元素占用 L 个存储单元,则该数组中的任意一个元素 $a_{i,j}$ 在存储映像区的存储地址可以这样确定:

$$\text{Loc}[i,j] = \text{Loc}[0,0] + (i \times n + j) \times L \qquad (5.12)$$

其中 Loc$[i,j]$ 是 $a_{i,j}$ 的存储地址,Loc$[0,0]$ 是 $a_{0,0}$ 的存储地址,也就是数组 A 存储映像区的首地址,称为数组 A 的基地址。

同样地,三维数组乃至多维数组仍可按照行主序的思想,即高(左)下标为主序的次序来存储。例如对于三维数组 $B[p][m][n]$ 中任意一个元素在存储映像中的地址可以这样确定:

$$\text{Loc}[i,j,k] = \text{Loc}[0,0,0] + (i \times m \times n + j \times n + k) \times L \qquad (5.13)$$

显然,数组元素的地址是其下标的线性函数,存取每个元素所进行的运算及次数都是一样的,具有这样特点的存储结构称为**随机存取存储结构**。数组在大多高级语言中都有很好的实现,式(5.12)和式(5.13)这样的函数计算大都由编译系统去完成,编程人员很少需要去计算公式。

5.5.3 数组的应用

数组的应用在程序设计中非常普遍,下面介绍一个例子利用数组的功能降低算法的时间复杂度。

例 5.1 求两个字符串中最长的公共子串。

若 string1 = "ga**badfg**ab",string2 = "sgabac**badfg**bacst",则公共最长子串是 "badfg"。

设 m、n 分表表示串 string1、string2 的长度。不失一般性,设 $m \leqslant n$,按照通

常的考虑,对于长度为 n 的 string2 中每个字符的位置,从长度为 m 的 string1 串中取第 $i(i=0,1,\cdots,m-1)$ 个字符开始的长度为 $len(len=m,m-1,\cdots,1)$ 的子串与之比较,这个算法的时间复杂度是 $O(nm^2)$。

下面通过使用数组来研究两个字符串的分布特点。首先建立一个二维数组 $mat[m][n]$,如图。若 $string1[i] = string2[j]$,则 $mat[i][j]=1$,否则 $mat[i][j]=0$。很显然,对角线方向上连续 1 的长度就是两个串的共同子串。于是本例的问题就转换为求 mat 数组中对角线方向上连续 1 的最长段。

	s	g	a	b	a	c	b	a	d	f	g	b	a	c	s	t
g		1									1					
a			1		1			1					1			
b				1			1					1				
a			1		1			1					1			
d									1							
f										1						
g		1									1					
a			1		1			1					1			
b				1			1					1				

图 5.3　串对应矩阵 $mat[m][n]$

下面的主要问题是如何沿着对角线搜索？前面介绍八皇后的问题时已经了解了斜率的概念,这里主要是需要研究斜率为 -1 的对角线,显然这类对角线方向上元素的坐标满足 $i-j$ 是一个固定值,称该值为此对角线的特征量。对于 $m×n$ 的数组其对角线共 $m+n-1$ 个,特征量分别从 $m-1$(左下角的一个元素)变化到 $-(n-1)$(右上角的一个元素),相邻对角线的特征量相差 1。从元素 $mat[i,j]$ 开始,沿对角线方向的扫描函数 diagscan 可以找到该对角线上从该点开始往右下方向最长的连续 1 的长度。

算法 5.10

```
void diagscan(int mat[ ][ ],int m,int n,int i,int j,int &maxlen,int &jpos)
{//从[i,j]开始沿对角线方向扫描最长的连续 1,maxlen 和 jpos 分别返回最长连续 1 的长度
和起点的 j 坐标
    eq = 0;len = 0;              //初始化状态标志 eq 和当前连续 1 长度 len
    while(i<m && j<n){
```

```
        if(mat[i][j]==1){
            len++;
            if(!eq){                    //第一个出现的1
                eq=1;sj=j;              //改变状态,记下当前位置
            }//if
        }else if(eq){                   //上一个连续1结束
            if(len>maxlen){             //目前求得的连续1长度最长
                maxlen=len;jpos=sj;
            }//if
            eq=0;len=0;                 //重新开始下一个连续1的扫描
        }//else if
        i++;j++;
    }//while
    if(len>maxlen){                     //一个连续1到达边界而没碰到下一个0
        maxlen=len;jpos=sj;
    }//if
}//end diagscan
```

上述算法中,eq 用来表示当前检测连续1的状态,$eq=1$ 表示处于连续1的检测中,$eq=0$ 则表示还没有检测到连续1。maxlen、jpos 用来记录到目前为止碰到的最长连续1的长度和起始 j 坐标。求所有对角线上的最长连续1如算法5.11所示。

算法 5.11

```
void diagmax(int mat[ ][ ],int m,int n,int &maxlen,int &jpos)
{//求矩阵 mat 中对角线方向上连续1的最长长度 maxlen 和起点的 j 坐标 jpos
    maxlen=0;jpos=-1;
    istart=0;                           //右上的第一条对角线起始行坐标
    for(k=-(n-1);k<=m-1;k++){           //当前处理特征量 k 的对角线
        i=istart;j=i-k;                 //特征量 k=i-j
        diagscan(mat,m,n,i,j,maxlen,jpos);  //扫描特征量为 k 的对角线连续1的最长段
        istart+=(k>=0)?1:0;             //k>=0时,istart 开始增加
    }//for
}//end diagmax
```

上述算法中使用 k 表示特征量,完成 $m+n-1$ 个特征量的循环。maxlen 保

持为找到的连续 1 的最大长度。为了实现上述算法,还需要做一些准备工作,如通过字符串建立 mat 数组等。如算法 5.12 所示。

算法 5.12

```
void getmaxsamestr(char *string1,char * string2,char * &sub)
{//求 string1 和 string2 的最大共同字串返回到 sub,假设 sub 已经分配空间
    p1 = string1;m = strlen(string1);
    p2 = string2;n = strlen(string2);
    for(i = 0;i<m;i++)
      for(j = 0;j<n;j++)
        mat[i][j] = (string1[i] = = string2[j])? 1:0;
    diagmax(mat,m,n,maxlen,jpos)     //求矩阵 mat 中对角线方向最长 1
    if(maxlen = = 0)sub[0] = '\0';
    else strncpy(sub,&string2[jpos],maxlen);
                        //复制 string2 中 jpos 开始的 maxlen 个字符的子串
    sub[maxlen] = '\0';
}//end getmaxsamestr
```

上述算法对数组 mat 进行了两遍遍历,一遍是两个 for 循环完成的建立;一遍是 diagmax 完成的。所以访问元素 $2n \times m$ 次,故时间复杂度为 $O(n \times m)$。

5.6 矩 阵 压 缩

矩阵在科学计算领域有着广泛的应用。矩阵在高级语言中大多以二维数组存储,而随着科学和计算机应用领域的发展,出现了很多高阶矩阵的计算问题,有的甚至达到几十万阶,上千亿的数组元素。然而在这类矩阵中常常包含大量的零值元素,对这类矩阵进行压缩,不仅能够节约存储空间,而且可以避免大量的零值元素参与的计算。

相同值的元素或零值元素在矩阵中的分布也常常具有一定的规律和特征,这类矩阵被称为特殊形状的矩阵,与之相对应的就是随机稀疏矩阵了。

5.6.1 特殊形状矩阵的压缩存储

特殊形状矩阵通常有三角型矩阵、条带状矩阵、对称阵等。三角型矩阵是指矩阵中上三角或下三角是全零值元素或同值元素。条带状矩阵则是只有主对角线附近的若干条对角线上含有非零元素。利用二维数组存储这些大多是零值元素的矩阵，空间浪费显然巨大，我们知道二维数组在实际存储时也是转换为一维的序列存储的，不管是行主序还是列主序，都可以建立一个元素存储位置和下标的函数关系——式(5.12)，利用该函数可以通过下标对数组元素实现随机存取。那么既然特殊形状矩阵有这么多零值元素，我们能否不存储零值元素，通过修改函数关系而仍然实现对数组元素的随机存取呢？

假设 N 阶方阵(行列相等) A 的元素满足 $a_{ij} = a_{ji}(i,j = 0,1,\cdots,n-1)$，则称之为对称阵。对称阵中的一对元素可以只存储一个存储空间，于是可以把 n^2 个元素压缩存储到 $n(n+1)/2$ 个存储单元里。假设以 $B[n(n+1)/2]$ 来存储这些元素，按照行主序的次序把对称矩阵下半区(包括主对角线)存储到 B 中。

图 5.4 对称矩阵压缩原理示意图

从上图中很容易得到 a_{ij} 的存储地址满足(L 是每个元素占用的存储单元数)

$$\text{Loc}(a_{ij}) = \text{Loc}(B[0]) + ((1+i) \times i/2 + j) \times L, \quad i \geq j \quad (5.14)$$

$$\text{Loc}(a_{ij}) = \text{Loc}(B[0]) + ((1+j) \times j/2 + i) \times L, \quad i < j \quad (5.15)$$

其中，$\text{Loc}(B[0])$ 是 B 的基地址，$i \geq j$ 时，任意下标的元素都可以通过式(5.13)计算出其在 B 中的存储地址。该式的运算次数对任何一个元素都相等，因此也是随机存取的。当 $i < j$ 时，因 $a_{ij} = a_{ji}$ 及式(5.14)易得到式(5.15)。

对于三角形状矩阵，如下三角阵，完全可以参照对称阵来给出函数关系，只是 $i < j$ 时元素值是 0，不再需要计算式(5.15)。

另一种带状特殊矩阵也可以采用类似的思想来存储在一个一维的数组中，下面考虑三对角矩阵，即只有主对角线及其两侧的对角线上可以有非零值。

图 5.5 中 a_{ij} 前面有 i 行,除第 0 行两个元素外,其他行都是 3 个元素,因此共 $3i-1$ 个元素。a_{ij} 所在的行其前面有共有 j 个元素,其中值为 0 的元素 $i-1$ 个,因此本行非零元素是 $j-(i-1)=j-i+1$。这样在 a_{ij} 前需要存储的非零元素数是:$3i-1+j-(i-1)=2i+j$。

图 5.5 带状矩阵压缩原理示意图

所以带状矩阵的存储位置与坐标的函数关系是

$$\begin{cases} \text{Loc}(a_{ij}) = \text{Loc}(B[0]) + (2i+j) \times L, & |i-j| \leqslant 1 \quad (5.16) \\ a_{ij} = 0, & |i-j| > 1 \quad (5.17) \end{cases}$$

5.6.2 稀疏矩阵的压缩存储——三元组顺序表

在 $m \times n$ 的矩阵中,若非零元素有 t 个,我们定义

$$\delta = \frac{t}{m \times n} \quad (5.18)$$

为矩阵的稀疏因子,通常认为 $\delta \leqslant 0.05$ 时为稀疏矩阵。由于稀疏矩阵中大部分元素都是零值元素,不需要存储,因此只需要存储少量的非零元素。一般非零元素是随机出现在矩阵的任何位置的,没有一定的特征可循,因此需要记录非零元素的位置。这样就构成了一个三元组 (i,j,a_{ij})。一个三元组也唯一确定了矩阵中的一个非零元素,因此一个稀疏矩阵就可以使用一个三元组序列来表示。

$$\begin{pmatrix} 0 & 12 & 9 & 0 & 0 & 0 & 0 \\ 0 & 0 & 0 & 0 & 0 & 0 & 0 \\ -3 & 0 & 0 & 0 & 0 & 14 & 0 \\ 0 & 0 & 24 & 0 & 0 & 0 & 0 \\ 0 & 18 & 0 & 0 & 0 & 0 & 0 \\ 15 & 0 & 0 & -7 & 0 & 0 & 0 \end{pmatrix}$$

图 5.6 稀疏矩阵 M

三元组一般以顺序存储来存储,称之为三元组顺序表。顺序表中三元组的元素次序一般也是按照数组的行主序次序来存储非零元素的。例如图 5.6 中稀疏矩阵 M(实际是 M 不满足我们定义的稀疏矩阵的条件,为了方便说明,有意增加了非零元素的数量)有 8 个非零元素,用三元组存储在顺序表中的次序应该是 $(0,1,12)$,$(0,2,9),(2,0,-3),(2,5,14),(3,2,24),(4,1,18),(5,0,15),(5,3,-7)$。

三元组顺序表存储的实现如下:

```
#define MAX_SIZE   1000           //存储三元组的最大容量
typedef struct{
    int   i,j;                    //三元组所表示数组元素的下标
    ElemType  e;                  //非零元素的值
}Triple;
typedef struct{
    Triple data[MAX_SIZE];        //三元组顺序表
    int   mu,nu,tu;               //对应矩阵的行、列和非零元个数
}TSMatrix;
```

矩阵的三元组压缩虽然在存储上大大减少了空间的浪费,但还要看这种存储是否有利于矩阵的运算。下面讨论使用三元组存储实现矩阵运算中最常见的求转置运算。

对一个 $m \times n$ 的矩阵 M,其转置矩阵 T 是一个 $n \times m$ 的矩阵,并且 $T[j,i] = M[i,j]$($i=0,1,\cdots,m-1;j=0,1,\cdots,n-1$)。如以二维数组存储矩阵,那么其转置如算法 5.13 所示。

算法 5.13

```
void transpose(Elemtype M[ ][ ],Elemtype T[ ][ ],int m,int n)
{//求二维数组存储的矩阵 Mm×n 的转置矩阵 T
    for(i=0;i<m;i++)
      for(j=0;j<n;j++)
        T[j][i]=M[i][j];
}//end transpose
```

很显然这个算法的时间复杂度是 $O(m \times n)$。当我们使用三元组顺序表来存储稀疏矩阵 M 时,对矩阵 M 的转置就变成"由 M 的三元组顺序表求 T 的三元组

顺序表"。图5.7给出了 M 和 T 的三元组顺序表的内容。

i	j	e
0	1	12
0	2	9
2	0	-3
2	5	14
3	2	24
4	1	18
5	0	15
5	3	-7

（a）M.data

i	j	e
0	2	-3
0	5	15
1	0	12
1	4	18
2	0	9
2	3	24
3	5	-7
5	2	14

（b）T.data

图5.7 图5.6矩阵相应的三元组顺序表

现在的问题就是怎么把图中(a)的内容转换为(b)的内容。由于约定三元组顺序表中元组的次序是由元素本身在矩阵中的位置按照行主序排列得到的，因此其转置矩阵 T 的三元组顺序表也应该按照行主序的次序排列，因此我们不能简单地把 M 的每个三元组元素的 i 和 j 坐标交换一下，得到 T 的三元组，这样不满足行主序的要求。

我们可以有两种方法实现由图中的(a)得到(b)。

1．"按需查找"方法

研究图中(b)的内容发现，转置矩阵 T 的 0 行元素实际是矩阵 M 的 0 列元素，因此在 T 中先存储"行值"小的元素也就意味着 M 中的"列值"小的元素。换句话说，T 中三元组的排列次序是按照 M 中的列主序来排列的，我们可以从 M.data 中按照列号由小到大的次序找出元素，并把 i、j 交换后插入 T.data 的表尾。例如，先扫描 M.data 中 $j=0$ 的元组，分别是 $(2,0,-3)$ 和 $(5,0,15)$，交换坐标后变成 $(0,2,-3)$ 和 $(0,5,15)$ 插入 T.data；接下来再查找 $j=1$ 的元组，得到 $(1,0,12)$ 和 $(1,4,18)$；一直继续下去直到 $j=n-1$。

那么在这个过程中，对于 M 的每一列都需要遍历一次三元组顺序表，因此其算法复杂度是 $O(n \times t)$，其中 n 是 M 的列数，t 是 M 的非零元数。

2．"按位就座"方法

按位就座的思想是通过研究 M 中非零元素的分布规律，只对 M.data 进行一次扫描就完成所有 T.data 数据的排放。通过分析 M.data 和 T.data，可以发现，

三元组 (0,1,12) 之所以放在 T.data 中的第三位 (T.data[2])，是因为 M 中 0 列的非零元素有两个，而 (0,1,12) 是 1 列的第一个元素，因此两个 0 列的非零元素必然排在 (0,1,12) 的前面。如果能事先算出 T 中每一行的非零元素数目，也就是 M 中每一列的非零元素数目，就可以通过累加知道 T 中每一行的非零元素在 T.data 中的起始位置。

设 $num[col](col=0,1,\cdots,n-1)$ 表示矩阵 M 中每一列的非零元素数目，$rpos[col]$ 表示转置矩阵 T 中第 col 行的非零元在 T.data 中的起始位置，则有如下关系：

$$\begin{cases} rpos[0] = 0 \\ rpos[col] = pos[col-1] + num[col-1], \quad 1 \leqslant col < M.nu \end{cases} \quad (5.19)$$

由此公式我们可以得到前述 M 矩阵的 num 数组和 rpos 数组如表 5.4 所示。

表 5.4

j	0	1	2	3	4	5	6
$num[j]$	2	2	2	1	0	1	0
$rpos[j]$	0	2	4	6	7	7	8

从表 5.4 中可以看到，(0,2,9) 是第 2 列第一个非零元素，$rpos[2]=4$，因此 (0,2,9) 应该放在 T.data[4]。即 T.data 中从 $rpos[k]$ 到 $rpos[k+1]-1(k \leqslant M.nu-2)$ 存放的是转置矩阵 T 的第 k 行的非零元素。创建 rpos 数组的算法描述如算法 5.14 所示。

算法 5.14

```
#define MAXM 100                              //矩阵最大的列数目+1
void createrpos(TSMatrix M)
{//求矩阵 Mm×n 的 rpos 数组
    for(col=0;col<M.nu;col++)num[col]=0;
    for(t=0;t<M.tu;t++)++num[M.data[t].j];    //统计各列非零元素
    rpos[0]=0;
    for(col=1;col<M.nu;col++)
        rpos[col]=rpos[col-1]+num[col-1];      //累计 num 数组获得 rpos
}//end createrpos
```

有了 rpos 数组，就可以实现"按位就座"的思想，一次完成所有的非零元素的排放。还有一个问题需要注意，当 M 的某一列 $k(T$ 的某一行）有不止一个非零元素时，该行的第一个非零元素放在 rpos[k]，第二个非零元素就必须放在 rpos[k]+1 了，依次类推。因此，每次在 T.data 中放入一个非零元素后，需要把相应的 rpos[k]加 1。此时 rpos[k]的真正含义变成了"扫描 M.data 过程中下一个 k 列元素在 T.data 中应该存放的位置"。

下面给出三元组顺序表压缩存储的矩阵 M 求其转置矩阵 T 的算法 5.15。

算法 5.15

```
void TRansposeTS(TSMatrix M,TSMatrix &T)
{ //求三元组顺序表压缩存储的矩阵 M 的转置矩阵 T
    T.mu = M.nu;T.nu = M.mu;T.tu = M.tu;    //置 T 相关属性
    if(!M.tu)return;                         //没有非零元，不作处理
    createrpos(M);
    for(p = 0;p<M.tu;p++){
      col = M.data[p].j;                     //当前元素在 M 中的列，即 T 中的行
      q = rpos[col];                         //当前元素在 T.data 中位置
      T.data[q].i = M.data[p].j;
      T.data[q].j = M.data[p].i;             //交换 i、j 坐标
      T.data[q].e = M.data[p].e;             //赋元素值
      ++rpos[col];                           //rpos 指向 T 中下一个 col 行的非零元素位置
    }//for
}//end TRansposeTS
```

从上述算法可以看出，包括 createrpos 算法在内，共有 4 个串行工作的单循环，循环次数分别是 2 个 nu 次和 2 个 tu 次，因此总的时间复杂度是 $O(M.nu + M.tu)$。其效率大大高于二维数组存储的矩阵转置时间复杂度 $O(m \times n)$。

由于 rpos 数组大大简化了三元组存储矩阵的运用，我们常常在建立三元组表的时候就建立起这样的数组，表示矩阵"每一行的非零元在三元组顺序表中起始位置"的信息。这种"带行链接信息"的三元组表被称为**逻辑链接的顺序表**。

采用三元组存储来表示矩阵时，一般采用顺序表来存储三元组，但当在矩阵运算产生元组的增减时，就需要对顺序表进行元素的插入和删除了，这时也可以考虑使用链表来存储三元组。

对于稀疏矩阵的压缩，除了使用三元组存储外，有时还使用**十字链表**来存储。十字链表是这样表示的：为一个 $m \times n$ 的矩阵创建 $m+n$ 个单链表，m 个行链表和 n 个列链表，每个行链表包含该行的所有非零元素，同样，每个列链表包含该列

的所有非零元素。m 个行链表和 n 个列链表的头指针分别构成一维数组,属于指针数组。这样每个非零元素既属于一个行链表也属于一个列链表。因此,每个非零元素都是两个链表的交叉结点,故称**十字链表**。十字链表的结点包含 5 个域,具体描述如下:

```
typedef struct OLNode{
    int  i,j;                        //非零元素的下标
    ElemType  e;                     //非零元素的值
    OLNode *rownext,*colnext;        //分别指向行、列链表的下一个结点
}OLNode, *OLink;
typedef struct{
    OLink *rhead,*chead;             //行、列链表头指针数组的首地址
    int m,n,t;                       //对应矩阵的行、列和非零元素个数
}CrossList;
```

5.7 本章小结

本章主要介绍了串的基本概念以及相应的表示和存储实现,重点介绍了字符串的顺序存储方式,鉴于字符串的操作特点,字符串的链式存储很少在实践中使用。本章还着重介绍了字符串匹配的两种算法——BF 和 KMP 算法,通过研究模式串本身的结构特点,可以使得在字符串匹配过程中避免主串指针的回退,从而把字符串匹配的时间复杂度由 $O(m \times n)$ 降为 $O(n)$。

数组本身和串的关系不大,但由于很多高级语言中都把串看成一种字符的数组,因此把数组放在本章介绍。

数组作为一种特殊的线性表,可以看成是线性表的一种扩展,其元素又可以是一个数组。在介绍了数组的顺序存储表示后,重点探讨了特殊形状矩阵和稀疏矩阵的压缩存储问题,并引入三元组顺序表的概念。三元组顺序表不仅在存储上大大减少了零元素存储带来的空间浪费,而且在某些操作如转置操作中也可以降低时间复杂度。当然,并不是所有的操作使用三元组存储方法都会简化,例如矩阵的乘法、求逆等操作,三元组存储方法也显得较为复杂。

习 题

5.1 已知 $S =$ "This□is□A□program!", $T =$ "good□",请写出下列函数的结果(□表示空格):
StrLength(S),SubString(S,10,7),Index(S,"A"),Replace(S,"A","a"),
Concat(Concat(SubString(S,0,10),T),SubString(S,10,7))。

5.2 已知模式串 $P =$ "abcaabbcab",求其改进后的 next 数组。

5.3 已知多维数组 $A[2][2][3][3]$ 按左下标主序方式存储。试按存储位置的先后次序,列出所有数组元素 $A[i][j][k][1]$ 序列(为了简化表达,可以只列出形如 "$i,j,k,1$" 的序列,如元素 $A[0][0][2][1]$ 可表示为 "0,0,2,1")。

5.4 假设有一个二维数组 $A[0..5][0..7]$,每个元素占 6 个字节,首元素 $A[0][0]$ 的地址为 1000,求:
 (1) A 的存储空间大小;
 (2) 最后一个元素 $A[5][7]$ 的地址;
 (3) 按行主序方式存储时,$A[2][4]$ 的地址;
 (4) 按列主序方式存储时,$A[2][4]$ 的地址。

5.5 设有上三角矩阵 $A_{n \times n}$,将其上三角的元素逐行存于数组 $B[0..m-1]$ 中(m 充分大),使得 $B[k] = a_{ij}$ 且 $k = f_1(i) + f_2(j) + c$。试推导出函数 f_1、f_2 和常数 c(要求 f_1 和 f_2 中不含常数项)。

$$\begin{bmatrix} a_{11} & a_{12} & a_{13} & \cdots & a_{1n} \\ & a_{22} & a_{23} & & a_{2n} \\ & & a_{33} & \cdots & a_{3n} \\ & & & & \cdots \\ \mathbf{0} & & & \cdots & \cdots \\ & & & & a_{nn} \end{bmatrix}$$

5.6 设有一个准对角矩阵

$$\begin{bmatrix} a_{11} & a_{12} & & & & & & \\ a_{21} & a_{22} & & & & & & \\ & & a_{33} & a_{34} & & & & \\ & & a_{43} & a_{44} & & & & \\ & & & & \cdots & \cdots & & \\ & & & & \cdots & \cdots & & \\ & & & & & & a_{2m-1,2m-1} & a_{2m-1,2m} \\ & & & & & & a_{2m,2m-1} & a_{2m,2m} \end{bmatrix}$$

按以下方式存于一维数组 $B[4m]$ 中：

0	1	2	3	4	5	6	...	k	...	4m-2	4m-1
a_{11}	a_{12}	a_{21}	a_{22}	a_{33}	a_{34}	a_{43}	...	a_{ij}	...	$a_{2m-1,2m}$	$a_{2m,2m}$

写出由一对下标 (i,j) 求 k 的转换公式。

5.7 已知矩阵 $A_{4\times 5}$ 如下：

$$A = \begin{bmatrix} 0 & 1 & 0 & 0 & 5 \\ 2 & 3 & 0 & 6 & 0 \\ 0 & 0 & 0 & 0 & 0 \\ 0 & 4 & 0 & 0 & 7 \end{bmatrix}$$

(1) 用三元组表作为存储结构，绘出相应的三元组表示意图；

(2) 用十字链表作为存储结构，绘出相应的十字链表示意图。

5.8 设稀疏矩阵 A 和 B 均以三元组顺序表作为存储结构。试写出计算矩阵相加 $C = A + B$ 的算法，其中，C 是另外设置用于存放结果的三元组表。

5.9 试编写一个算法，实现以三元组的形式打印用十字链表表示的稀疏矩阵中所有非零元素及其下标。

5.10 试编写一个算法，实现以矩形阵列的形式打印用十字链表表示的稀疏矩阵。

第 6 章 树和二叉树

第 3 章学习的线性表是一种线性结构。线性结构的逻辑特征是元素之间存在"一对一"的联系,即除了首元素之外,每个元素有且仅有一个直接前驱;除了表尾元素外,每个元素有且仅有一个直接后继。本章学习的树形结构是一种重要的非线性结构。非线性结构的逻辑特征是每个元素可能存在多个直接前驱和多个直接后继。在树形结构中,每个元素至多有一个直接前驱,有 0 个或多个直接后继,即树形结构的逻辑特征是元素之间存在"一对多"的联系。

树形结构在现实世界中广泛存在,例如,家族的族谱关系和社会机构的组织都可以形象地用树形结构来表示;在操作系统中,用树形结构来组织和管理磁盘文件,即目录树。

树形结构中,以**树**和**二叉树**最为常用。本章着重讨论树和二叉树的定义、性质、存储结构以及对其施加的各种操作,研究树和森林与二叉树之间的转换关系,最后介绍几个应用实例。

6.1 树的基本概念

6.1.1 树的定义

定义:树(Tree)是 $n(n \geqslant 0)$ 个结点的有限集。当 $n=0$ 时,称为空树;在任意一棵非空树中:(1) 有且仅有一个特定的称为根(Root)的结点;(2) 当 $n>1$ 时,其余结点可分为 $m(m>0)$ 个互不相交的子集,其中每个子集又是一棵树,称为根的子树(Subtree)。

树的定义是一种递归定义,即在树的定义中又用到了树的概念。递归是树的固有特性：一棵非空树由一个根结点及若干棵子树构成，而子树又可以由其根结点和若干棵更小的子树构成。

图 6.1 给出了三棵不同的树：T_1 是一棵空树；T_2 是只有 1 个根结点的树；T_3 是一棵具有 12 个结点的树，其中 A 是树根，其余 11 个结点分为 3 个互不相交的子集：T_{31}，T_{32}，T_{33}。这三个子集又都是树，是树根 A 的子树，分别有自己的根（B，C，D）和相应的更小的子树。

从树的定义和图 6.1 可见，树具有层次性和分支性的特征。在一个非空树中，根结点没有直接前驱，它是起始结点，其余结点有且仅有一个直接前驱。树中每个结点可以有 0 个或多个直接后继。其中有 0 个后继的结点是终端结点；有多个后继的结点是非终端结点，形成上层结点与下层结点之间的逐层分支关系。

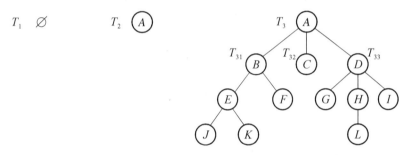

图 6.1 空树和非空树

下面给出树的抽象数据类型的定义：

ADT Tree{
    数据对象 D：D 是同类型数据元素的集合。
    数据关系 R：若 D=∅，则称为空树；
        否则 R 是满足下列条件的二元关系：
    (1) D 中存在唯一的称为根的元素 root，它在 R 下无直接前驱。
    (2) 若 D-{root}=∅，则 R=∅；否则存在 D-{root} 的一个划分 D_1,D_2,…,D_m($m>0$)，对任意的 $j\neq k(1\leqslant j,k\leqslant m)$，有 $D_j\cap D_k=\varnothing$，且对任意的 $i(1\leqslant i\leqslant m)$，存在唯一的数据元素 $x_i\in D_i$，有 $\langle root,x_i\rangle\in R$；
    (3) 对应于 D-{root} 的划分，R-{⟨root,x_1⟩,…⟨root,x_m⟩} 有唯一的一个划分 R_1,…,R_m($m>0$)，对任意的 $j\neq k(1\leqslant j,k\leqslant m)$ 有 $R_j\cap R_k=\varnothing$，且对任意的 $i(1\leqslant i\leqslant m)$，$R_i$ 是 D_i 上的二元关系。(D_i,R_i) 是一棵符合本定义的树，称为根 root 的子树。
    基本操作 P：
        InitTree(&T)

操作结果:构造空树 T。

DestroyTree(&T)

  初始条件:树 T 已经存在。

  操作结果:销毁 T。

CreateTree(&T)

  操作结果:按某一建树规则,创建树 T。

TreeEmpty(T)

  初始条件:树 T 已经存在。

  操作结果:如果 T 是空树,则返回 TRUE;否则返回 FALSE。

ClearTree(&T)

  初始条件:树 T 已经存在。

  操作结果:删除 T 中全部结点,将 T 清为空树。

TreeDepth(T)

  初始条件:树 T 已经存在。

  操作结果:返回 T 的深度。如果 T 为空树,则返回 0。

Root(T)

  初始条件:树 T 已经存在。

  操作结果:返回 T 的根。

Parent(T,x)

  初始条件:树 T 已经存在,x 是 T 中的一个结点。

  操作结果:返回 x 的双亲结点。如果 x 是树根,则返回"空"。

FirstChild(T,x)

  初始条件:树 T 已经存在,x 是 T 中的一个结点。

  操作结果:返回 x 的最左孩子。如果 x 是树叶,则返回"空"。

NextSibling(T,x)

  初始条件:树 T 已经存在,x 是 T 中的一个结点。

  操作结果:返回 x 的右邻兄弟。如果 x 是双亲的最右孩子,则返回"空"。

InsertChild(&T,x,i,p)

  初始条件:树 T 已经存在,x 是 T 中的一个结点,$1 \leqslant i \leqslant x$ 的度 +1,p 是另一棵非空树。

  操作结果:将 p 插到 T 中,使之成为结点 x 的第 i 棵子树。

DeleteChild(&T,x,i)

  初始条件:树 T 已经存在,x 是 T 中的一个结点,$1 \leqslant i \leqslant x$ 的度。

  操作结果:删除结点 x 的第 i 棵子树。

TraverseTree(T,visite( ))

  初始条件:树 T 已经存在,visite( )是对树结点进行访问的某应用函数。

操作结果：按某种规则对 T 中的每个结点调用 visite( )一次且仅一次。
}end ADT Tree

6.1.2 树的术语

(1) 结点(Node)：包含一个数据元素以及指向其子树的分支。

(2) 结点的度(Node Degree)：结点拥有子树的个数称为该结点的度。如图 6.1 中，树 T_3 上结点 A、B、H 和 C 的度分别为为 3、2、1 和 0。

(3) 树的度(Tree Degree)：非空树中各结点度的最大值称为该树的度。如图 6.1 中，树 T_2 的度为 0，树 T_3 的度为 3。

(4) 分支结点(Offshoot Node)：树中度不等于 0 的结点称为分支结点，也称为非终端结点。

(5) 叶子结点(Leaf Node)：树中度等于 0 的结点称为叶子结点，也称为终端结点。如图 6.1 中，T_3 上的结点 C、F、G、L、I、J、K 都是叶子结点；T_2 中的结点 A 既是树根，也是树叶。

(6) 孩子(Child)：结点子树的根(即结点的直接后继)称为该结点的孩子。如图 6.1 中，树 T_3 上结点 D 的孩子有 G、H 和 I，结点 B 的孩子有 E 和 F。叶子结点则没有孩子。

(7) 双亲(Parent)：结点的直接前驱称为该结点的双亲。显然，根结点没有双亲。在图 6.1 的 T_3 中，树根 A 没有双亲，结点 B、C、D 的双亲是 A，结点 L 的双亲是 H。

(8) 兄弟(Sibling)：同一个双亲的结点之间互为兄弟。例如图 6.1 的 T_3 中，结点 B、C、D 互为兄弟，而结点 L 和结点 A 则没有兄弟。

(9) 祖先(Ancestor)：从树根到某结点所经分支上的所有结点都是该结点的祖先。如图 6.1 的 T_3 中，结点 K 的祖先包括 A、B 和 E。

(10) 子孙(Descendant)：某结点所有子树上的所有结点都是该结点的子孙。

(11) 结点的层次(Level)：在非空树中，根结点的层次定义为 1，其余结点的层次是其双亲结点的层次加 1。

(12) 树的深度(Tree Depth)：空树的深度为 0；在非空树中，所有结点层次的最大值称为该树的深度或高度(Height)。如图 6.1 中，树 T_1、T_2 和 T_3 的深度分别为 0、1 和 4。

(13) 有序树和无序树(Ordered Tree and Unordered Tree)：如果一棵树中结点的各个子树从左至右是有次序的，即交换了子树的相对位置就构成了不同的树，则称该树为有序树。反之,则称为无序树。

(14) 森林(Forest):由 $m(m \geqslant 0)$ 棵互不相交的树组成的集合。在数据结构中,树和森林是很相近的概念:删除一棵树的根结点,根的各个子树就形成了一个森林;反之,以一个森林的 m 棵树为子树,再加一个根结点,就形成了一棵树。

6.1.3 树的性质

性质 6.1 设树有 $n(n \geqslant 1)$ 个结点,每个结点的度为 $d_i(i=1,2,\cdots,n)$,则有
$$n = \sum_{i=1}^{n} d_i + 1$$

证明:除了树根以外,每个结点有且仅有一个直接前驱,即通过一个分支与双亲相连,所以树中分支数 $B = n-1$。又,树的分支数 B 等于树中每个结点的度之和,代入即得证。

性质 6.2 度为 k 的树(k 叉树),其第 i($i \geqslant 1$)层至多有 k^{i-1} 个结点。

用数学归纳法证明:

树中第 1 层只有 1 个结点(树根结点),故 $i=1$ 时,$k^{1-1} = k^0 = 1$,命题成立。

设树的第 $i-1$ 层($i>1$)命题成立,即第 $i-1$ 层至多有 k^{i-2} 个结点。由于第 $i-1$ 层上,每个结点最多有 k 个孩子,所以第 i 层的结点数至多为 $k^{i-2} \times k = k^{i-1}$,证毕。

性质 6.3 深度为 $h(h \geqslant 1)$ 的 k 叉树,至多有 $\dfrac{k^h - 1}{k-1}$ 个结点。

利用性质 6.2 证明:深度为 h 的 k 叉树,其最大结点数为各层最大结点数之和,即
$$\sum_{i=1}^{h}(第\ i\ 层最大结点数) = \sum_{i=1}^{h} k^{i-1} = \frac{k^h - 1}{k-1}$$

证毕。

性质 6.4 具有 $n(n \geqslant 1)$ 个结点的 $k(k>1)$ 叉树,其最小深度为 $\lceil \log_k(n(k-1)+1) \rceil$。

证明:设具有 n 个结点的 k 叉树的深度为 h,若前 $h-1$ 层的每层结点数都达到最大值 $k^{i-1}(1 \leqslant i \leqslant h-1)$,余下的结点都分布在第 h 层上,则该树的深度达到最小。根据性质 6.3 有
$$\frac{k^{h-1}-1}{k-1} < n \leqslant \frac{k^h - 1}{k-1}$$

或

取对数得

$$k^{h-1} < n(k-1)+1 \leqslant k^h$$

即有

$$h-1 < \log_k[n(k-1)+1] \leqslant h$$

$$\log_k[n(k-1)+1] \leqslant h < \log_k[n(k-1)+1]+1$$

由于 h 是正整数,则有 $h = \lceil \log_k[n(k-1)+1] \rceil$,得证。

6.2 二叉树的概念

二叉树是另一种重要的树形结构。顾名思义,二叉树中每个结点的度都不超过 2。二叉树具有存储表示简单,实现算法容易的特点,而且一般的树或森林也能方便地转换为相应的二叉树。因此,二叉树是树形结构中重点讨论的对象。

6.2.1 二叉树的定义

定义 6.2 二叉树(Binary Tree)是 $n(n \geqslant 0)$ 个结点的有限集,它或者是空集 ($n=0$),称为空二叉树;或者是由一个根结点及两棵互不相交的、分别称为左子树和右子树的二叉树组成。

显然,这是一个递归定义,即在二叉树的定义中又用到了二叉树的概念。

如图 6.2 所示是一棵深度为 4 的二叉树。结点 A 是树根,结点 B 和 C 分别是 A 的左子树的树根和右子树的树根。

从二叉树的定义可知,二叉树和树是两种概念不同的树形结构,我们不能把二叉树看成是树的特例,尽管它们具有树形结构的共同特征:层次性和分支性。

二叉树可以是空二叉树。非空二叉树的根结点必有 2 棵子树(无论根结点的度是 0,1 或 2)——左子树和右子树,它们也是二叉树,可以为空,且左右次序不能颠倒。因此,二叉树可以有 5 种基本形态,如图 6.3 所示。

图 6.2 二叉树

(a) 空二叉树　(b) 仅有一个根结点（左右子树均为空）的二叉树　(c) 右子树为空的二叉树　(d) 左子树为空的二叉树　(e) 左、右子树都不空的二叉树

图 6.3　二叉树的 5 种基本形态

6.1.2 节中引入的有关树的术语，一般对二叉树也适用。由于二叉树每个结点都有 2 个子树，所以二叉树结点的度应定义为结点非空子树的个数，或孩子的个数。

下面给出二叉树的抽象数据类型的定义：

ADT BinaryTree{
 数据对象 D：D 是同类型数据元素的集合。
 数据关系 R：若 D=∅，则称 Binary Tree 为空二叉树；
  否则 R 是满足下列条件的二元关系：
(1) 在 D 中存在唯一的称为根的元素 root，它在 R 下无直接前驱；
(2) 若 D-{root}=∅，则 R=∅；否则存在 D-{root}={D_l,D_r}，且 $D_l \cap D_r = \emptyset$；
(3) 若 $D_l \neq \emptyset$，则 D_l 中存在唯一的元素 x_l，〈root,x_l〉∈R，且存在 D_l 上的关系 $R_l \subset R$；
  若 $D_r \neq \emptyset$，则 D_r 中存在唯一的元素 x_r，〈root,x_r〉∈R，且存在 D_r 上的关系 $R_r \subset R$；R={〈root,x_l〉,〈root,x_r〉,R_l,R_r}；
(4) (D_l,R_l) 是一棵符合本定义的二叉树，称为根的左子树；(D_r,R_r) 是一棵符合本定义的二叉树，称为根的右子树。

基本操作 P：
 InitBiTree(&T)
  操作结果：构造空二叉树 T。
 DestroyBiTree(&T)
  初始条件：二叉树 T 已经存在。
 操作结果：销毁 T。
 CreateBiTree(&T)
  操作结果：按某一规则，创建二叉树 T，即在计算机内部建立 T 的存储结构。
 TreeEmpty(T)
  初始条件：二叉树 T 已经存在。
  操作结果：如果 T 是空二叉树，则返回 TRUE；否则返回 FALSE。

ClearTree(&T)
  初始条件:二叉已经存在。
  操作结果:删去 T 中的全部结点,使 T 成为空二叉树。

TreeDepth(T)
  初始条件:二叉树 T 已经存在。
  操作结果:返回 T 的深度。如果 T 为空二叉树,则返回 0。

Root(T)
  初始条件:二叉树 T 已经存在。
  操作结果:返回 T 的根。

Parent(T,x)
  初始条件:二叉树 T 已经存在,x 是 T 中的一个结点。
  操作结果:返回 x 的双亲结点。如果 x 是树根,则返回"空"。

LeftChild(T,x)
  初始条件:二叉树 T 已经存在,x 是 T 中的一个结点。
  操作结果:返回 x 的左孩子。如果 x 无左孩子,则返回"空"。

RightChild(T,x)
  初始条件:二叉树 T 已经存在,x 是 T 中的一个结点。
  操作结果:返回 x 的右孩子。如果 x 无右孩子,则返回"空"。

LeftSibling(T,x)
  初始条件:二叉树 T 已经存在,x 是 T 中的一个结点。
  操作结果:返回 x 的左兄弟。如果 x 无左兄弟,则返回"空"。

RightSibling(T,x)
  初始条件:二叉树 T 已经存在,x 是 T 中的一个结点。
  操作结果:返回 x 的右兄弟。如果 x 无右兄弟,则返回"空"。

InsertChild(&T,x,LR,c)
  初始条件:二叉树 T 已经存在,x 是 T 中的一个结点,LR 为 0 或 1,c 是另一棵与 T 不相交的非空二叉树,且 c 的右子树为空。
  操作结果:根据 LR 为 0 或 1,将 c 插到 T 中,使之成为结点 x 的左子树或右子树。x 原有的左子树或右子树则成为 c 的右子树。

DeleteChild(&T,x,LR)
  初始条件:二叉树 T 已经存在,x 是 T 中的一个结点,LR 为 0 或 1。
  操作结果:根据 LR 为 0 或 1,删除结点 x 的左子树或右子树。

TraverseTree(T,visite( ))
  初始条件:二叉树 T 已经存在,visite( )是对结点进行访问的应用函数。
  操作结果:按某种规则对 T 中的每个结点调用 visite( )一次且仅一次。

}end ADT BinaryTree

6.2.2 二叉树的性质

性质6.5 二叉树第 i ($i \geqslant 1$) 层上至多有 2^{i-1} 个结点。

事实上,在6.1.3树的性质6.2中,令 $k=2$,便得到二叉树的性质6.5。对其可证明参照树的性质6.2的证明。

性质6.6 深度为 h ($h \geqslant 1$) 的二叉树至多有 $2^h - 1$ 个结点。

由性质6.5可见,深度为 h 的二叉树的最大结点数为

$$\sum_{i=1}^{h}(\text{第 } i \text{ 层最大结点数}) = \sum_{i=1}^{h} 2^{i-1} = 2^h - 1$$

性质6.7 对任何一棵二叉树,若其叶子数为 n_0,度为2的结点数为 n_2,则有 $n_0 = n_2 + 1$。

证明:设 n_1 为度为1的结点数,二叉树上结点总数 n 为

$$n = n_0 + n_1 + n_2 \tag{6.1}$$

再看二叉树上的孩子总数,度为1的结点有一个孩子,度为2的结点有2个孩子,所以孩子总数 B 为

$$B = n_1 + 2n_2 \tag{6.2}$$

二叉树上,只有树根因没有双亲,所以不是孩子,所以有

$$B = n - 1 \tag{6.3}$$

由式(6.1)、(6.2)、(6.3)可得 $n_0 = n_2 + 1$,证毕。

在讨论二叉树的性质6.8和性质6.9之前,先引入两种特殊形态的二叉树:"满二叉树"和"完全二叉树"。

满二叉树:在一棵二叉树中,如果所有分支结点的度都等于2,且所有叶子结点都在同一层上,则这棵二叉树称为满二叉树。

图6.4(a)给出了一个深度为4的满二叉树的例子。

在满二叉树中,只有度为0和度为2两种结点;如果其深度为 h,则所有叶子都出现在第 h 层;在所有深度为 h 的二叉树中,满二叉树的结点数最多,有 $2^h - 1$ 个,且叶子结点个数也最多,有 2^{h-1} 个。

完全二叉树:对一棵深度为 h,具有 n 个结点的二叉树从第一层开始自上而下、自左至右地连续编号 $1, 2, \cdots, n$,如果编号为 i ($1 \leqslant i \leqslant n$) 的结点与深度为 h 的满二叉树中编号为 i 的结点位置完全相同,则这棵二叉树称为完全二叉树。

图6.4(b)给出了一个深度为4的完全二叉树的例子。

可见,满二叉树是完全二叉树的一个特例。

在深度为 h 的完全二叉树中,前 $h-1$ 层是满二叉树;所有叶子结点只能出现在第 $h-1$ 层和 h 层上,且在 h 层上叶子结点都集中在左边连续的位置,而在 $h-1$ 层上,叶子结点都集中在右边连续的位置。如果完全二叉树上有度为 1 的结点,则只可能有 1 个,且该结点只有左孩子。在所有具有 n 个结点的二叉树中,完全二叉树的深度最小。

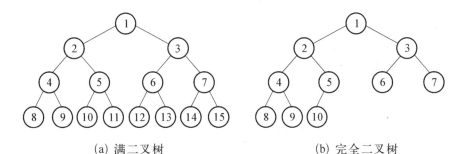

(a) 满二叉树 (b) 完全二叉树

图 6.4 满二叉树和完全二叉树

下面介绍完全二叉树的两个重要性质。

性质 6.8 具有 $n(n \geqslant 1)$ 个结点的完全二叉树,其深度为 $\lfloor \log_2 n \rfloor + 1$。

证明:设具有 n 个结点的完全二叉树的深度为 h,前 $h-1$ 层是满二叉树,根据性质 2 有 $2^{h-1}-1$ 个结点,所以深度为 h 的完全二叉树至少有 2^{h-1} 个结点,至多有 2^h-1 个结点,因此有下式成立

$$2^{h-1} \leqslant n < 2^h$$

对上式取对数,有

$$h - 1 \leqslant \log_2 n < h$$

即

$$\log_2 n < h \leqslant \log_2 n + 1$$

由于 h 是正整数,故必有 $h = \lfloor \log_2 n \rfloor + 1$,证毕。

性质 6.9 对具有 $n(n \geqslant 1)$ 个结点的完全二叉树从树根开始自上而下、自左至右地连续编号 $1,2,\cdots,n$,对于任意的编号为 $i(1 \leqslant i \leqslant n)$ 的结点 x,有:

(1) 若 $i=1$,则 x 是根结点,无双亲;否则 x 的双亲的编号为 $\lfloor i/2 \rfloor$。

(2) 若 $2i > n$,则 x 是叶子结点,无左孩子;否则 x 的左孩子的编号为 $2i$。

(3) 若 $2i+1 > n$,则 x 无右孩子;否则 x 的右孩子的编号为 $2i+1$。

(4) 若 i 是奇数且不为 1,则 x 的左兄弟的编号为 $i-1$;否则 x 无左兄弟。

(5) 若 i 是偶数且小于 n,则 x 的右兄弟的编号为 $i+1$;否则 x 无右兄弟。

在此略去性质 6.9 的证明,读者可以通过图 6.4 直观地验证结点编号之间的关系。

6.2.3 二叉树的存储结构

存储结构是数据以及数据之间的关系在计算机中的表示,关键是如何表示数据之间的逻辑关系。一般,我们设计存储结构的原则是:
(1) 能存放数据集合中全体成员;
(2) 能正确表达数据之间存在的逻辑关系;
(3) 便于实现对数据施加的各种操作和运算;
(4) 节省存储空间。

针对二叉树设计的存储结构要能表达结点之间由分支所构成的关系,即双亲与左孩子和右孩子之间的关系,还要尽可能便于实现对二叉树的各种运算。

1. 顺序存储结构

二叉树的顺序存储就是把二叉树的结点存放到一个一维数组中,并且能够通过结点的存储位置(数组下标)体现出结点之间的父子、兄弟等关系。

图 6.5 完全二叉树顺序存储示意图

二叉树的性质 6.9 为用一维数组存储完全二叉树提供了依据。将完全二叉树按其自上而下、自左至右的编号顺序,将编号为 i 的结点存入下标为 i 的数组单元,那么无需附加任何信息,就能通过下标之间的数值关系找到结点的双亲、孩子和兄弟。

如图 6.5 所示,将一个具有 12 个结点的完全二叉树的存储于数组 bt 中。bt[0] 空闲不用,这样结点的存储位置下标就等于结点的在完全二叉树中的编号。比如,结点 E 的位置下标为 5,根据二叉树的性质 6.9 容易得知,E 的双亲存放在

bt[2]中；E 的左、右孩子分别存放在 bt[10] 和 bt[11] 中；结点 E 的下标是奇数，E 没有右兄弟；E 的左兄弟存放在 bt[4] 中。

图 6.6 一般二叉树的顺序存储示意图

可见，顺序存储结构对于完全二叉树而言，既简单又节省存储空间。而对于一般形态的二叉树，由于结点之间的逻辑关系与结点的层序编号不存在对应关系，故需要先将其"转化"成完全二叉树。"转化"的具体做法是在一般二叉树的"空位"处增设"虚结点"，将其补满成完全二叉树。转化后，再将结点以层序编号为下标，存入一维数组(虚结点在数组中用空值"∅"表示)，如图 6.6 所示。虽然用这种存储方式也能通过下标计算出结点之间的关系，但用这种方式来存储一般形态的二叉树可能会造成存储空间的大量浪费。极端的情况是右单枝树(即每个结点的左子树都为空的二叉树)，深度为 h 的右单枝树只有 h 个结点，却要占用 2^h-1 个存储单元。所以，在实用中一般不采用顺序存储结构来存储一般形态的二叉树。

下面给出二叉树顺序存储结构的类型定义：

```
#define MAXSIZE 100              //二叉树的最大结点数
typedef struct {
        TElemType Nodes[MAXSIZE + 1];   //存放二叉树结点的数组
        int  n;                  //二叉树结点个数
}SqBiTree;
```

2. 链式存储结构

在链式存储结构中，结点之间的逻辑关系通过指针的指向来体现。由于二叉树上每个结点至多有两个直接后继(左孩子和右孩子)，所以每个结点中除数据域外,还需设置两个指针域:左指针 lchild 和右指针 rchild,分别用来指向该结点的左孩子和右孩子。如果结点的左子树为空,则左指针 lchild 取空值 NULL;如果结点的右子树为空,则右指针 rchild 取空值 NULL。这种链式存储结构称为**二叉链表**。

(a) 二叉链表的结点结构　　　　(b) 三叉链表的结点结构

图 6.7　二叉链表和三叉链表的结点结构

二叉链表的结点结构如图 6.7(a)所示。相应的存储类型定义如下:

```
typedef struct BiTNode{
    TElemType   data;                    //数据域
    struct BiTNode *lchild,*rchild; //左指针和右指针
}BiTNode,*BiTree;
```

图 6.8(b)给出的是一棵二叉树的二叉链表存储示意图。root 是指向根结点的指针,称为**根指针**。根指针引导了整个二叉链表,是该二叉链表的标识,也是我们访问整个二叉树的入口。我们往往用根指针的变量名来称呼它所引导的二叉树。

n 个结点的二叉树链表共有 $2n$ 个指针域,其中每个非空指针都与二叉树上的一个分支对应,每个空指针都与一个空子树对应,所以二叉链表中有 $n-1$ 个非空指针和 $n+1$ 个空指针。判断一个结点是否为树叶的条件是其左、右指针同时为空。

在二叉链表上,通过左指针和右指针可以直接地找到一个结点的孩子,但不能直接找到它的双亲。为了便于找双亲,可以在二叉链表的结点结构中再增加一个指向双亲的指针域 parent,这种链式存储结构称为三叉链表,其结点结构如图 6.7(b)所示。二叉树的三叉链表存储结构示意图如图 6.8(c)所示。三叉链表方便了对二叉树的某些操作,但增加了空间开销。

如果二叉树中结点个数相对稳定,还可以用静态链表的形式表示二叉链表(或三叉链表),如图 6.8(d)所示。在此,约定下标为 0 的数组单元空闲不用,这样空指针可以用 0 来表示。

在具体应用中采用什么存储方式,可综合各种情况,如二叉树的特征、操作是否方便、时间性能、空间开销等,选择一个相对合理的存储结构。

第 6 章 树和二叉树

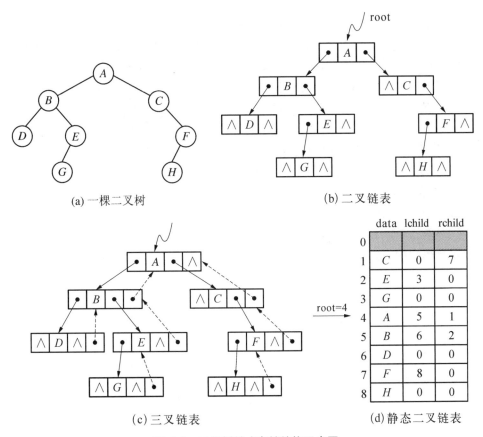

图 6.8 二叉树链式存储结构示意图

6.3 二叉树的遍历及应用

6.3.1 先序、中序和后序遍历二叉树

遍历二叉树就是按某种规则巡游二叉树,并对每个结点做一次且仅一次访问。遍历二叉树是对二叉树做各种操作或运算的基础。由于二叉树是一种递归结构,所以我们很容易用递归方式实现其遍历操作。

• 173 •

从二叉树的定义可知,二叉树是由三个基本部分组成:根结点、左子树和右子树,如图6.9所示。因此,对二叉树的遍历也可以分别对这三部分进行。其中,对根结点可以直接访问;而左、右子树本身也是二叉树,也同样由如图6.9所示的三个基本部分组成,故可以用递归的方式对左、右子树分别进行遍历。

设用D、L、R和分别代表访问根结点、遍历左子树和遍历右子树三项任务,则对二叉树的遍历可以有DLR、LDR、LRD、DRL、RDL、RLD六种规则。不难看出,前三种方案是按先左后右的顺序遍历两个子树,后三种方案则按先右后左的顺序。若限定先左后右,则只剩

图6.9 二叉树的基本结构

下了DLR、LDR、LRD三种遍历规则,分别称为先序遍历、中序遍历和后序遍历(也可称为先根遍历、中根遍历和后根遍历)。

1. 先序遍历二叉树

先序遍历二叉树的定义如下:

若二叉树为空,则空操作;否则:

(1)访问根结点;

(2)先序遍历左子树;

(3)先序遍历右子树。

按照这个递归定义可以写出先序遍历二叉树的递归算法6.1。

算法6.1

```
void PreOrder(BiTree T){
    //先序遍历二叉树,T是二叉树的根指针
    if(! T) return;              //空二叉树,空操作
    else{
        visite(T->data);         //访问根结点
        PreOrder(T->lchild);     //先序遍历左子树
        PreOrder(T->rchild);     //先序遍历右子树
    }
}//PreOrder
```

对二叉树遍历得到的结点访问序列是一个线性序列,图6.8所示二叉树的先

序序列是 *ABDEGCFH*。

2. 中序遍历二叉树

中序遍历二叉树的定义如下：

若二叉树为空,则空操作;否则:

(1) 中序遍历左子树;

(2) 访问根结点;

(3) 中序遍历右子树。

按照这个递归定义可以写出中序遍历二叉树的递归算法 6.2。

算法 6.2

```
void InOrder(BiTree T){
    //中序遍历二叉树,T是二叉树的根指针
    if(! T) return;                    //空二叉树,空操作
    else{
        InOrder(T->lchild);           //中序遍历左子树
        visite(T->data);              //访问根结点
        InOrder(T->rchild);           //中序遍历右子树
    }
}//InOrder
```

图 6.8 所示二叉树的中序序列是 *DBGEACHF*。

3. 后序遍历二叉树

后序遍历二叉树的定义如下：

若二叉树为空,则空操作;否则:

(1) 后序遍历左子树;

(2) 后序遍历右子树;

(3) 访问根结点。

按照这个递归定义可以写出后序遍历二叉树的递归算法 6.3。

算法 6.3

```
void PostOrder(BiTree T){
    //后序遍历二叉树,T是二叉树的根指针
    if(! T) return;                    //空二叉树,空操作
    else{
```

```
        PostOrder(T->lchild);      //后序遍历左子树
        PostOrder(T->rchild);      //后序遍历右子树
        visite(T->data);           //访问根结点
    }
}//PostOrder
```

图 6.8 所示二叉树的后序序列是 *DGEBHFCA*。

在算法 6.1、6.2 和 6.3 中,如果将与递归无关的语句 visite( ) 抹去,则三个算法是一样的。由此可见,这三种遍历的搜索路线是相同的,只是访问根的时机不同。

为了说明这一点,我们引入扩展二叉树的概念。将二叉树上每个空子树用一个虚结点表示(不妨用"♯"代表虚结点),将这样处理后的二叉树称为原二叉树的**扩展二叉树**。原二叉树上的结点称为**内部结点**,表示空指针的虚结点称为**外部结点**。

如图 6.10 所示,图中的虚线表示从根结点出发,沿扩展二叉树的外缘以逆时针方向巡游一周的路线。

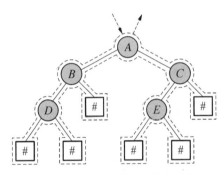

图 6.10 遍历二叉树的搜索路线

可以看出,在巡游途中每个内部结点均被路过三次。如果对每个内部结点的访问都是在第一次路过时进行,则是先序遍历,先序序列为 *ABDCE*;如果都是在第二次路过时进行访问,则是中序遍历,中序序列为 *DBAEC*;如果都是在第三次路过时进行访问,则是后序遍历,后序序列为 *DBECA*。

递归算法的优点是简洁,但一般而言,其执行效率不高,因为系统需要维护一个运行栈以保证递归过程的正确执行。二叉树的先序遍历、中序遍历和后序遍历算法也可以用非递归的方式实现。这时,需要利用栈来保存结点的指针,以便控制结点的访问次序。

下面讨论先序遍历的非递归实现算法。算法思路是,设一存放结点指针的栈 *S*,每访问完一个结点 *X* 后,就将结点 *X* 的指针入栈,以便后来能通过这个指针找到结点 *X* 的右子树。具体如算法 6.4。

算法 6.4

```
void PreOrder(BiTree T){
```

```
//先序遍历二叉树的非递归算法,T是二叉树的根指针
InitStack(S);                    //初始化一个空栈 S
while(T||! StackEmpty(S)){       //遍历结束的条件是栈为空且T为空
    while(T){
        visite(T->data);         //访问指针T指向的结点
        Push(S,T);               //T进栈
        T=T->lchild;             //向左转,继续遍历T的左子树
    }
    if(! EmptyStack(S)){
        Pop(S,T);                //弹出栈顶指针T
        T=T->rchild;             //向右转,准备遍历T的右子树
    }
}
}//PreOrder
```

对二叉树做中序遍历时,访问结点的操作发生在该结点的左子树遍历完毕并且即将开始遍历右子树之时。所以,在遍历过程中当遇到一个结点 X 时不能立即访问之,而是先令结点 X 进栈;等到结点 X 的左子树遍历完毕,再从栈顶将结点 X 弹出,并对其进行访问。可见,只要对算法 6.4 稍做修改,就能得到中序遍历的非递归算法。具体做法是:将算法 6.4 中访问结点的语句 visite(T->data)移到语句 Pop(S,T)之后即可。读者可自行完成这个算法,在此不再赘述。

6.3.2 层序遍历二叉树

对二叉树除了可以按上述的先序、中序和后序规则进行遍历外,还可以自上而下,自左向右逐层地进行遍历。在层序遍历时,当第 i 层结点被访问完后,接下来要逐个访问位于第 $i+1$ 层上的第 i 层结点的左孩子和右孩子。这时,在 i 层先被访问的结点其左、右孩子将先被访问,因此需要利用一个队列来存放已访问过的结点的孩子,以控制对这些孩子的访问先后次序。层序遍历的算法思路是:

(1) 初始化一个空队列,用来保存已访问过结点的孩子。
(2) 非空根指针入队。
(3) 若队列为空,则遍历结束;否则重复执行:
    ① 队头元素出队,访问之;
    ② 若被访结点有左孩子,则左孩子入队;
    ③ 若被访结点有右孩子,则右孩子入队。

算法 6.5

```
void LayerTraversal(BiTree T){
    //按层序遍历二叉树 T
    InitQueue(Q);                          //初始化一个空队列
    if(T) EnQueue(Q,T);                    //非空根指针入队
    while(!QueueEmpty(Q)){
        DeQueue(Q,p);                      //队头出队
        visite(p->data);                   //访问出队的结点 *p
        if(p->lchild) EnQueue(Q,p->lchild);   p 的左孩子入队
        if(p->rchild) EnQueue(Q,p->rchild);   p 的右孩子入队
    }
}LayerTraversal
```

显然，对二叉树遍历的各种算法中，基本操作是访问结点。不论按哪种次序遍历含有 n 个结点的二叉树，其时间复杂度均为 $O(n)$。

6.3.3 二叉树的其他运算举例

递归是二叉树的固有特性，因此，采用递归方式来实现二叉树的很多操作或运算就非常自然而且简单。

例 6.1 求二叉树的结点个数

方案 1：利用二叉树的递归特性。若二叉树为空，则结点数为 0；否则

    二叉树结点个数 = 左子树结点数 + 右子树结点数 + 1 个根结点

而对左、右子树求结点个数的规则与对整个二叉树求结点个数的规则完全一样，因此可以递归实现，见算法 6.6(1)。

算法 6.6(1)

```
int CountNodes1(BiTree T){
    //求二叉树结点个数，T 是根指针
    if(!T) return 0;                       //T 是空二叉树,结点数为 0
    else{
        nl = CountNodes1(T->lchild);       //计算 T 的左子树结点数
        nr = CountNodes1(T->rchild);       //计算 T 的右子树结点数
```

```
        return(1 + nl + nr);              //返回T中结点数
    }
}//CountNodes1
```

方案2:以任一种方式遍历二叉树(先序、中序、后序、层序遍历均可),遍历时对每个结点的访问行为就是对该结点进行计数操作。算法6.6(2)中引用型参数 n 用来作为统计结点个数的计数器,它的初值应为0。

算法 6.6(2)

```
void CountNodes2(BiTree T,int &n){
    //利用先序遍历完成对二叉树结点个数的计数
    if(T){
        n++;                              //对结点计数
        CountNodes2(T->lchild,n);         //统计左子树
        CountNodes2(T->rchild,n);         //统计右子树
    }
}//CountNodes2
```

例 6.2 输出二叉树每个结点的层次数。

二叉树中,根结点的层次数为1,其余每个结点的层次数都是其双亲的层次数加1。算法6.7是在对二叉树做先序遍历的过程中完成对每个结点层次数的计算,参数 lev 被用来传入结点双亲的层次数,其初值应为0。

算法 6.7

```
void Level(BiTree T,int lev){
//利用先序遍历输出每个结点的层次数
    if(T){
        lev++;                            //将双亲的层次数加1
        printf(T->data,lev);              //输出结点的值和层次数
        Level(T->lchild,lev);             //处理左子树
        Level(T->rchild,lev);             //处理右子树
    }
}//Level
```

例 6.3　求二叉树的深度。

从二叉树的定义可知

　　　　空二叉树的深度 = 0

　　　　非空二叉树的深度 = max(左子树深度,右子树深度) + 1

而求左、右子树深度的规则与整个二叉树相同,因此可以用递归方式实现。

算法 6.8

```
int Depth(BiTree T){
//利用后序遍历计算并返回二叉树 T 的深度
    if(! T)
        return 0;                        //空二叉树深度为 0
    else{
        hl = Depth(T->lchild);           //计算左子树深度
        hr = Depth(T->rchild);           //计算右子树深度
        return (hl>hr? hl+1:hr+1);
    }
}//Depth
```

例 6.4　输出二叉树根结点到所有叶子结点的路径。

借助一个栈 S 来保存根结点到当前被访问结点的路径,初态时 S 是空栈。利用二叉树的先序遍历,对结点的"访问"行为就是将该结点记入路径,即令该结点进栈。如果该结点是叶子结点,则输出自栈底至栈顶的结点序列,它就是树根到该叶子结点的路径。当一个结点的左、右子树都完成先序遍历时(即该结点将退出先序遍历时),就将该结点从栈顶弹出。例如,对如图 6.8(a)所示的二叉树,输出结果应为

　　　　　　　　　　A　B　D
　　　　　　　　　　A　B　E　G
　　　　　　　　　　A　C　F　H

算法 6.9

```
void OutPath(BiTree T,Stack &S){
    //先序遍历二叉树 T,输出树根到所有叶子结点的路径
    if(T){
        Push(S,T);                       //将当前先序遍历到的结点记入路径
```

```
        if(! T->lchild && ! T->rchild)  //如果该结点是树叶
            StackTraverse(S);            //输出自栈底至栈顶的结点序列
        OutPath(T->lchild,S);            //先序遍历左子树
        OutPath(T->rchild,S);            //先序遍历右子树
        Pop(S,e);    //当结点的左、右子树都先序遍历结束,该结点出栈
    }
}// OutPath
```

例 6.5 表达式求值。

算术表达式可以用二叉树的形式来表示。用二叉树表示算术表达式的递归方法如下(这里假设算术表达式中仅含二目运算符):

(1) 如果表达式为常数或简单变量,则二叉树中仅有一个根结点,根结点的数据域存放该表达式的值;

(2) 如果表达式的形式是

$$（左操作数）二目运算符（右操作数）$$

则二叉树中,以左子树表示左操作数,右子树表示右操作数,根结点的数据域存放二目运算符;

(3) 操作数本身又是表达式。

例如,表达式"$a+b*(c-d)-e/f$"的二叉树表示如图 6.11 所示。该二叉树的先序序列为"$-+a*b-cd/ef$",恰好是表达式的前缀表示(波兰式);该二叉树的后序序列为"$abcd-*+-ef/$",恰好是表达式的后缀表示(逆波兰式)。

为了便于操作,我们把结点的结构定义为

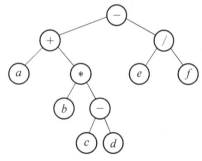

图 6.11 表达式的二叉树表示

lchild	tag	val	op	rchild

其中,val 分量用来存放表达式中的数值,op 分量用来存放表达式中的运算符。tag 起标志作用,若 tag=0,则表示结点中存放的是数值,取 val 分量;若 tag=1,则表示结点中存放的是运算符,取 op 分量。

下面给出表达式二叉树结点的存储类型定义:

```
typedef struct BiNode{
    double val;          //存放操作数
    char   op;           //存放运算符
    unsigned char tag;   //标志
    struct BiNode * lchild, * rchild;
}BiTNode, * BiTree;
```

对表达式求值可按逆波兰式的求值方法,即利用后序遍历完成计算。

算法 6.10

```
double Calculate(BiTree T){
//利用后序遍历计算表达式二叉树 T 的值,设 T 中只含二目运算符
    if(T->tag) = = 0)
      return T->val;                      //结点为操作数,直接返回其值
    else{
      a = Calculate(T->lchild);            //计算左子树表达式的值
      b = Calculate(T->rchild);            //计算右子树表达式的值
      result = operate(a,T->op,b);         //计算 a op b
      return result;
    }
}//Calculate
```

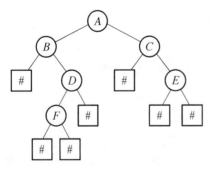

图 6.12　用扩展先序序列确定二叉树

例 6.6　创建二叉树。

二叉树的先序、中序和后序序列中的任何一种都不能唯一确定一棵二叉树。而扩展二叉树的先序序列和后序序列都能唯一确定一棵二叉树。如,若已知扩展二叉树的先序序列为 $A\ B\ \sharp\ D\ F\ \sharp\ \sharp\ \sharp\ C\ \sharp\ E\ \sharp\ \sharp$ (其中♯表示空子树),则可以唯一确定一棵如图 6.12 所示的二叉树。从键盘输入扩展二叉树的先序遍历序列,建立二叉链表的算法如算法 6.11 所示(这里假定结点的值是字符型数据)。

算法 6.11

```
void CreateBiTree(BiTree &T){
    //输入扩展二叉树先序序列,创建二叉链表 T
    scanf("%c",&e);                          //输入一个结点
    if(e= ='#')
        T=NULL;                              //建立空二叉树
    else{
        T=(BiTree)malloc(sizeof(BiTNode));   //生成一个结点
        T->data=e;
        CreateBiTree(T->lchild);             //递归创建T的左子树
        CreateBiTree(T->rchild);             //递归创建T的右子树
    }
}//CreateBiTree
```

6.4 线索二叉树

对二叉树的遍历可以看做是对二叉树按某种规则进行线性化,即得到二叉树结点的一个线性序列,除去起始结点没有前驱外,每个结点却有且仅有一个直接前驱;除去终端结点没有后继外,每个结点有都且仅有一个直接后继。例如,对图 6.2 所示的二叉树做中序遍历,可得到中序序列 *DBGEAHFIC*,结点 *B* 的中序直接前驱为结点 *D*,中序直接后继为结点 *G*。

如何得到结点在某遍历序列下的前驱和后继呢?一种方法是在对二叉树做某序遍历中动态求得,但此法比较费时间,因为最坏需要遍历整个二叉树。另一种方法是给二叉树的每个结点再增加两个指针域 prior 和 next(如图 6.13 所示),分别指向该结点的在某序下的直接前驱和直接后继,但此法无疑增加了存储空间的开销。

| prior | lchild | data | rchild | next |

图 6.13 带前驱线索和后继线索的二叉树结点

能否找到一种既省时间,又省空间的方法呢? n 个结点的二叉链表中有 $n+1$ 个空指针,我们可以利用这些空指针来指向某序下结点的前驱和后继。也就是说,如果结点有非空左子树,则 lchild 域指向其左孩子,否则指示该结点的某序前驱;如果结点有非空右子树,则 rchild 域指向其右孩子,否则指示该结点的某序后继。为了语言表述上的方便,我们把指示前驱和后继的指针称为**线索**(Thread),指示前驱的 lchild 称为**左线索**,指示后继的 rchild 称为**右线索**。为了区别结点中的"指针"和"线索",尚需对二叉链表的结点结构加以改变,增加两个标志域,左标志 ltag 和右标志 rtag:

lchild	ltag	data	rtag	rchild

其中

$$\text{ltag} = \begin{cases} 0, & \text{lchild 域为左指针,指向结点的左孩子} \\ 1, & \text{lchild 域为左线索,指示结点的某序前驱} \end{cases}$$

$$\text{rtag} = \begin{cases} 0, & \text{rchild 域为右指针,指向结点的右孩子} \\ 1, & \text{lchild 域为右线索,指示结点的某序后继} \end{cases}$$

这种加了线索的二叉树称为**线索二叉树**(Threaded Binary Tree),相应的链式存储结构称为**线索链表**。线索链表的结点类型定义如下:

```
typedef struct BiThrNode{
    TElemType data;                     //数据域
    struct BiThrNode * lchild,rchild;   //左、右指针域
    unsigned char ltag,rtag;            //左、右标志域
}BiThrNode, * BiThrTree;
```

不同的遍历次序,会形成不同的线索二叉树。例如图 6.14(a)所示的二叉树,其先序线索二叉树、中序线索二叉树和后序线索二叉树如图 6.14(b)、(c)和(d)所示,其中虚线箭头为线索。对二叉树做某种次序的遍历,使其变为线索二叉树的操作称为**线索化**。

下面只讨论中序线索化算法。

在二叉树中序遍历过程中,"访问结点"的行为就是将结点的空指针改为指向中序前驱或中序后继的线索。设指针 T 指向当前访问的结点,为了记下结点的前驱、后继关系,设置一个初值为 NULL 的全局指针变量 pre,令 pre 始终指向当前访问结点 T 的直接前驱,即 pre 是 T 的中序前驱,T 是 pre 的中序后继。这样,"访

问结点"执行的操作是:如果 pre 有空的右指针,则填写 pre 的右线索,令其指向 T;如果 T 有空的左指针,则填写 T 的左线索,令其指向 pre。

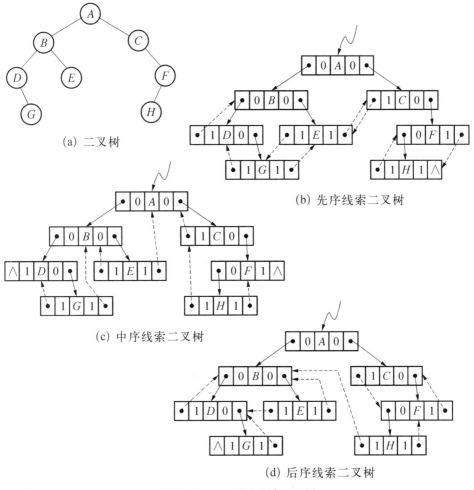

图 6.14 二叉树和线索二叉树

算法 6.12

```
BiThrTree pre = NULL;   //pre 是全局变量
void InThreading(BiThrTree T){
    //中序线索化二叉树 T,设 T 中每个结点的 ltag 和 rtag 的初值是 0
    if(T){
```

```
        InThreading(T->lchild);              //中序线索化 T 的左子树
        if(! T->lchild){
            T->ltag=1;T->lchild=pre;          //填 T 的左标志和左线索
        }
        if(pre && ! pre->rchild){
            pre->rtag=1; pre->rchild=T;       //填 pre 的右标志和右线索
        }
        pre=T;//保持 pre 指向 T 的中序前驱
        InThreading(T->rchild);              //中序线索化 T 的右子树
    }
}//InThreading
```

注意,在线索链表中,判断指针 p 所指结点为叶子结点的条件是

$$p->ltag==1 \quad \&\& \quad p->rtag==1$$

有了中序线索链表,对二叉树做中序遍历时,只要找到中序序列的第一个结点,就可以通过依次找结点的中序后继而遍历到全部结点。

如何在中序线索二叉树中找结点的中序后继?设 p 是任一结点的指针,p 的后继有两种情况:

(1) 如果 p->rtag==1,表明 p->rchild 是右线索,直接指向 p 的中序后继;

(2) 如果 p->rtag==0,表明 p 有非空右子树,则 p 的中序后继是中序遍历 p 的右子树时访问的第一个结点,即右子树上的"最左下"结点。

由此,容易写出在中序线索链表上查找结点 p 的后继算法 6.13。

算法 6.13

```
BiThrTree GetNext(BiThrTree p){
//返回中序线索链表上结点 *p 的直接后继指针
    if(p->rtag==1)
        return p->rchild;                    //直接返回 p 的右线索
    else{
        q=p->rchild;                         //先令辅助指针 q 指向 p 的右子树树根
        while(q->ltag==0) q=q->lchild;       //搜索"最左下"结点
        return q;                            //返回 p 右子树上最左下结点指针
    }
}
```

}//GetNext

根据对称性,我们不难写出在中序线索链表上找结点的中序前驱的算法,这里留给读者自己思考。

利用 GetNext( ),我们可以写出在中序线索链表上进行中序遍历的算法 6.14。

算法 6.14

```
void InOrder(BiThrTree T){
    //利用中序线索来中序遍历二叉树
    if(T) {
        p = T;
        while(p->ltag = = 0) p = p->lchild;   //找中序序列的第一个结点
        do{
            visite(p->data);                  //访问 p
            p = GetNext(p);                   //p 移至中序后继
        }while(p! = NULL);
    }
}InOrder
```

算法 6.14 是一个非递归算法,其时间复杂度为 $O(n)$,但无需用栈。

应当指出,这种利用二叉链表中的空指针实现的线索二叉树,仅中序线索二叉树最实用,因为在中序线索的指引下,找每个结点的中序前驱和中序后继都比较方便(如算法 6.13)。但是对于先序线索二叉树而言,利用先序线索只能方便地找到所有结点的先序直接后继和那些有左线索(ltag = = 1)的结点的先序直接前驱;而对于那些 ltag = = 0 的结点,找其先序直接前驱需要知道该结点的双亲,故影响了先序线索二叉树的实用性。同样,对于后序线索二叉树而言,利用后序线索只能方便地找到所有结点的后序直接前驱和那些有右线索(rtag = = 1)的结点的后序直接后继;而对于那些 rtag = = 0 的结点,找其后序直接后继需要知道该结点的双亲。所以,若要建立先序线索二叉树和后序线索二叉树,建议使用如图 6.13 所示的结点结构。

6.5 树和森林

6.1节我们讨论了树的基本概念,本节我们继续讨论树的存储表示,树、森林与二叉树之间的关系以及树的遍历。

6.5.1 树的存储结构

树的存储结构不仅要存储结点的数据信息,还要反映树中各结点之间的逻辑关系,即双亲和孩子之间的关系。下面介绍几种常用的树的存储结构。

1. 双亲表示法

由树的定义知,树中每个结点至多只有一个双亲,根据这一特性,可以用一维数组来存储树的结点集合,同时在每个结点中附设一个指向双亲的指示器。其结点结构为

data	parent

其中,data 是数据域,存储结点的数据信息;parent 是双亲域,存储该结点的双亲在数组中的位置下标。

树的双亲表示法存储类型定义如下:

```
#define MaxSize 100            //树中最大结点数
typedef struct {
    TElemType  data;           //数据域
    int        parent;         //指示双亲的下标
}PTNode;                       //结点的类型
typedef struct {
    PTNode   Nodes[MaxSize];   //存放结点的数组
    int      root;             //根结点的位置下标
    int      n;                //树中结点数
}FTree;                        //双亲表示法的存储类型
```

一棵树及其双亲表示法示意图如图 6.15 所示。当结点双亲域的值为 -1 时,

表示该结点没有双亲。

双亲表示法有利于"向上"找结点的双亲,可以在 $O(1)$ 时间级完成。但不利于"向下"查找结点的孩子,找孩子需要遍历全部树结点。对于有序树,只能按层序次序存储,否则不能表示结点子树之间的次序关系。可见,这种双亲表示法操作起来不够方便。

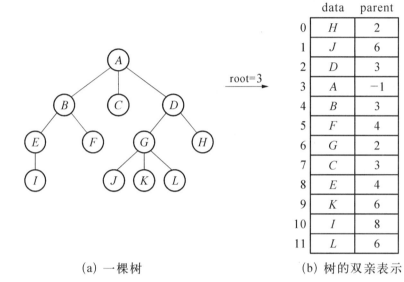

(a) 一棵树　　　　　　　　(b) 树的双亲表示

图 6.15　树的双亲表示法

2. 孩子表示法

与双亲表示法不同,孩子表示法要在结点中指出其所有孩子的存储位置。

(1) 多重链表表示法

由于树中每个结点可能有多个子树,因此一个结点需要带多个指针域,每个指针指向一棵子树的根。结点的结构为

| data | child$_1$ | child$_2$ | ⋯ | child$_M$ |

其中,M 为树的度。

多重链表的存储类型定义如下:

```
#define M 3              //M为树的度,这里假设树的度是3
   typedef struct TNode{
   TElemType  data;      //数据域
```

```
    struct TNode *child[M];   //用于存放孩子指针的数组
}TNode, *Tree;                //多重链表表示法的存储类型
```

例如,对于如图6.15(a)所示的树,其多重链表存储示意图如图6.16所示。由于树中很多结点的度小于 M ,所以多重链表中存在很多空指针域,空间较浪费。不难推出, n 个结点度为 M 的树,必有 $n(M-1)+1$ 个空指针域。树的度越大,多重链表的空指针数越多,存储密度越低。

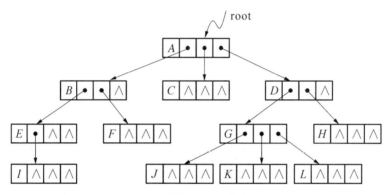

图6.16　树的多重链表表示法

(2)孩子链表表示法

这种方法是把每个结点的孩子连接成一个单链表,称为孩子链表。n 个结点的树有 n 条孩子链表,而 n 个孩子链表的头指针组成了一个头指针线性表。为了能随机存取这些头指针,采用一维数组存放头指针线性表。这样,存放 n 个树结点的一维数组与存放 n 个头指针的一维数组可以结合起来,构成一个**表头数组**。

所以,在孩子链表表示法中,存在两类结点:孩子结点(又称表结点)和表头结点,它们的结点结构如图6.17所示。

图6.17　孩子链表表示法的结点结构

其中,data 是数据域;firstchild 是头指针域,用来存放该结点的孩子链表头指针;child 是孩子域,用来存放孩子结点在表头数组中的下标;next 是指针域,用来存放孩子链表的后继指针。

树的孩子链表表示法存储类型定义如下:

```
#define MaxSize 100        //树中最大结点数
typedef struct ChildNode{
    int    child;
    struct ChildNode * next;
}ChildNode, * ChildPtr;     //孩子结点类型
typedef struct{
    TElemType data;
    ChildPtr   firstchild;  //孩子链头指针
}CTNode;                    //表头结点类型
typedef struct{
    CTNode nodes[MaxSize];  //表头结点数组
    int n;                  //树中结点数
    int root;               //树根的位置下标
}CTree;                     //孩子链表表示法的存储类型
```

图 6.18 给出了如图 6.15(a)所示树的孩子链表表示法存储示意图。其中，root 是根结点在表头数组中的存放位置下标，当树为空树时，root 的值约定为 -1。采用这种存储方式可以很方便地找到结点的所有孩子，也可以很方便地找到结点的所有兄弟。但是若要查找结点的双亲，则需要遍历整个孩子链表。所以这种存储方法不利于实现访问结点的双亲或祖先之类的运算。

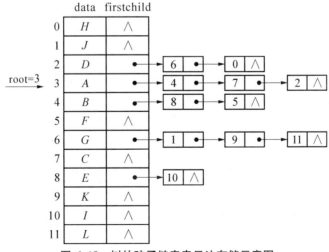

图 6.18 树的孩子链表表示法存储示意图

3. 孩子双亲表示法

孩子双亲表示法是将孩子链表表示法与双亲表示法相结合的存储方法。具体做法是在孩子链表表示法的表头结点中增设一个指示双亲位置下标的分量 parent。这样，表头结点的结构为

| data | parent | firstchild |

图 6.19 给出了如图 6.15(a)所示树的孩子双亲表示法存储示意图。

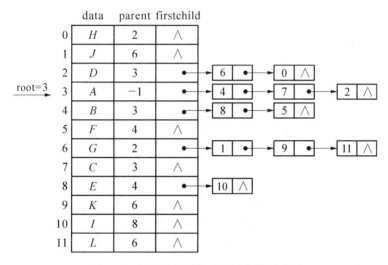

图 6.19 树的孩子双亲表示法存储示意图

4. 孩子兄弟表示法

此法采用二叉链表的形式来存储一棵树，所以此法又称为二叉树表示法，或二叉链表表示法。

考察任意一棵树，每个结点可能有多个孩子，但其"长子"是唯一的；每个结点可能有多个兄弟，但其"右邻兄弟"是唯一的。因此我们可以给每个树结点设置两个指针域：firstchild 和 nextsibling，分别指向该结点的"长子"和"右邻兄弟"。其结点结构为

| firstchild | data | nextsibling |

树的孩子兄弟表示法存储类型定义如下：

```
typedef struct CSNode{
    TElemType   data;
```

struct CSNode * firstchild, * nextsibling;
}CSNode, * CSTree; //孩子兄弟表示法的存储类型

图 6.20 给出了如图 6.15(a)所示树的孩子兄弟表示法存储示意图。

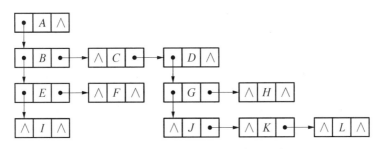

图 6.20　树的孩子兄弟表示法存储示意图

利用这种存储结构便于实现树的多种操作。首先易于实现找孩子操作,例如,若要找指针 p 所指结点的第 i 个孩子($1 \leqslant i \leqslant$ * p 的度),则可执行

　　for(q = p->firstchild, k = 1; k<i; k++) q = q->nextsibling;

循环结束时,指针 q 便指向了 p 的第 i 个孩子。显然,找结点的兄弟也很容易实现。由于每个结点仅含两个指针域,所以空间开销也比较合理。故孩子兄弟表示法是树的比较理想的一种存储结构。

6.5.2　树、森林与二叉树的转换

1. 树转换成二叉树

从树和二叉树的定义我们得知,它们是两种不同的树形结构。而从上节的讨论我们得知树和二叉树都可以用二叉链表的方式存储,这表明树和二叉树之间是存在变换(映射)关系的。事实上这种变换关系不仅存在,而且是一一对应的。也就是说,树可以唯一的转换成一棵右子树为空的二叉树;反之,一棵右子树为空的二叉树可以唯一的转换为一棵树。做这样的变换是有意义的,可以使对树的操作转换为对二叉树的操作来实现,而二叉树具有表示简单、操作方便的优点。

树转换为二叉树后,由"树枝"所表示的结点之间逻辑关系的含义发生了改变:

树	二叉树
右邻兄弟关系	双亲和右孩子关系
双亲和长子关系	双亲和左孩子关系

所以,将树转换为二叉树的方法是:

(1) 树中所有相邻的兄弟之间加一条连线;

(2) 对树中的每个非终端结点,只保留它与长子的连线,删除它与其他孩子之间的连线;

(3) 以树根为轴心,顺时针转 45°。

图 6.21 给出了将一棵树转换成二叉树的例子。

(a) 一棵树

(b) 兄弟之间加一条连线,删除双亲到其余次子的连线

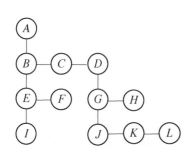

(c) 进一步整理

(d) 以根结点为轴心,顺时针转45°

图 6.21 树转换为二叉树

2. 森林转换成二叉树

森林是树的集合,森林转换为二叉树的方法如下:

(1) 将森林中的每棵树转换成对应的二叉树;

(2) 将这些二叉树的根结点视为兄弟,彼此之间用线相连;

(3) 以第一棵二叉树的根结点为轴心顺时针转 45°。

图 6.22 给出了将一个森林转换成二叉树的例子。

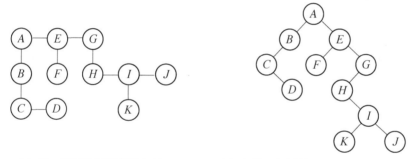

图 6.22　森林转换为二叉树

森林转换成二叉树的形式定义如下：

如果 $F=\{T_1,T_2,\cdots,T_m\}$ 是森林，则可按如下规则转换成一棵二叉树 $B=(Root,LB,RB)$：

(1) 若 F 为空，即 $m=0$，则 B 为空二叉树；

(2) 若 F 非空，即 $m\neq 0$，则 B 的根 $Root$ 为 F 中第一棵树 T_1 的根；B 的左子树 LB 是从 T_1 的子树森林 $F_1=\{T_{11},T_{12},\cdots,T_{1m}\}$ 转换而成的二叉树；B 的右子树 RB 是从森林 $F_2=\{T_2,T_3,\cdots,T_m\}$ 转换而成的二叉树。

显然，这个定义是递归的，即对森林 F_1 和 F_2 也按规则(1)和(2)进行转换。

3. 二叉树转换成森林

这是森林变换成二叉树的逆变换。转换方法如下：

(1) 设结点 X 是其双亲 Y 的左孩子，则把结点 X 的右孩子、右孩子的右孩子……，都与结点 Y 用线相连；

(2) 删除二叉树中所有双亲结点与其右孩子的连线；

(3) 整理转换后的森林，使其层次分明。

图 6.23 给出了将一棵二叉树转换成森林的例子。

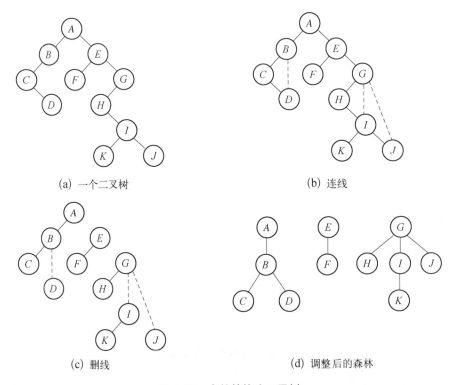

图 6.23 森林转换为二叉树

二叉树转换成森林的形式定义如下：

如果 $B=(Root, LB, RB)$ 是一棵二叉树，则可按如下规则转换成森林 $F=\{T_1, T_2, \cdots, T_m\}$：

(1) 若 B 为空，则 F 为空；

(2) 若 B 非空，则 F 中第一棵树 T_1 的根为二叉树的根 $Root$；T_1 的子树森林 F_1 是由 B 的左子树 LB 转换而成的森林；F 中除 T_1 以外其余树组成的森林 $F_2=$

$\{T_2, T_3, \cdots, T_m\}$ 是由 B 的右子树 RB 转换而成的森林。

显然,这个定义也是递归的,即对 LB 和 RB 同样按规则(1)和(2)转换。

综上所述,一棵树可以唯一地转换成一棵右子树为空的二叉树;反之,一棵右子树为空的二叉树可以唯一地转换成一棵树。一个森林可以唯一地转换成一棵二叉树;反之,一棵二叉树可以唯一地转换成一个森林。这种相互之间唯一的转换关系,为我们用二叉链表的形式存储一棵树或一个森林提供了依据。事实上,二叉链表是树和森林最常用的一种存储结构。

6.5.3 树和森林的遍历

1. 树的遍历

与二叉树的遍历类似,树的遍历也是按某种规则巡游树,并对每个结点做不重复的访问。从树的定义知,一棵树由一个根和 m 棵子树构成,因此只要依次遍历和访问根结点及其 m 棵子树,就可以完成对整棵树的遍历。

对于树,可以有3种遍历方案:先根遍历、后根遍历和层序遍历。下面给出它们的定义:

先根遍历树:

若树为空,则空操作;否则:

(1) 访问根结点;

(2) 按照从左至右的次序先根遍历根结点的每一棵子树。

后根遍历树:

若树为空,则空操作;否则:

(1) 按照从左至右的次序后根遍历根结点的每一棵子树;

(2) 访问根结点。

层序遍历树:

从树的第1层开始,自上而下逐层遍历,在同一层中,按从左至右的次序逐个访问结点。

例如,对如图6.21(a)所示的树做先根遍历、后根遍历和层序遍历,可得该树的先根序列为

$$ABEIFCDGJKLH$$

后根序列为

$$IEFBCJKLGHDA$$

层序序列为

$$ABCDEFGHIJKL$$

图 6.21(d)是由此树转换而成的二叉树,对该二叉树做先序遍历和中序遍历后不难发现,树的先根序列与转换后二叉树的先序序列相同;树的后根序列与转换后二叉树的中序列相同。因此,当树用二叉链表存储时,直接用二叉树的先序遍历算法和中序遍历算法就可以实现对树的先根遍历和后根遍历。

当树采用孩子链表存储时,其先根遍历和后根遍历的算法分别见算法 6.15 和 6.16。

算法 6.15

```
void PreOrderTree(CTNode T[ ],int root)
    //先根遍历树,树用孩子链表存储
    //T[ ]是表头结点数组,root 是树根在 T 中的位置下标
    if(root = = -1) return;              //空树,空操作
    visite(T[root].data);                //访问根
    for(p = T[root].firstchild; p; p = p->next)
        PreOrderTree(T,p->child);        //依次先根遍历根的各个子树
}//PreOrderTree
```

算法 6.16

```
void void PostOrderTree(CTNode T[ ],int root)
    //后根根遍历树,树用孩子链表存储
    //T[ ]是表头结点数组,root 是树根在 T 中的位置下标
    if(root = = -1) return;              //空树,空操作
    for(p = T[root].firstchild; p; p = p->next)
        PostOrderTree(T,p->child);       //依次后根遍历根的各个子树
    visited(T[root].data);               //访问根
}//PostOrderTree
```

2. 森林的遍历

森林遍历是对树遍历的推广。设森林 $F = \{T_1, T_2, \cdots, T_m\}$,下面给出对森林 F 先序遍历和中序遍历的定义:

先序遍历森林:

若 F 为空,则空操作;否则:

(1) 访问 F 中第一棵树 T_1 的根;

(2) 先序遍历 T_1 中根结点的子树森林；
(3) 先序遍历 F 中除 T_1 以外其余树组成的森林 $\{T_2, T_3, \cdots, T_m\}$。

中序遍历森林：

若 F 为空，则空操作；否则
(1) 中序序遍历 F 中第一棵树 T_1 的根结点的子树森林；
(2) 访问 T_1 的根结点；
(3) 中序遍历 F 中除 T_1 以外其余树组成的森林 $\{T_2, T_3, \cdots, T_m\}$。

例如，对如图 6.22(a)所示的森林做先序遍历和中序遍历，可得该森林的先序序列为

ABCDEFGHIKJ

中序序列为

CDBAFEHKIJG

图 6.22(d)是此森林转换而成的二叉树，若对该二叉树做先序遍历和中序遍历，不难发现，森林的先序序列与转换后二叉树的先序序列相同；森林的中序序列与转换后二叉树的中序序列相同。这样，当森林采用二叉链表形式存储时，对森林的先序遍历和中序遍历可直接用二叉树先序遍历和中序遍历算法实现之。

下面给出一些树和森林运算的例子。

例 6.7　计算树的深度。

设树 T 的有 m 棵子树：$T_1, T_2, \cdots, T_m$。则

$$T\text{ 的深度} = 1 + \text{Max}(T_1\text{的深度}, T_2\text{的深度}, \cdots, T_m\text{的深度})$$

而计算子树 $T_1, T_2, \cdots, T_m$ 深度的规则和计算树 T 的规则是一样的，可以用递归方式实现。

算法 6.17

```
int TreeDepth1(CSTree T){
    //计算树 T 的深度，T 用孩子兄弟链表存储
    int maxh = 0;            //maxh 用来记录 T 所有子树深度的最大值
    if(! T) return 0;        //空树的深度为 0
    for(p = T->firstchild; p; p = p->nextsibling){
        h = TreeDepth(p);    //计算一棵子树的深度
        if(h>maxh) maxh = h; //求子树深度的最大值
    }
    return maxh + 1;
}//TreeDepth1
```

算法 6.18

```
int TreeDepth2(CTNode T[ ], int root){
    //计算树的深度,树用孩子链表存储
    //T 是表头结点数组,root 是根结点在数组 T 中的位置下标
    int maxh = 0;                          //maxh 用来记录各个子树深度的最大值
    if(root = = -1) return 0;              //空树的深度为 0
    for(p = T[root].firstchild; p! = NULL; p = p->next){
        h = TreeDepth2(T,p->child);        //计算子树的深度
        if(h>maxh) maxh = h;               //求子树深度的最大值
    }
    return 1 + maxh;
}//TreeDepth2
```

例 6.8 求树的度,树用孩子兄弟链表存储。

解题思路:树的度是树中所有结点度的最大值。设 x 是指向树中某结点 X 的指针,则 X 的度 k 可用下面的循环计算:

for(k = 0,p = x->firstchild; p; p = p->nextsibling) k++;

对树做一次遍历,可以求出每个结点的度,进而可以比较出其中的最大值。

算法 6.19

```
void TreeDegree(CSTree T, int &degree)
    //计算树 T 的度,T 用孩子兄弟链表存储
    //引用参数 degree 用来传递计算结果,其对应实参的初值应为 0
    if(T){
        for(k = 0,p = T->firstchild; p; p = p->nextsibling){
            k++;
            TreeDegree(p,degree); }
        if(k>degree) degree = k;
    }
} //TreeDegree
```

例 6.9 输出树中每个结点的层次值,树用孩子兄弟链表存储。

树中根结点的层次值为 1,其余结点的层次值为其双亲的层次值+1。算法

6.20 利用先根遍历,完成对每个结点层次值的计算和输出。

算法 6.20

```
void TreeLevel(CSTree T,int lev){
    //参数 lev 传递结点双亲的层次值,其对应实参的初值应为 0
    if(T){
        lev++;
        printf(T->data,lev);        //输出结点和结点的层次值
        for(p=T->firstchild; p; p=p->nextsibling)
            TreeLevel(p,lev);       //先根遍历树 T 的各个子树
    }
}
```

例 6.10 树的层序遍历。

对树做逐层遍历时,在第 i 层上先被访问的结点,在第 $i+1$ 层上其孩子也将先被访问。故需要借助一个队列来控制对结点访问的先后次序。

算法 6.21

```
void TreeLayerOrder(CSTree T){
    //层序遍历树 T,T 用孩子兄弟链表存储
    if(T){
        InitQueue(Q);                //初始化一个空队列 Q
        EnQueue(Q,T);                //树根入队
        while(! EmptyQueue(Q)){
            DeQueue(Q,s);            //队头元素 s 出队
            visite(s->data);         //访问 s
            for(p=s->firstchild; p!=NULL; p=p->nextsibling)
                EnQueue(Q,p);        //s 的所有孩子依次入队
        }
    }
}//TreeLayerOrder
```

例 6.11 计算森林的深度。

设森林 $F=\{T_1,T_2,\cdots,T_m\}$,则 F 的深度定义为

$$\text{Max}(T_1 \text{ 的深度}, T_2 \text{ 的深度}, \cdots, T_m \text{ 的深度})$$

当森林用二叉链表存储时,该二叉树根结点的左子树由 T_1 的子树森林构成,根结点的右子树由森林 $\{T_2, T_3, \cdots, T_m\}$ 构成。因此,F 的深度为

$$\text{Max}(1 + \text{左子树森林的深度}, \text{右子树森林的深度})$$

其中,"1 + 左子树森林的深度"给出了 T_1 的深度。由此,可用按递归的方式计算出森林的深度。

算法 6.22

```
int ForestDepth(CSTree T){
    //森林用孩子兄弟链表存储,函数返回森林的深度
    if(! T)
        return 0;    //空森林,深度为 0
    else{
        hl = ForestDepth(T->firstchild);
        hr = ForestDepth(T->nextsibling);
        return max(hl+1,hr);
    }//ForestDepth
```

6.6 哈夫曼树和哈夫曼编码

哈夫曼(Huffman)树,又称最优二叉树,在通信、数据压缩、决策和算法设计等方面有着广泛的应用。本节先介绍哈夫曼树的概念,再讨论哈夫曼树的构造算法,最后介绍哈夫曼树的应用实例——哈夫曼编码技术。

6.6.1 哈夫曼树

1. 哈夫曼树的概念

路径和路径的长度:树中两个结点之间所经过的分支,称为这两个结点之间的路径,用路径上的结点序列表示。路径上分支的数目称为该路径的长度。

树的路径长度:树根到每个结点的路径长度之和,称为树的路径长度。

结点的权值：除结点数据元素值之外，再赋予结点的一个有意义的数值。

结点的带权路径长度：树根结点到某结点的路径长度与该结点权值的乘积，称为该结点的带权路径长度。

树的带权路径长度：树中所有叶子结点的带权路径长度之和，称为树的带权路径长度，记为

$$WPL = \sum_{i=1}^{n} l_i \times w_i$$

其中，n 为树中叶子结点的个数，l_i 为根结点到第 i 个叶子结点的路径长度，w_i 为第 i 个叶子结点的权值。

哈夫曼树：由 n 个叶子构成的所有二叉树中，带权路径长度 WPL 最小的二叉树称为哈夫曼树，或称为**最优二叉树**。

例如，给定叶子结点的权值分别为 $\{2,4,3,1,5\}$，可以构造出多个形态不同的二叉树，图 6.24 中给出了其中 3 棵二叉树，它们的带权路径长度分别为

(a) $WPL = 2 \times 2 + 4 \times 4 + 3 \times 3 + 1 \times 1 + 4 \times 5 = 50$

(b) $WPL = 4 \times 2 + 2 \times 4 + 3 \times 3 + 4 \times 1 + 1 \times 5 = 34$

(c) $WPL = 3 \times 2 + 2 \times 4 + 2 \times 3 + 3 \times 1 + 2 \times 5 = 33$

其中，(c)是一棵哈夫曼树。

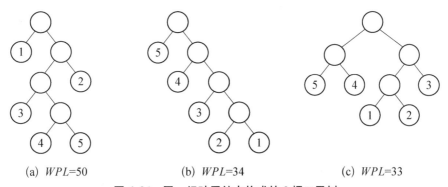

(a) $WPL=50$　　　　(b) $WPL=34$　　　　(c) $WPL=33$

图 6.24　同一组叶子结点构成的 3 棵二叉树

2. 哈夫曼树的构造

1952 年，Huffman 最早提出了构造最优二叉树的算法，这个算法被称为 Huffman 算法，而最优二叉树则被称为 Huffman 树。

哈夫曼算法的基本思路是：

(1) 用给定权值 $\{w_1, w_1, \cdots, w_n\}$ 的 n 个结点，构造一个有 n 棵二叉树的森林 $F = \{T_1, T_2, \cdots, T_n\}$，其中，每棵二叉树 $T_i (1 \leqslant i \leqslant n)$ 只有一个权值为 w_i 的根

结点。

(2) 重复下面的操作①和操作②,直至 F 中只含有一棵二叉树为止。

操作①:合并。在 F 中选取根结点权值为最小和次最小的两棵二叉树 B_1 和 B_2,分别作为左子树和右子树,补上 1 个结点作为根,构造一棵新的二叉树 B,新二叉树 B 根结点的权值为 B_1 和 B_2 根结点的权之和。

操作②:替换。用新二叉树 B 替换掉 F 中的 B_1 和 B_2,这样 F 中就减少了 1 棵二叉树。

整个过程结束时,F 中剩下的一棵二叉树即为所求的 Huffman 树。

例如,若给定 $\{a,b,c,d,e\}$ 5 个结点,相应的权值为 $\{2,4,3,1,5\}$,以它们为叶子结点,构造哈夫曼树的过程如图 6.25 所示,其中结点旁标注的数字是权值。

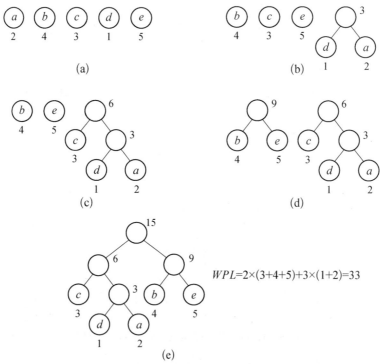

图 6.25 哈夫曼树的构造过程

从哈夫曼树的构造过程可知:

(1) 构造 n 个权值的哈夫曼树,共需进行 $n-1$ 次合并;

(2) 每次合并都要添加 1 个分支结点,所以经过 $n-1$ 次合并而产生的哈夫曼树上共有 $2n-1$ 个结点。

(3) 在哈夫曼树上只含度为 0 和度为 2 的结点。这种不存在度为 1 的结点的二叉树称为**严格二叉树**或**正则二叉树**。所以哈夫曼树是严格二叉树。

(4) 在做合并操作时,B_1 和 B_2 谁作左子树,谁作右子树没有限制。另外,当 F 中有多棵根结点权值相等且同时可选的二叉树时,任选其一参加合并。因此,同一组权值可能构造出形态不同的多棵哈夫曼树,但它们的 WPL 值相同。

(5) 哈夫曼树的根结点的权值是所有叶子结点的权值和,因而是确定的。

下面讨论哈夫曼树的存储结构。

在哈夫曼构造过程中,需要频繁地访问结点的双亲,故采用三叉链表的结构。n 个叶子的哈夫曼树,结点总数是确定的,共有 $2n-1$ 个结点。所以可以采用静态三叉链表。结构结点为

| weight | parent | lchild | rchild |

其中,weight 域存放结点的权值;parent 域存放结点双亲的位置下标;lchild 域和 rchild 域存放结点左孩子和右孩子的位置下标。

哈夫曼树的存储类型定义如下:

```
typedef struct{
    WeightType weight;            //WeightType 是权值类型
    int parent,lchild,rchild;     //双亲、左孩子、右孩子
}HTNode, *HuffmanTree            //哈夫曼树结点类型
typedef HTNode *HuffTree;        //存放哈夫曼树的静态三叉链表类型
```

构造哈夫曼树的算法如算法 6.23 所示。

算法 6.23

```
void HuffmanTree(HuffTree &HT,WeightType *w,int n){
//根据给定的 n 个权值,构造哈夫曼树。*w 是存放 n 个权值的数组
    m=n*2-1                      //计算哈夫曼树结点总数 m
    HT = (HuffTree)malloc(sizeof(HTNode)*(m+1));
                                 //分配 HT 数组空间,0 号单元空闲不用
    for(i=1;i<=m;i++){           //初始化数组 HT[ ]
        HT[i].weight = i<=n ? w[i]:0;
        HT[i].lchild = HT[i].rchild = HT[i].parent = 0;
    }
    for(i=n+1;i<=m;i++){         //主循环,完成 n-1 次合并
        Select(HT,n,i,s1,s2);
```

```
            //在 HT[1..i-1]中选择 parent 为 0 且 weight 为最小的两个结点，
            //其下标分别为 s1 和 s2
        HT[i].lchild = s1;
        HT[i].rchild = s2;
        HT[i].weight = HT[s1].weight + HT[s2].weight;
        HT[s1].parent = HT[s2].parent = i;
    }
}//HuffmanTree
```

例如，如图 6.25 所示的哈夫曼树的构造过程中，数组 HT 中数据状态变化如图 6.26 所示。

	weight	parent	lchild	rchild
0				
1	2	0	0	0
2	4	0	0	0
3	3	0	0	0
4	1	0	0	0
5	5	0	0	0
6	0	0	0	0
7	0	0	0	0
8	0	0	0	0
9	0	0	0	0

(a) HT 数组的初态

	weight	parent	lchild	rchild
0				
1	2	6	0	0
2	4	0	0	0
3	3	0	0	0
4	1	6	0	0
5	5	0	0	0
6	3	0	4	1
7	0	0	0	0
8	0	0	0	0
9	0	0	0	0

(b) 第 1 次合并后

	weight	parent	lchild	rchild
0				
1	2	6	0	0
2	4	0	0	0
3	3	7	0	0
4	1	6	0	0
5	5	0	0	0
6	3	7	4	1
7	6	0	3	6
8	0	0	0	0
9	0	0	0	0

(c) 第 2 次合并后

	weight	parent	lchild	rchild
0				
1	2	6	0	0
2	4	8	0	0
3	3	7	0	0
4	1	6	0	0
5	5	8	0	0
6	3	7	4	1
7	6	9	3	6
8	9	9	2	5
9	15	0	7	8

(d) 第 4 次合并后

图 6.26 哈夫曼树存储结构的数据状态

6.6.2 哈夫曼编码

在数据通信中,报文在信道上是以 0,1 组成的比特流形式传送的。在发送端,需要通过编码将报文中的字符转换成 0,1 序列;在接收端,要将收到的 0,1 序列经过译码还原成原来的报文。

编码可以采用等长编码和不等长编码两种方式。等长编码就是对每个字符用相同位数的二进制位进行编码。等长编码的编码和译码都比较简单。例如,设有一报文"BAAFFDDDECDCBFFBCCFFCDAACC",组成该报文的字符集＝{A,B,C,D,E,F},每种字符在报文中出现的次数分别为{A:4,B:3,C:7,D:5,E:1,F:6}。若采用等长编码,至少需要 3 个二进制位。比如,发送端对报文中的 6 种字符分别按{A:000,B:001,C:010,D:011,E:100,F:101}进行编码后,报文比特流长度为 78 个二进制位。在接收端,只要对收到的电文比特流每隔 3 位进行译码,即可还原报文。等长编码的缺点是报文比特流一般比较长,占用信道资源较多。为了使传输相同信息的比特流长度尽量短,可以采用不等长编码,即每个字符编码的二进制位数可以不同。比如,可以对报文中的 6 种字符分别按{A:01,B:10,C:0,D:00,E:11,F:1}进行编码,则报文比特流长度仅为 39 个二进制位。但接收方收到这样的报文比特流后,将有多种译码可能。比如接收方收到"100101…"后,可以译为"FCCBF…"、"BAA…"、"BCFA…"等。显然,这样的不等长编码是没有实用意义的。可见,若采用不等长编码,必须保证译码的唯一性。如果一组不等长编码中的任一编码都不是其他编码的前缀,则这种编码称为**前缀编码**。前缀编码能确保译码的唯一性。

如何获得前缀码呢？利用二叉树,可以获得前缀编码。方法是:以报文的字符集作为叶子结点的集合,构造一棵二叉树,约定二叉树上的左分支代表 0,右分支代表 1,则从树根到叶子结点的路径上采集的 0,1 序列就是该叶子结点的前缀码。比如,以上述报文的字符集{A,B,C,D,E}作为叶子集合,可以构造一棵如图 6.27 所示的二叉树。从该二叉树上可以获得各个字符的前缀编码如下:

A：00
B：01
C：11
D：100
E：1010
F：1011

不难算出,对报文进行编码后,电文比特流长度为 71。

由于用一组已知的叶子结点可以构造出多棵不同形态的二叉树,因此前缀编码有很多种。什么样的前缀编码能使报文的比特流长度最短呢？设报文只出现了 n 种不同字符,字符 i 在报文中重复出现的次数为 $w_i(1 \leqslant i \leqslant n)$,其编码长度为 l_i,则编码后报文的比特流长度为

$$报文比特流长度 = \sum_{i=1}^{n} l_i \times w_i$$

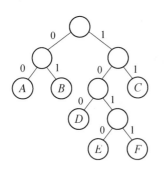

图 6.27 利用二叉树进行前缀编码

对应到二叉树上,若 w_i 为叶子结点的权,l_i 恰为从树根到树叶的路径长度,则报文比特流长度恰为二叉树上带权路径长度 WPL。由此可见,从哈夫曼树上得到的二进制前缀编码能使报文的比特流长度最短。这样的前缀编码称为**哈夫曼编码**,或**最优前缀编码**。

以报文中 6 种字符的在报文中的出现次数 $\{4,3,7,5,1,6\}$ 为权,构造一棵哈夫曼树如图 6.28 所示。从哈夫曼树上获得的各个字符的 Huffman 编码如下：

    A：110
    B：1111
    C：10
    D：00
    E：1110
    F：01

采用 Huffman 编码,报文比特流长度为 64。

综上分析,得知对报文进行哈夫曼编码的步骤如下：

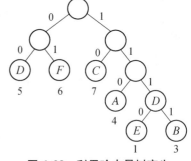

图 6.28 利用哈夫曼树产生最优前缀编码

(1) 读入报文字符串;

(2) 统计报文中出现的不同字符的个数 n 以及每种字符重复出现的次数或频率 w_i;

(3) 用 n 个字符的 w_i 作权,构造哈夫曼树;

(4) 从哈夫曼树上获得每个字符的哈夫曼编码;

(5) 对报文进行编码,产生报文的二进制码串。

其中步骤(3)已在算法 6.23 中解决。步骤(4)可以这样处理：从树根出发,对哈夫曼树做一次先序遍历,在遍历过程中利用一个字符型的顺序栈 S 记下遍历路径,经过左分支时字符"0"进栈,经过右分支时字符"1"进栈。当遍历到一个叶子结

点时,栈 S 中自栈底至栈顶记录着树根到该叶子结点的路径上的 0,1 序列,即该叶子结点的 Huffman 编码。实现算法见算法 6.24 和算法 6.25。

算法 6.24

```
void HuffmanCoding(HuffTree HT,char * * &HC,int n){
    //从哈夫曼树 HT 上求得 n 个叶子结点的哈夫曼编码并存入数组 HC 中
    Stack S;                //S 是一个字符型的顺序栈
    InitStack(S);           //初始化栈 S;
    HC = (char * *)malloc(sizeof(char *)*(n+1))
                            //分配数组 HC 的空间
    Coding(HT,HC,2*n-1,S);  //哈夫曼树根结点下标为 2n-1
}//HuffmanCoding
```

算法 6.25

```
void Coding(HuffTree HT,int root,char * * HC,SqStack &S){
    //先序遍历哈夫曼树 HT,求得每个叶子结点的编码字符串,存入数组 HC
    //S 是一个顺序栈,用来记录遍历路径
    //root 是哈夫曼树数组 HT 中根结点的位置下标
    if(root! = 0){                      //当二叉树非空
        if(HT[root].lchild = 0){        //root 是树叶
            push(S,'\0');               //字符串结束标志 '\0' 进栈
            HC[root] = (char *)malloc((StackLength(S));
                                        //分配存放哈夫曼编码字符串的空间
            strcpy(HC[root],S.elem);    //复制叶子的编码
            Pop(S,ch);                  //字符串结束标志 '\0' 出栈
        }
        Push(S,'0');                    //向左转,'0' 进栈
        coding(HT,HT[root].lchild,HC,S);//遍历左子树
        Pop(S);
        Push(S,'1');                    //向右转,'1' 进栈
        coding(HT,HT[root].rchild,HC,S);//遍历右子树
        Pop(S);
    }
}//Coding
```

例如,对于报文"BAAFFDDDECDCBFFBCCFFCDAACC"进行哈夫曼编码。经统计得知,报文中出现了6种不同字符{A,B,C,D,E,F},每种字符在报文中出现的次数为{A:4,B:3,C:7,D:5,E:1,F:6}。调用算法6.23,得到一棵哈夫曼树HT,如图6.29(a)所示;调用算法6.24,得到一组哈夫曼编码HC,如图6.29(b)所示。

HT	weight	parent	lchild	rchild
0				
1	4	8	0	0
2	3	7	0	0
3	7	10	0	0
4	5	9	0	0
5	1	7	0	0
6	6	9	0	0
7	4	8	5	2
8	8	10	1	7
9	11	11	4	6
10	15	11	3	8
11	26	0	9	10

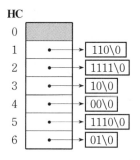

(a) 哈夫曼树存储结构的数据状态　　(b) 用哈夫曼树产生的哈夫曼编码

图6.29　哈夫曼树和哈夫曼编码

6.7　本　章　小　结

树和二叉树都是重要的树形结构,具有层次性和分支性的共同特征,结点之间存在"一对多"的联系。

本章介绍了树的定义、术语、性质和树的几种表示方法。

二叉树具有结构简单(结点的度都不超过2)、存储容易、操作方便等优点,是本章重点讨论的对象。本章介绍了二叉树的定义、二叉树的性质以及两种特殊形态的二叉树:完全二叉树和满二叉树;着重讨论了二叉树最常用的表示方法——二叉链表。

一般而言,"遍历"是数据结构中最简单、最基础的运算,其他更为复杂的运算往往都建立在遍历的基础上。本章给出了二叉树先序、中序、后序遍历以及层序遍历的定义和它们在二叉链表上的实现算法。并以此为基础，进一步讨论了二叉树其他运算的实现算法。

对二叉树的遍历可以看作是对二叉树按某种规则进行线性化，即得到二叉树结点的一个线性序列。为了便于在二叉树的遍历序列中找到结点的直接前驱和直接后继，本章引入了线索二叉树的概念，并讨论了线索二叉树存储结构和相关算法的实现。

二叉树虽然与树和森林有着不同的定义，但它们在形态上有着唯一的相互转换关系。本章给出了树、森林与二叉树之间进行相互转换的规则。这种相互转换关系，为用二叉链表的形式存储树和森林提供了依据，即树和森林的孩子兄弟表示法。二叉链表的优点使它成为树和森林比较理想的存储结构。

最后，本章介绍了树形结构的一个重要应用实例——哈夫曼树和哈夫曼编码。

习　题

6.1 试分别绘出具有3个结点的树和3个结点的二叉树的所有不同形态。

6.2 描述满足下列条件的二叉树形态：
(1) 先序遍历序列与中序遍历序列相同；
(2) 后序遍历序列与中序遍历序列相同；
(3) 先序遍历序列与后序遍历序列相同。

6.3 一个深度为 H 的满 k 叉树有如下性质：第 H 层上所有结点都是叶子结点，其余各层上每个结点都有 k 棵非空子树。如果从1开始按自上而下、自左向右的次序对全部结点编号。问：
(1) 各层的结点数目是多少？
(2) 编号为 i 的结点的父结点(若存在)的编号是多少？
(3) 编号为 i 的结点的第 j 个孩子(若存在)的编号是多少？
(4) 编号为 i 的结点有右兄弟的条件是什么？其右兄弟的编号是多少？

6.4 已知一棵度为 k 的树中有 n_1 个度为1的结点，n_2 个度为2的结点，$\cdots$，n_k 个度为 k 的结点，问该树中有多少个叶子结点？

6.5 已知在一棵含有 n 个结点的树中，只有度为 k 的分支结点和度为0的叶子结点。试求该树含有的叶子结点的数目。

6.6 设 n 和 m 为二叉树中两个结点,用"1"、"0"、和"∅"(分别表示肯定,否定和不一定)填写题表:

题表 6.6

问 已知	先序遍历时 n 在 m 之前?	中序遍历时 n 在 m 之前?	后序遍历时 n 在 m 之前?
n 在 m 左方			
n 在 m 右方			
n 是 m 祖先			
n 是 m 子孙			

(注:如果离 n 和 m 的最近的共同祖先 X 存在,且 n 位于 X 的左子树中,m 位于 X 的右子树中,则称"n 在 m 的左方"或"m 在 n 的右方"。)

6.7 已知一棵树如题图所示,请写出该树的先根序列和后根序列,并将该树转化为对应的二叉树。

题图 6.7

6.8 将如题图所示的森林转化为对应的二叉树。

6.9 将如题图所示的二叉树转化为森林。

题图 6.8 　　　　　　　　　　　　　　题图 6.9

6.10 已知某二叉树的中序序列为 *DCBGEAHFIJK*，后序序列为 *DCEGBFHKJIA*。请画出该二叉树。

6.11 已知树 *T* 的先根序列为 *GFKDAIEBCHJ*，后根序列为 *DIAEKFCJHBG*，请画出树 *T*。

6.12 已知森林 *F* 的先根序列为 *ABCDEFGHIJKL*，中根序列为 *CBEFDGAJIKLH*。请画出这个森林 *F*。

6.13 假设某个电文由(a,b,c,d,e,f,g,h)8 种字母组成，每种字母在电文中出现的次数分别为 (7,19,2,6,32,3,21,10)，试解答下列问题：

(1) 画出 Huffman 树；

(2) 给出每个字母的 Huffman 编码；

(3) 在对该电文进行最优二进制编码处理后，给出电文的二进制位数。

6.14 写出复制一棵二叉树的算法。

6.15 试编写算法，实现将二叉树所有结点的左右子树互换。

6.16 试写出销毁二叉树的算法。

6.17 写出判断给定二叉树是否为完全二叉树的算法。

6.18 写出判断两棵给定二叉树是否相似的算法。

(注：两棵二叉树 B_1 和 B_2 相似是指：B_1 和 B_2 皆空，或者皆不空且 B_1 的左、右子树和 B_2 的左、右子树分别相似。)

6.19 利用栈的基本操作，写出二叉树中序遍历的非递归算法。

6.20 写出统计树中叶子结点个数的算法，树用孩子兄弟链表表示。

6.21 写出计算二叉树第 *K* 层结点数的算法。

6.22 写出计算二叉树宽度的算法。

6.23 写出计算树的第 *K* 层结点数的算法，树用孩子兄弟链表表示。

6.24 设 *X* 是二叉树 *T* 上的一个结点，试写出查找 *X* 的双亲结点的算法。

6.25 设 *X* 和 *Y* 是二叉树 *T* 上的两个结点，试写一个算法，求 *X* 和 *Y* 最近的共同祖先。

第 7 章　图

图是一种比树更为复杂的非线性数据结构。在树形结构中，结点之间的关系具有"一对多"的特征，即除根以外，任一结点只有一个直接前驱（双亲），有 0 个或多个直接后继（孩子）；而在图中，结点之间的关系具有"多对多"的特征，即每个结点都可以有 0 个或多个直接前驱，0 个或多个直接后继。可见，图结构具有更强的表达能力，现实世界中的许多问题都可以抽象为图结构，因此应用广泛。

本章主要讨论图的定义、图的存储表示和图的操作，最后介绍与图有关的一些问题的求解。

7.1　图的基本概念

7.1.1　图的定义

图（Graph）由两个集合 V 和 E 组成，记为 $G = (V, E)$。其中，V 是顶点（Vertex）的非空有限集，E 是 V 中顶点偶对的有限集（边集）。

通常，将图 G 的顶点集记为 $V(G)$，边集记为 $E(G)$。

顶点的偶对也称为边。顶点偶对可以是无序的，称为**无向边**，或简称为**边**（Edge）；也可以是有序的，称为**有向边**或**弧**（Arc）。

图 7.1 给出了顶点 V_i 和 V_j 之间边和弧的示意图。如图 7.1(a) 所示，(V_i, V_j) 和 (V_j, V_i) 等价，都表示顶点 V_i 与顶点 V_j 之间的一条无向边。如图 7.1(b) 所示，$\langle V_i, V_j \rangle$ 表示从顶点 V_i 到顶点 V_j 的一条有向边（弧），其中 V_i 是弧的起点，称为**弧尾**（Tail）；V_j 是弧的终点，称为**弧头**（Head）。显然，$\langle V_i, V_j \rangle$ 和 $\langle V_j, V_i \rangle$ 是两条不同的弧。

若图 G 中的每条边都是有向边，则称 G 为**有向图**(Digraph)，否则称 G 为**无向图**(Undigraph)。例如，图 7.2(a) 中的 G_1 是有向图，它可以表示为

$G_1 = (V_1, E_1)$

$V_1 = \{A, B, C, D, E\}$

$E_1 = \{\langle A,B \rangle, \langle D,A \rangle, \langle A,C \rangle, \langle B,A \rangle, \langle B,E \rangle, \langle C,D \rangle, \langle E,D \rangle\}$

(a) 无向边(V_i, V_j) (b) 弧$\langle V_i, V_j \rangle$

图 7.1　边和弧

图 7.2(b) 中的 G_2 是无向图，它可以表示为

$G_2 = (V_2, E_2)$

$V_2 = \{v_1, v_2, v_3, v_4, v_5, v_6\}$

$E_1 = \{(v_1,v_2), (v_1,v_4), (v_2,v_5), (v_4,v_5), (v_4,v_6), (v_6,v_3)\}$

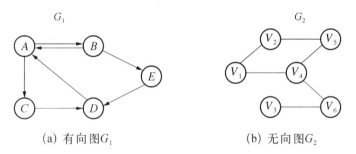

(a) 有向图G_1 (b) 无向图G_2

图 7.2　有向图和无向图示例

图的抽象数据类型定义如下：

ADT Graph{
　　数据对象 V:V 是同类型数据元素的非空有限集，称为顶点集。
　　数据关系 R:R = {⟨vᵢ,vⱼ⟩|vᵢ,vⱼ∈V 且 Path(vᵢ,vⱼ)，⟨vᵢ,vⱼ⟩表示从 vᵢ 到 vⱼ 的弧，谓词 Path
　　　(vᵢ,vⱼ)定义了弧⟨vᵢ,vⱼ⟩的意义和信息}
　　基本操作 P:
　　　CreateGraph(&G,V,VR)
　　　　初始条件:V 是顶点集,VR 是边或弧的集合。

操作结果:按 V 和 VR 的定义,创建图 G。

DestroyGraph(&G)

　　初始条件:图 G 已经存在。

　　操作结果:销毁 G。

LocateVex(G,u)

　　初始条件:图 G 存在,u 是与顶点同类型的一个值。

　　操作结果:若 G 中存在值为 u 的顶点,则返回该顶点在图中的存储位置;否则返回空值。

GetVex(G,v)

　　初始条件:图 G 存在,v 是 G 中某个顶点的存储位置。

　　操作结果:返回存储在位置 v 中的顶点的值。

PutVex(G,v,value)

　　初始条件:图 G 存在,v 是 G 中某个顶点的存储位置。

　　操作结果:将值 value 赋给存储在位置 v 中的顶点。

FirstAdjVex(G,v)

　　初始条件:图 G 存在,v 是 G 中某个顶点。

　　操作结果:返回 v 的第一个邻接点。若 v 没有邻接点,则返回空。

NextAdjVex(G,v,w)

　　初始条件:图 G 存在,v 是 G 中某个顶点,w 是 v 的某个邻接点。

　　操作结果:返回 v 的相对于 w 的下一个邻接点。若 w 是 v 的最后一个邻接点,则返回空。

InsertVex(&G,v)

　　初始条件:图 G 存在,v 是与顶点同类型的一个值。

　　操作结果:在 G 中增加一个值为 v 的顶点。

DeleteVex(&G,v)

　　初始条件:图 G 存在,v 是 G 中某顶点。

　　操作结果:在 G 中删除顶点 v 以及相关的弧。

InsertArc(&G,v,w)

　　初始条件:图 G 存在,v 和 w 是 G 中两个顶点。

　　操作结果:在 G 中增加弧〈v,w〉,若 G 是无向图,则还增加对称弧〈w,v〉。

DeleteArc(&G,v,w)

　　初始条件:图 G 存在,v 和 w 是 G 中两个顶点。

　　操作结果:在 G 中删除弧〈v,w〉,若 G 是无向图,则还删除对称弧〈w,v〉。

DFSTraverse(G,v,visite( ))

　　初始条件:图 G 存在,v 是 G 中某个顶点,visite( )是对顶点的访问函数。

　　操作结果:从顶点 v 开始,深度优先搜索遍历图 G,并对每个顶点调用 visite( )函数一次且仅一次。

BFSraverse(G,v,visite( ))

初始条件:图 G 存在,v 是 G 中某个顶点,visite( )是对顶点的访问函数。

操作结果:从顶点 v 开始,广度优先搜索遍历图 G,并对每个顶点调用 visite( ) 函数一次且仅一次。

}end ADT Graph

7.1.2 图的基本术语

1. 邻接和依附

在无向图中,对任意两个顶点 V_i 和 V_j,如果存在边(V_i,V_j),则称顶点 V_i 和 V_j 互为**邻接点**,同时称边(V_i,V_j)**依附**于顶点 V_i 和 V_j。

在有向图中,对任意两个顶点 V_i 和 V_j,如果存在弧$\langle V_i,V_j\rangle$,则称顶点 V_i 邻接到 V_j,顶点 V_j 邻接自 V_i,同时称弧$\langle V_i,V_j\rangle$依附于顶点 V_i 和 V_j。

2. 完全图、稀疏图、稠密图

设图中含有 n 个顶点和 e 条边(弧),则顶点数 n 和边数 e 具有如下关系:

对于无向图,有

$$0 \leqslant e \leqslant n(n-1)/2$$

对于有向图,有

$$0 \leqslant e \leqslant n(n-1)$$

我们把具有 $n(n-1)/2$ 条边的无向图称为**无向完全图**;具有 $n(n-1)$ 条弧的有向图称为**有向完全图**。边(或弧)数很少(如 $e<n\log_2 n$)的图称为稀疏图,反之称为稠密图。

3. 顶点的度、入度、出度

依附于顶点 V 的边或弧的数目称为顶点 V 的度,记为 $TD(V)$。

对于有向图,可以进一步引入出度和入度的概念。以顶点 V 为弧头的弧的数目称为 V 的入度,记为 $ID(V)$;以顶点 V 为弧尾的弧的数目称为 V 的出度,记为 $OD(V)$;顶点 V 的度 $TD(V) = ID(V) + OD(V)$。

对于具有 n 个顶点和 e 条边或弧的图,有

$$e = \frac{1}{2}\sum_{i=1}^{n} TD(V_i) \tag{7.1}$$

$$e = \sum_{i=1}^{n} ID(V_i) = \sum_{i=1}^{n} OD(V_i) \tag{7.2}$$

图中度为奇数的顶点称为**奇度顶点**,简称**奇点**;度为偶数的顶点称为**偶度顶点**,简称偶点。从式(7.1)可见,图中所有顶点的度之和是偶数,因此,一个图的奇点数一

定为 0 个或偶数个。

例如,在有向图 G_1 中,顶点 A 的入度 $ID(A)=2$,出度 $OD(A)=2$,度 $TD(A)=4$;G_1 有 2 个奇点,分别是顶点 B 和顶点 D。

4. 路径、路径长度、回路(环)

在图 $G=(V,E)$ 中,顶点 V_s 到顶点 V_t 之间的**路径**是一个顶点序列
$$V_{i0}=V_s,V_{i1},V_{i2},\cdots,V_{im}=V_t$$
其中 $\langle V_{ij-1},V_{ij}\rangle \in E,1\leqslant j\leqslant m$。路径长度是路径上包含边或弧的数目。如果在路径的顶点序列中没有重复出现的顶点,则称为**简单路径**。例如,在无向图 G_2 中,顶点序列 (V_1,V_2,V_5,V_4,V_6) 是一条简单路径,路径长度为 4。

如果路径上第一个顶点和最后一个顶点相同($V_s=V_t$),就称为**回路**或**环**。如果除了第一个和最后一个顶点之外,回路上其他顶点不重复出现,则称为**简单回路**或**简单环**。比如,在有向图 G_1 中,顶点序列 (C,D,A,B,A,C) 是一条长度为 5 的回路,它不是简单回路。

5. 子图

设有两个图 $G=(V,E)$ 和 $G'=(V',E')$,如果 $V'\subseteq V$ 且 $E'\subseteq E$,则称 G' 是 G 的子图。例如,图 7.3 中给出了有向图 G_1 的一些子图的例子。具有 n 个顶点的图,不论它的边的情况如何,都是具有 n 个顶点的完全图的子图。

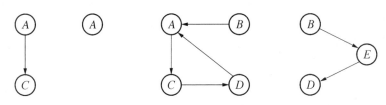

图 7.3　G_1 的子图示例

6. 连通图和连通分量

在无向图 G 中,如果顶点 V_i 到顶点 V_j 有路径,则称顶点 V_i 与顶点 V_j 是**连通**的。如果无向图 G 中任意两个顶点之间都是连通的,则称 G 是**连通图**,否则称 G 是非连通图。无向图 G 的极大连通子图称为 G 的**连通分量**。这里,"极大"的含义是:① 包含了能够相互连通的极大顶点数;② 包含了依附于这些顶点的全部边。连通图有一个连通分量,就是该图本身。图 7.4 给出了连通子图和连通分量的例子。其中,G 不是连通图,有两个连通分量如图 7.4(b)所示;而图 7.4(c)只是 G 的一个连通子图,不是 G 的连通分量,因为它没有包含依附于顶点 A、B、C、D 的全部边。

(a) 非连通图G　　　　(b) 图G的两个连通分量　　　(c) 图G的一个连通子图

图 7.4　连通子图和连通分量示例

在有向图 G 中，如果顶点 V_i 到顶点 V_j 存在路径，且顶点 V_j 到顶点 V_i 也存在路径，则称顶点 V_i 与顶点 V_j 是**强连通**的。如果有向图 G 中任意两个顶点之间都是强连通的，则称 G 是**强连通图**，否则称 G 是非强连通图。有向图 G 的极大强连通子图称为 G 的**强连通分量**。图 7.5 给出了强连通分量的例子。

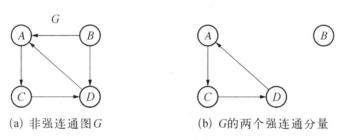

(a) 非强连通图G　　　　　(b) G的两个强连通分量

图 7.5　强连通分量示例

7. 权和网

权是对图中边（或弧）赋予的有意义的数值。边（或弧）带权的图称为**网**，或称为**带权图**。图 7.6 给出了有向网 G_3 和无向网 G_4 的示例。

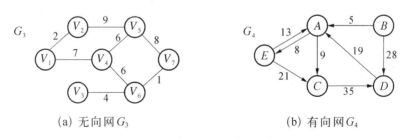

(a) 无向网G_3　　　　　　(b) 有向网G_4

图 7.6　有向网和无向网示例

8. 生成树和生成森林

对一个无向连通图 $G=(V,E)$，设 G' 是它的一个子图，如果 G' 满足下列条件：

(1) G' 包含了 G 中所有顶点,即 $V(G) = V(G')$;
(2) G' 是连通图;
(3) G' 中无回路。

则称 G' 是 G 的一个**生成树**。

图论中将树定义为"无回路的连通图"。n 个顶点的树,有且仅有 $n-1$ 条边,若多 1 条边就会产生回路,若少 1 条边就不能连通。这样的树没有明确的顶点作为根,有时也称为"自由树"。G' 就是这样的一棵树,它包含了 G 中的 $n-1$ 条且不构成回路的边。显然,G 的生成树可能有多个。图 7.7 给出了一个连通图的生成树的 2 个示例。

(a) 连通图 G (b) G 的生成树的2个例子

图 7.7 连通图生成树示例

对于一个非连通图 G,其每个连通分量的生成树构成了 G 的一个**生成森林**。

7.2 图的表示与实现

图是一种关系复杂的数据结构。从图的定义知,图的信息包括两部分:顶点信息和顶点之间边(或弧)的信息。设计图的存储结构时,要完整而准确地表达出这两方面的信息,同时还要兼顾对图的操作是否方便以及空间开销是否合理。下面介绍图的最常用的两种存储表示:邻接矩阵表示法和邻接表表示法。

7.2.1 图的邻接矩阵表示法

在图的邻接矩阵表示法中,用一个一维数组来存储图中每个顶点的信息,用一个二维数组来存储图中边或弧的信息,这个二维数组称为**邻接矩阵**。

设图 $G(V, E)$ 中有 n 个顶点,则邻接矩阵 arcs 是一个 $n \times n$ 的方阵,定义为

$$\text{arcs}[i][j] = \begin{cases} 1, & 若(V_i, V_j) \in E\ 或\langle V_i, V_j \rangle \in E \\ 0, & 反之 \end{cases}$$

图的邻接矩阵表示法存储类型定义如下：

```
#define INFINITY INT_MAX                              //最大值∞
#define MAX_VERTEX_NUM 20                             //顶点个数的最大值
typedef struct{
    VertexType  vexs[MAX_VERTEX_NUM];                 //存放顶点的数组
    ArcType     arcs[MAX_VERTEX_NUM][MAX_VERTEX_NUM]; //表示边集的邻接矩阵
    int         vexnum,arcnum;                        //顶点数和边数
    int         kind;                                 //图的类别标志
}MGraph;                                              //图的邻接矩阵表示法类型名
```

其中，VertexType 是顶点的类型，ArcType 是边的类型。对于图，可以将 ArcType 定义成整型类型；对于网，可以将 ArcType 定义成权值类型。kind 分量用来标志图的类别，本书约定取 0,1,2,3 四个值，分别用来作为有向图、有向网、无向图和无向网的标志。

图 7.8 给出了无向图 G_5 和它的邻接矩阵存储示意图。无向图的邻接矩阵具有如下特点：

(1) 矩阵沿主对角线对称；

(2) 矩阵中非 0 元的个数等于边数的 2 倍；

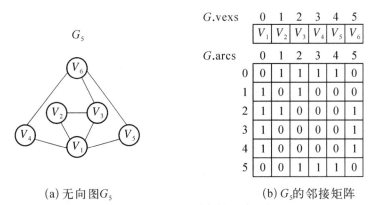

(a) 无向图G_5　　　　　　　　　(b) G_5的邻接矩阵

图 7.8　无向图及其邻接矩阵示例

(3) 第 i 行(或第 i 列)非 0 元是顶点 i 的邻接点；

(4) 顶点 i 的度等于第 i 行(或第 i 列)非 0 元的个数。

图 7.9 给出了有向图 G_6 和它的邻接矩阵存储示意图。有向图的邻接矩阵具有如下特点：

(1) 矩阵一般非对称；

(2) 矩阵中非 0 元的个数等于边数；

(3) 第 i 行非 0 元是顶点 i 的出边邻接点，第 i 列非 0 元是顶点 i 的入边邻接点；

(4) 顶点 i 的出度于第 i 行非 0 元的个数，入度等于第 i 列非 0 元的个数。

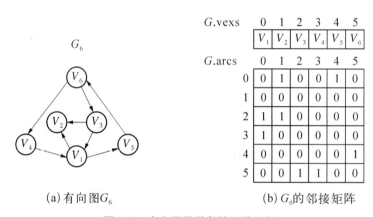

(a) 有向图 G_6　　　　　(b) G_6 的邻接矩阵

图 7.9　有向图及其邻接矩阵示例

对于网，邻接矩阵可定义为

$$\text{arcs}[i][j] = \begin{cases} W_{i,j}, & \text{若} (V_i, V_j) \in E \text{ 或} \langle V_i, V_j \rangle \in E \\ \infty, & \text{反之} \end{cases}$$

图 7.10 给出了一个的有向网和它的邻接矩阵存储示意图。

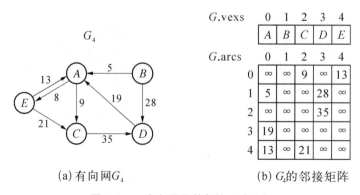

(a) 有向网 G_4　　　　　(b) G_4 的邻接矩阵

图 7.10　有向网及其邻接矩阵示例

邻接矩阵空间开销只与图的顶点数 n 有关,与边数无关,空间复杂度是 $O(n^2)$。所以,从空间利用率的角度上讲,邻接矩阵适合存储稠密图。当用来存储稀疏图时,邻接矩阵就是一个稀疏矩阵。

下面基于邻接矩阵表示法,给出图的部分基本操作的实现。

算法 7.1

```
void CreateGraph(MGraph &G){
    //从键盘输入图的顶点集和边集,创建用邻接矩阵表示的图 G
    cin>>G.vexnum>>G.arcnum>>G.kind;          //输入顶点数、边数和图类别
    for(i=0;i<G.vexnum;i++) cin>>G.vexs[i];   //输入顶点集
    for(i=0;i<G.vexnum;i++)
        for(j=0;j<G.vexnum;j++) G.arcs[i][j]=0;
                                              //初始化邻接矩阵
    for(k=0;k<G.arcnum;k++){
        cin>>vi>>vj;                          //输入弧<vi,vj>
        i=LocateVex(G,vi);                    //求顶点 vi 的存储位置下标
        j=LocateVex(G,vj);                    //求顶点 vj 的存储位置下标
        G.arcs[i][j]=1;                       //置弧<vi,vj>
        if(G.kind= =2) G.arcs[j][i]=1;        //无向图,置对称弧<vj,vi>
    }
}//CreateGraph
```

算法 7.2

```
int LocateVex(MGraph G,VertexType v){
    //查找顶点 v 在图 G 中的存储位置
    //如果 G 中存在顶点 v,返回 v 的位置下标,否则返回-1
    for(i=0;i<G.vexnum;i++)
        if(G.vexs[i]= =v) return i;
    return -1;
}//LocateVex
```

算法 7.3

```
void InsertArc(MGraph &G,VertexType vi,VertexType vj){
    //在图 G 中插入顶点 vi 和顶点 vj 所关联的边或弧
        i = LocateVex(G,vi);//求 vi 的位置下标
        j = LocateVex(G,vj);//求 vj 的位置下标
        if(i! = -1  &&  j! = -1){
            G.arcnum++;
            G.arcs[i][j] = 1;
            if(G.kind = = 2)   G.arcs[j][i] = 1;
        }
}//InsertArc
```

算法 7.4

```
int FirstAdjVex(MGraph G,int v){
    //求存储位置下标为 v 的顶点的第一个邻接点
    //即,求邻接矩阵第 v 行上第 1 个非 0 元的列号
    //如果第 v 行没有非 0 元则返回 -1
        for(j = 0;j<G.vexnum;j++)
            if(G.arcs[v][j]! = 0)   return j;
        return -1;
}//FirstAdjVex
```

算法 7.5

```
int NextAdjVex(MGraph G,int v,int w){
    //求存储位置下标为 v 的顶点的下一个邻接点
    //即,求邻接矩阵第 v 行第 w 列之后的首个非 0 元的列号
    //如果不存在这样的非 0 元则返回 -1
        for(j = w+1;j<G.vexnum;j++)
            if(G.arcs[v][j]! = 0)return j;
        return -1;
}//NextAdjVex
```

7.2.2　图的邻接表表示法

邻接表表示法是图的一种链式存储结构,形式上与 6.5.1 节中介绍的树的孩子链表表示法相类似。对于图中每个顶点 v_i,把与 v_i 有边相连的所有顶点用一条称为**边链表**的单链表连接起来,边链表中的结点叫做**边结点**。边结点的结构为

图的边结点　　　　　　　　网的边结点

其中,adjvex 是邻接点域,存放 v_i 邻接点的位置信息;weight 是域存放边的权值;nextarc 是指针域,存放链表的后继指针。

n 个顶点的图,具有 n 条这样的边链表,在每条边链表上附设一个**表头结点**,表头结点的结构如下:

边链表的表头结点

其中,data 是数据域,存放顶点 v_i 的数据信息;firstarc 是指针域,存放边链表的头指针。将 n 个这样的表头结点存放在一个数组中,以便随机访问任意一个顶点的边链表。

邻接表存储类型定义如下:

```
#define MAX_VERTEX_NUM 20          //图中顶点数的最大值
typedef struct ArcNode{
    int             adjvex;        //邻接点的位置下标
    WeightType      weight;        //边的权值,非带权图此项略
    struct ArcNode  *nextarc;      //边链后继指针
}ArcNode;                          //边结点类型名
typedef struct VertexNode{
    VertexType      data;          //顶点数据
    ArcNode         *firstarc;     //边链头指针
}VertexNode, AdjList[MAX_VERTEX_NUM]; //表头结点类型名和表头结点数组类型名
typedef struct{
    AdjList         vertices;      //表头结点数组
    int             vexnum,arcnum; //顶点数和边数
    int             kind;          //图的类别标志
}ALGraph;                          //图的邻接表表示法类型名
```

其中，kind 分量用来标志图的类别，本书约定取 0,1,2,3 四个值，分别用来作为有向图、有向网、无向图和无向网的标志。

图 7.11 给出了如图 7.8(a)所示的无向图 G_5 的邻接表存储示意图。

具有 n 个顶点和 e 条边的无向图 G 的邻接表有如下特点：

(1) 每条边有两个边结点，边结点的总数等于 $2e$；

(2) 遍历顶点 v_i 的边链表能访问到 v_i 的所有邻接点；

(3) 顶点 v_i 的度 $TD(v_i)$ 等于 v_i 的边链表的长度。

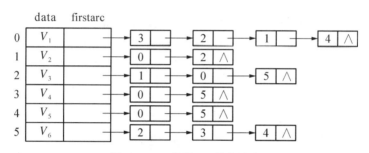

图 7.11　无向图 G_5 的邻接表

图 7.12 给出了如图 7.9(a)所示有向图 G_6 的邻接表存储示意图。图 7.13 给出了如图 7.10(a)所示有向网 G_4 的邻接表存储示意图。

具有 n 个顶点和 e 条边的有向图 G 的邻接表有如下特点：

(1) 顶点 v_i 的边链表是一条出边链，链表中每个结点都是 v_i 的出边邻接点；

(2) 顶点 v_i 的出度 $OD(v_i)$ 等于 v_i 边链表的长度；

图 7.12　有向图 G_6 的邻接表和逆邻接表

(3) 寻访顶点 v_i 的入边邻接点或计算 v_i 的入度 $ID(v_i)$ 需要周游整个邻接表；

(4) 每条弧用 1 个边结点表示,邻接表中边结点的总数等于边数 e。

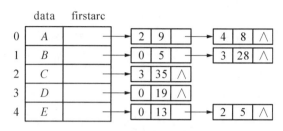

图 7.13　有向网 G_4 的邻接表

在有向图的邻接表中找任一顶点的入边邻接点或求其入度不够方便。为此,可以建立有向图的逆邻接表,即将顶点的入边邻接点链接成边链表。图 7.12(b)给出了有向图 G_6 的逆邻接表存储示意图。究竟用邻接表还是用逆邻接表来表示有向图,可根据实际问题的具体特点来决定。

在邻接表中,边链表上每个边结点的排列位序是任意的,取决于建立邻接表的算法以及边集的输入次序。因此,邻接表对一个图的表示是不唯一的。这将导致我们在对基于邻接表表示的图进行操作或运算(比如遍历等)时,对同一个图可能会得到不同的操作结果。

邻接表存储结构的空间开销取决与图的顶点数 n 和边数 e,空间复杂度为 $O(n+e)$。适用于表示一个稀疏图。

下面基于邻接表表示法,给出图的部分基本操作的实现。

算法 7.6

```
void CreateGraph(ALGraph &G){
    //从键盘输入图 G 的顶点序列和边集,创建图 G,G 用邻接表表示
    //设不存在输入错误
    cin>>G.vexnum>>G.arcnum>>G.kind;      //输入顶点数和边数和图类型
    for(i=0;i<G.vexnum;i++){
        cin>>G.vertices[i].data;          //输入顶点 vi 的值
        G.vertices[i].firstarc = NULL;    //将 vi 边链的头指针置空
    }
    for (k = 0;k<G.arcnum;k++){
        cin>>vi>>vj;                      //输入弧<vi,vj>
        i = LocateVex(G,vi);              //求顶点 vi 的存储位置下标
        j = LocateVex(G,vj);              //求顶点 vj 的存储位置下标
```

```
        p=(ArcNode*)malloc(sizeof(ArcNode));   //申请边结点空间
            p->adjvex=j;
        p->nextarc=G.vertices[i].firstarc;
        G.vertices[i].firstarc=p;                //将弧<vi,vj>头插到vi的边链表上
        if(G.kind==2){                           //G是无向图,插入对称弧<vj,vi>
            p=(ArcNode*)malloc(sizeof(ArcNode));
            p->adjvex=i;
            p->nextarc=G.vertices[j].firstarc;
            G.vertices[j].firstarc=p;
        }
    }
}//CreateGraph
```

算法 7.7

```
int LocateVex(ALGraph G,VertexType v){
    //查找值为v的顶点在图G中的存储位置
    //如果图G中存在顶点v,返回v的位置下标,否则返回-1
    for(i=0;i<G.vexnum;i++)
        if(G.vertices[i].data==v) return i;
    return -1;
}//LocateVex
```

算法 7.8

```
void InsertArc(ALGraph &G,VertexType vi,VertexType vj){
    //在图G中插入顶点vi和vj所关联的边或弧
    i=LocateVex(G,vi);                           //求顶点vi的存储位置下标
    j=LocateVex(G,vj);                           //求顶点vj的存储位置下标
    if(i!=-1 && j!=-1){                          //vi和vj在图G中存在
        p=(ArcNode*)malloc(sizeof(ArcNode));    //申请边结点空间
        p->adjvex=j;
        p->nextarc=G.vertices[i].firstarc;
        G.vertices[i].firstarc=p;                //将弧<vi,vj>头插到vi的边链表上
        if(G.kind==2){                           //G是无向图,插入对称弧<vj,vi>
```

```
            p = (ArcNode * )malloc(sizeof(ArcNode));
            p->adjvex = i;
            p->nextarc = G.vertices[j].firstarc;
            G.vertices[j].firstarc = p; }
    }
}//InsertArc
```

算法 7.9

```
int FirstAdjVex(ALGraph G,int v){
    //求存储下标为 v 的顶点的第一个邻接点
    //如果这样的邻接点存在,返回它的下标;否则返回 -1
        if(G.vertices[v].firstarc! = NULL)
            return G.vertices[v].firstarc->adjvex;
        else
            return -1;
}//FirstAdjVex
```

算法 7.10

```
int NextAdjVex(MGraph G,int v,int w){
    //求存储下标为 v 的顶点的下一个邻接点
    //即在下标为 v 的顶点边链表中,找值为 w 的边结点的直接后继
    //如果下一个邻接点不存在,返回 -1
        p = G.vertices[v].firstarc;
        while(p && p->adjvex! = w) p = p->nextarc;
        if(! p || ! p->nextarc)
            return -1;        //不存在这样的邻接点
        else
            return p->nextarc->adjvex;
}//NextAdjVex
```

7.3 图的遍历

与树的遍历类似,图的遍历是指从图中某一个顶点出发,沿着边或弧形成的搜索路线,对图中所有顶点做一次且仅一次访问。图的遍历是图的最重要的基本操作之一,图的许多其他操作都建立在遍历基础之上。

由于图的结构复杂,顶点之间的邻接关系无规律可循,所以较之于树的遍历,图的遍历更加复杂。首先,图中不存在类似于树根一样的自然的遍历出发点,任意一个顶点都可作为出发点;其次,图可能不连通,或者出发点未必与图中其余所有顶点都有路径相通,因此要考虑从某出发点出发,当遍历到无路可走而图中还有顶点未访问时,如何另辟路径,选新的出发点继续遍历;再者,由于图中可能存在回路,所以在访问完某个顶点之后可能沿回路又回到该顶点,因此,要解决如何识别一个顶点是否已经被访问过,以避免对其进行重复访问的问题。

为了避免对顶点的重复访问,可设置一个辅助数组 visited[$0..n-1$](一般将其处理成全局数组),令它的初值为 0 或 False。在遍历过程中,一旦访问了下标为 i 的顶点 v_i,就将 visited[i]置为非 0 或 True。

通常,按两种规则对图进行遍历:深度优先搜索和广度优先搜索,它们对有向图和无向图都适用。

7.3.1 深度优先搜索

深度优先搜索遍历(Depth First Search Traversal),简称 DFS 遍历,类似于树的先根遍历过程,对每一个可能的分支路径深入到不能再深入时才回溯,并另辟路径(如果有)继续深入下去的遍历过程。

图的深度优先搜索过程是这样的:首先访问出发点 V_0;再从 V_0 出发,通过一条边到达 V_0 的一个未被访问的邻接点 V_1,访问 V_1;再从 V_1 出发,通过一条边到达 V_1 的一个未被访问的邻接点 V_2,访问 V_2;再从 V_2 出发……如此下去,直到到达一个顶点 V_m,V_m 不存在没有被访问过的邻接点。然后从 V_m 开始沿原路依次回退,当回退到一个顶点 V_x,V_x 含有尚未被访问的邻接点时,则以 V_x 为出发点,继续深度优先搜索遍历下去,直到与出发点 V_0 有路径相通的顶点全部被访问完。此时,如果图 G 中还存在未被访问的顶点,则另选一个尚未访问的顶点作为新的出发点,重复上述过程,直到 G 中全部顶点都被访问过为止。

由此,可以给出深度优先搜索的递归定义。假设给定图 G 的初态是所有顶点均未曾访问过,从 G 中任选一顶点 V 为初始出发点(源点),则深度优先遍历可定义如下:首先访问源点 V;然后依次从 V 出发,搜索 V 的每个邻接点 W。若 W 未曾访问过,则以 W 为新的出发点继续进行深度优先搜索遍历,直至图中所有与源点 V 有路径相通的顶点(亦称为从源点可达的顶点)均已被访问为止。若此时图中仍有尚未访问的顶点,则另选一个尚未访问的顶点作为新的源点重复上述过程,直至图中所有顶点均已被访问为止。

图 7.14(a)给出了一个深度优先搜索遍历的例子。图中,G 是一个无向连通图,从顶点 A 出发做一次深度优先搜索遍历,能访问完 G 上的所有顶点。在图 7.14(a)中,实线箭头给出了遍历过程中向前搜索的路线,虚线箭头给出了遍历过程中回溯的路线,顶点旁标注的数字给出了对各个顶点的访问次序。最后得到深度优先搜索遍历序列为

$$A—B—C—F—D—H—E—G$$

图 7.14(b)给出了做深度优先搜索遍历时经过的 $n-1$ 条边,恰好形成了一棵生成树。我们称此树为 G 的一棵深度优先搜索生成树,简称 DFS 生成树。随着深度优先搜索走的路线不同,产生的 DFS 序列可能会不同,构成 DFS 生成树的边集也会不同。

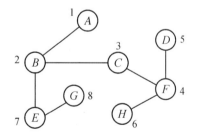

(a) 对图 G 深度优先搜索过程　　(b) G 的深度优先搜索生成树

图 7.14　深度优先搜索示例

从一个出发点出发,只能遍历完与出发点有路径相通的全部顶点,对于无向图来说,就是遍历完出发点所在的连通分量。因此对于非连通图,每个连通分量都需要指定一个出发点。

算法 7.11 和算法 7.12 给出了深度优先搜索的递归实现算法。

算法 7.11

```
int visited[MAX_VERTEX_NUM];                        //访问标志数组,全局数组
void DFSTraverse(Graph G){
    //深度优先搜索遍历图 G
    for(i = 0;i<G.vexnum;i++)   visited[i] = False;   //置未访问标志
    for(v = 0; v<G.vexnum; v++)                      //对 visited 数组循环
        if(! visited[v])   DFS(G,v);
        //从一个未访问的顶点 v 出发,对 G 做一次 DFS 遍历
}//DFSTraverse
```

算法 7.12

```
void DFS(Graph G,int v){
    //从序号为 v 的顶点出发,用递归方式深度优先搜索遍历图 G
    int w;
    visite(v);                      //访问顶点 v
    visited[v] = True;              //将顶点 v 打上访问标记
    for(w = FirstAdjVex(G,v); w! = -1; w = NextAdjVex(G,v,w))
        if(! visited[w])   DFS(G,w);
        //搜索 v 的所有邻接点 w,对尚未访问的邻接点递归调用 DFS
}//DFS
```

在算法 7.11 和 7.12 的参数表中,图 G 的类型名不是我们已经定义过的 MGraph 和 ALGraph,而是一个我们未曾定义过的"Graph"。这是因为算法中通过对基本运算 FirstAdjVex 和 NextAdjVex 的调用来实现对 v 的所有邻接点的搜索,从而隐藏了图 G 的存储表示细节。这个算法无论对邻接矩阵表示的图还是邻接表表示的图,都能适用。

分析上述算法,对图的遍历过程实质上就是对每个顶点进行一次访问,然后查找其所有邻接点的过程。所耗费的时间取决于所采用的存储结构。对于具有 n 个顶点和 e 条边的图 G 来说,当采用邻接矩阵方式存储时,查找第 i 个顶点的邻接点要搜索邻接矩阵的第 i 行;n 个顶点就搜索了整个 $n \times n$ 的方阵,时间复杂度为 $O(n^2)$。当采用邻接表方式存储时,查找 n 个顶点的邻接点则是遍历了所有边结点,所需时间为 $O(e)$,加上对顶点的访问,整个 DFS 遍历的时间复杂度为 $O(n+e)$。

显然,对于同一个图,如果从不同的顶点出发,用 DFS 算法会得到不同的 DFS 遍历序列;如果图的表示方法不同(比如,邻接表中边链的结点排列次序不同),即使从同一个顶点出发,DFS 遍历的搜索路线也可能会不同,因而可能会得到不同的 DFS 遍历序列。

下面给出两个深度优先搜索遍历的应用例子。

例 7.1 已知 V_i 和 V_j 是无向连通图 G 上的两个顶点,试输出 V_i 到 V_j 的一条简单路径。

这个问题可以利用 DFS 遍历来解决,因为 DFS 遍历过程中不会对顶点做重复访问。以 V_i 为源点,对图 G 做深度优先搜索遍历,用一个栈来记录遍历时"访问"到的顶点。在这个例子中,对顶点的"访问"的行为就是令其进栈,并判断它是否是终点 V_j,如果已经到达 V_j,则栈中保存的顶点序列就是一条 V_i 至 V_j 的简单路径。当一个顶点的所有邻接点都被打上了访问标记,也就是说这个顶点即将退出 DFS 遍历时,令其出栈。

算法 7.13

```
int visited[MAX_VERTEX_NUM] = {False};
void DFS_SimplePath(Graph G,int vi,int vj,Stack &S){
    //在连通图 G 上寻找顶点 vi 至顶点 vj 的一条简单路径,并将其输出
    //设栈 S 是一个已经被初始化的空栈
    Push(S,vi);              //vi 进栈;
    visited[vi] = True;      //给 vi 打上访问标记
    if(vi = = vj){           //搜索到了 vj
        StackTraverse(S);    //打印出自栈底至栈顶的所有顶点序列
        return;
    }
    for(w = FirstAdjVex(G,vi); w! = -1; w = NextAdjVex(G,vi,w))
        if(! visited[w]) DFS_SimplePath(G,w,vj,S);
    Pop(S,v);                //令退出 DFS 遍历的顶点 v 出栈
}
```

例 7.2 已知 V_i 和 V_j 是无向连通图 G 上的两个顶点,试输出 V_i 到 V_j 的全部简单路径。

对算法 7.13 稍作修改,就能得到解决本问题的算法。具体做法是:当一个顶点因退出 DFS 遍历而出栈时,将它的访问标志恢复成 False,以便使这个顶点可以

成为 V_i 到 V_j 其他简单路径上的一个顶点。

算法 7.14

```
int visited[MAX_VERTEX_NUM] = {False};
void DFS_All_SimplePath(Graph G,int vi,int vj,Stack &S){
    //在连通图 G 上输出顶点 vi 至顶点 vj 的全部简单路径
    //设栈 S 是一个已经被初始化的空栈
    Push(S,vi);             //vi 进栈;
    visited[vi] = True;     //给 vi 打上访问标记
    if(vi = = vj){          //搜索到了 vj
        StackTraverse(S);   //打印出自栈底至栈顶的所有顶点序列
        return;
    }
    for(w= FirstAdjVex(G,vi); w! = -1; w= NextAdjVex(G,vi,w))
        if(! visited[w]) DFS_All_SimplePath(G,w,vj,S);
    Pop(S,v);               //令退出 DFS 遍历的顶点 v 出栈
    visited[v] = False;     //将出栈顶点 v 的访问标志恢复成 False
}
```

7.3.2 广度优先搜索

广度优先搜索遍历(Breadth First Search Traversal),简称 BFS 遍历,类似于树的层序遍历,是一种相对于出发点由近及远的遍历过程。

设图 G 的初态是所有顶点均未访问过。在 G 中任选一顶点 V_0 为出发点(源点),则广度优先搜索遍历的规则是:首先访问源点 V_0,接着依次访问 V_0 的所有邻接 $V_1,V_2,\cdots,V_k$,然后再依次从 $V_1,V_2,\cdots,V_k$ 出发,访问它们的所有未曾访问过的邻接点,并使"先被访问顶点的邻接点"先于"后被访问顶点的邻接点"而被访问。依此类推,直至图中所有已被访问的顶点的邻接点都被访问到。若此时图中尚有顶点未曾被访问,则另选图中一个尚未访问的顶点作为新的源点,重复上述过程,直至图中所有顶点均被访问到为止。

可见,广度优先搜索遍历具有逐层进行的特点。出发点是第 1 层,第 2 层被访问的是出发点的所有邻接点,第 3 层被访问的是第 2 层顶点的所有未被访问过的邻接点,依次类推,第 i 层被访问的是第 $i-1$ 层顶点的所有未被访问的邻接点,……,直到找不到未曾被访问的邻接点为止。在上述访问过程中,第 $i-1$ 层上顶

点的访问先后次序,决定了对第 i 层顶点的访问先后次序。假设在第 $i-1$ 层上,顶点 V_x 先于 V_y 被访问,那么在第 i 层上就先访问顶点 V_x 的未被访问的邻接点,后访问顶点 V_y 的未被访问的邻接点。

图 7.15(a)给出了对一个无向连通图 G 做广度优先搜索遍历的例子。图中,实线箭头给出了从顶点 A 出发的搜索路线,顶点旁标注的数字给出了各个顶点的访问次序,得到一个广度优先搜索遍历序列:A—B—C—D—E—G—H—F。图 7.15(b) 给出了做广度优先搜索遍历时经过的 $n-1$ 条边,恰好形成了一棵生成树。我们称此树为图 G 的一棵广度优先搜索生成树,简称 BFS 生成树。与 DFS 生成树一样,BFS 生成树的边集也取决于做 BFS 遍历时所走过的搜索路线。

(a) 无向连通图广度优先搜索遍历过程　　　　(b) 广度优先搜索生成树

图 7.15　广度优先搜索例

广度优先搜索遍历的实现算法见算法 7.15。根据广度优先搜索的特点,算法中使用了一个队列 Q 来控制对顶点的访问先后次序。

算法 7.15

```
int visited[MAX_VERTEX_NUM];              //访问标志数组,全局变量
void BFSTraverse(Graph G){
    for(v = 0;v<G.vexnum;v++)   visited[v] = False;
    InitQueue(Q);                         //初始化一个空队列 Q
    for(v = 0;v<G.vexnum; v++){
        if(!visited[v]){
            visite(v);                    //访问顶点 v
            visited[v] = True;            //给 v 打上访问标记
            EnQueue(Q,v);                 //v 入队
            while(!QueueEmpty(Q)){
                DeQueue(Q,u);             //队头出队并置为 u
                w = FirstArc(G,u);
```

```
            while(w! = -1){           //搜索 u 的所有邻接点 w
                if(!visited[w]){      //邻接点 w 未被访问
                    visite(w);        //访问顶点 w
                    visited[w] = TRUE;//给顶点 w 打上访问标记
                    EnQueue(Q,w);     //顶点 w 入队
                }//end if
                w = NextAdjVex(G,u,w);
            }//end while
        }//end while
    }//end if
  }//end for
}//BFSTraverse
```

广度优先搜索遍历的过程实质上也是通过边或弧找邻接点的过程,因此广度优先搜索遍历图的时间复杂度与深度优先搜索遍历相同。对于具有 n 个顶点和 e 条边的图 G,当 G 用邻接表表示时,BFS 算法的时间复杂度为 $O(n+e)$,当 G 用邻接矩阵表示时,BFS 算法的时间复杂度为 $O(n^2)$。

7.4 最小生成树

设 G 是一个具有 n 个顶点的无向连通网,T 是 G 的一棵生成树,树 T 的权就是 T 中所有边的权之和。在 G 的所有生成树中,边上权之和为最小的生成树称为 G 的**最小代价生成树**(Minimum-cost Spanning Tree,MST),简称**最小生成树**。

无向连通网 G 的最小生成树不一定是唯一的,当 G 中含有相同权值的边时,有可能会形成不同形态的最小生成树。

最小生成树有很多重要的应用。例如,要在 n 个城市之间建立通信网,其中每两个城市之间都可以架设通信线路,但付出的代价可能不同。n 个城市之间最多可以架设 $n(n-1)/2$ 条通信线路,但连通 n 个城市最少只需架 $n-1$ 条线路。如果要为构建这个通信网设计一个成本最低的方案,可以用图来描述这个问题:每个城市是图中的一个顶点,城市之间的架设的通信线路是边,边上的权是建设成本;不同的通信线路设计方案就是设计不同的生成树,其中建设成本最小的方案就

是最小代价生成树。

求解无向连通网最小生成树有很多经典算法,其中最常用的是普里姆(Prim)算法和克鲁斯卡尔(Kruskal)算法。在介绍这两个算法之前,先介绍最小生成树的性质。

最小生成树(MST)性质:设无向连通图 $G=(V,E)$,U 是顶点集 V 的一个非空子集。若 (u,v) 是一条具有最小权值的边,其中 $u \in U, v \in V-U$,则必存在一棵包含边 (u,v) 的最小生成树(证明略)。

为了叙述上的方便,我们将 MST 性质中的 U 集称为红点集,$V-U$ 集称为蓝点集。也就是说在 $G(V)$ 中,一部分顶点被染成红色,称为红点;剩下的全染成蓝色,称为蓝点。称依附于两个红点的边为红边,依附于两个蓝点的边为蓝边,依附于一个红点一个蓝点的边为紫边,这样 $G(E)$ 中仅存在红、蓝、紫 3 种颜色的边。

MST 性质告诉我们,红、蓝点集的划分是任意的。在任意一种划分下,权最小的紫边必将会出现在某一棵最小生成树的边集中。

Prim 算法正是利用了这个 MST 性质来求解最小生成树的。即,如果对 G 的顶点集进行 $n-1$ 次不同的红、蓝点集划分,而且在每次划分中能得到 1 条与其他划分不重复的最小紫边,这些紫边恰好能连通 G 的 n 个顶点,则这 $n-1$ 条紫边便构成了所求最小生成树的边集。

Prim 算法的具体做法是:

设无向连通网 $G=(V,E)$,所求的最小生成树为 $T=(U,TE)$,其中,U 是 T 的顶点集,TE 是 T 的边集。

首先任选一个顶点 v_0 作为红点,T 的初态为 $U=\{v_0\}$,$TE=\{\ \}$。

这是第 1 种划分状态:红点集中有 1 个红点,蓝点集中有 $n-1$ 个蓝点。在此划分下执行下列操作:

(1) 找出这个划分下的 1 条最小紫边,不妨设为 (v_0, v_k);

(2) 将此最小紫边加入到 T 的边集 TE 中,即 $TE = TE + \{(v_0, v_k)\}$;

(3) 将此最小紫边中的蓝点 v_k 变成红点,并入红点集,即 $U = U + \{v_k\}$。

于是进入了第 2 种划分状态,即红点集中有 2 个红点,蓝点集中有 $n-2$ 个蓝点。对第 2 种划分重复做与第 1 种划分同样的操作后,又往 U 中添加了 1 个红点,TE 中添加了 1 条,这样便进入了第 3 种划分状态……。如此进行下去,直到 $U=V$ 为止。

图 7.16 给出了一个连通网最小生成树的形成过程。图中,加阴影线的顶点代表红点,没加阴影线的顶点代表蓝点,虚线代表紫边,实线是加入到最小生成树边集中的边。

显然，Prim 算法的关键是如何在候选紫边集中找到最小紫边来扩充最小生成树 T 的边集。为了缩小检索范围，有必要对候选紫边集做精简处理。

从图 7.16 可见，在一种划分下，每个蓝点可能与多个红点相关联。比如，在图 7.16(d) 中，蓝点 B 通过 3 条紫边 (B,A), (B,D) 和 (B,E) 分别与红点 A、D 和 E 相关联。其中紫边 (B,D) 和 (B,E) 不可能成为候选紫边集中的最小边，因为它们的权值大于边 (B,A) 的权，所以应该被淘汰掉。因此，我们可以精简候选紫边集，即令每个蓝点仅保留 1 条权最小的紫边作为候选紫边，而淘汰掉其他权值较大的紫边。这就要求每当一个新红点 v_k 并入红点集后，必须更新候选紫边集。更新的方法是：对每一个蓝点 v_j，如果新紫边 (v_k, v_j) 小于 v_j 原来关联的候选紫边，就用新紫边置换老紫边。

图 7.16 最小生成树的构造过程

图 7.17 给出了做了精简处理后最小生成树的构造过程。以图 7.17(c) 为例，当顶点 D 成为新红点时，对蓝点 B 我们用权值为 6 的新紫边 (B,D) 置换了权值为 7 的老紫边 (B,A)；对于蓝点 E，我们用权值为 1 的新紫边 (E,D) 置换了权值为 ∞ 的老紫边 (E,A)。

由此，Prim 算法可描述为：

置 U = {v0}, TE = { };
while(U≠V){
    从候选紫边集中选一条最小紫边(u,v);
    将(u,v)添加到 TE 中，蓝点 v 变成红点添加到 U 集中；
    更新候选紫边集；
}

图 7.17 改进的最小生成树构造过程

为了实现 Prim 算法，我们采用以下数据结构：

图的存储结构：邻接矩阵

为了表示生成树的边集，设置两个一维数组 lowcost[n] 和 adjvex[n]，其中

    lowcost[i]：存放蓝点 v_i 所关联的候选紫边的权值

    adjvex[i]：存放依附于该候选紫边的红点

设 (v_j, v_i) 是蓝点 v_i 所关联的候选紫边，则此边表示为 lowcost[i] = w，adjvex[i] = j。当蓝点 v_i 所关联的最小紫边被选中加入最小生成树时，置 lowcost[i] = 0，表示 v_i 已经变成了红点。

算法 7.16

```
void Prim(MGraph G,int v0,int adjvex[ ]){
    //从序号为 v0 的顶点出发,构造连通网 G 的最小生成树
    //adjvex[ ]用来存放最小生成树的边集
    int lowcost[MAX_VERTEX_NUM];           //定义辅助数组
    for(j = 0;j<G.vexnum;j++)              //用邻接矩阵的 v0 行初始化 lowcost
        if(j! = v0){
            lowcost[j] = G.arcs[v0][j];
            adjvex[j] = v0;
        }
    lowcost[v0] = 0;                       //将 v0 标记为红点
    for(i = 0;i<G.vexnum;i++){
        k = MinEdge(lowcost,G.vexnum);
        //在 lowcost 数组中选最小权值的紫边,k 是最小紫边的下标
        printf("( %d, %d), %d)\n",k,adjvex[k],lowcost[k]);
                                           //输出最小生成树上的一条边
        lowcost[k] = 0;                    //vk 变成红点
        for(j = 0;j<G.vexnum;j++){         //调整紫边集
            if(G.arcs[k][j]<lowcost[j]){
                adjvex[j] = k;             //将 vj 的候选紫边所关联的红点改成 vk
                lowcost[j] = G.arcs[k][j]; //调整 vj 候选紫边的权
            }
        }
    }
}//Prim
```

图 7.18(a)给出了如图 7.17(a)所示无向网的邻接矩阵。图 7.18(b)给出了最小生成树构成过程中,数组 lowcost[ ]和 adjvex[ ]每步的数据状态。

分析算法 7.16,设无向网 G 中含有 n 个顶点,则算法的第一个循环语句的执行频度为 n;第二个循环语句的执行频度为 $n-1$,其中内嵌了两个循环语句,一个是在 lowcost 数组中求最小值,频度为 n,另一个是调整候选紫边集,频度是 $n-1$。故 Prim 算法的时间复杂度为 $O(n^2)$,适合于求稠密网的最小生成树。

克鲁斯卡尔算法(Kruskal)从另一个途径构造最小生成树。

设无向连通网 $G=(V,E)$，G 的最小生成树为 $T=(U,TE)$，克鲁斯卡尔算法的基本思路是：

生成树的初态为 $U=V$，$TE=\{\ \}$，即生成树中只包含 n 个顶点，不包含边，每个顶点自成一个连通分量，共有 n 个连通分量。然后将边集 E 按权值不减的顺序排列，依次考察边 E 中的每一条边。如果被考察的边依附的两个顶点分别在 T 的两个连通分量上，即在 T 中加入此边后不会产生回路，则将此边加入到最小生成树的边集 TE 中，同时用这条边把两个连通分量连接成一个连通分量；反之，如果被考察的边依附的两个顶点属于同一个连通分量，则舍弃此边。如此执行下去，当 T 中的连通分量个数为 1 时，此连通分量即为所求的一棵最小生成树。

G.vexs	0	1	2	3	4	5
	A	B	C	D	E	F

G.arcs	0	1	2	3	4	5
0	∞	7	4	3	∞	7
1	7	∞	∞	6	5	2
2	4	∞	∞	8	5	∞
3	3	6	8	∞	1	∞
4	∞	5	5	1	∞	∞
5	7	2	∞	∞	∞	∞

(a) 如图 7.17(a)所示无向网的邻接矩阵

初态	0	1	2	3	4	5
adjvex		0	0	0	0	0
lowcost	0	7	4	3	∞	7

第 1 步，$k=3$	0	1	2	3	4	5
adjvex		3	0	0	3	0
lowcost	0	6	4	0	1	7

第 2 步，$k=4$	0	1	2	3	4	5
adjvex		4	0	0	3	0
lowcost	0	5	4	0	0	7

第 3 步，$k=2$	0	1	2	3	4	5
adjvex		4	0	0	3	0
lowcost	0	5	0	0	0	7

第 4 步，$k=1$	0	1	2	3	4	5
adjvex		4	0	0	3	1
lowcost	0	0	0	0	0	2

第 5 步，$k=5$	0	1	2	3	4	5
adjvex		4	0	0	3	1
lowcost	0	0	0	0	0	0

(b) 辅助数组的数据状态

图 7.18 构造最小生成树过程中辅助数组的数据状态

图 7.19 给出了用克鲁斯卡尔算法构造一棵最小生成树的过程。图 7.19(a)给出了如图 7.17(a)所示无向网的 10 条边，并按权值非递减有序排列。依次考察这

10条边,第0~3条边(D,E)、(B,F)、(A,D)和(A,C)符合上述条件,依次被加入到 T 中;第 4 条边(C,E)若加入到 T 中,将使 T 产生回路,故舍弃;第 5 条边(B,E)可连接两个连通分量,可加入 T。至此,T 已经成为一个连通图,这个连通图就是所求的一棵最小生成树。

	0	1	2	3	4	5	6	7	8	9
始点	D	B	A	A	C	B	B	A	A	C
终点	E	F	D	C	E	E	D	B	E	D
权	1	2	3	4	5	5	6	7	7	8

(a) 如图 7.17(a)所示无向网的边集,按权值非递减有序排列

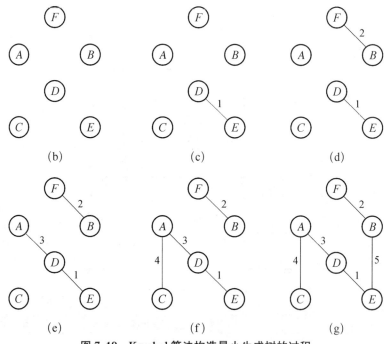

图 7.19 Kruskal 算法构造最小生成树的过程

7.5 拓 扑 排 序

有向无环图(Directed Acyclic Graph,DAG),顾名思义,是指不存在回路的有

向图。有向无环图可以用来表示工程的进程,如施工的进度、课程学习计划、生产的流程等。除了最简单的情况之外,大部分工程可分为若干个称为"活动"的子工程。这些活动之间往往存在相互制约关系,其中某些活动必须在另外一些活动完成之后才能开始。

在一个表示工程的有向图中,顶点表示工程中的活动,有向边表示活动之间的优先关系,称这样的有向图为顶点**表示活动网**(Acitvity On Vertex Network),简称 **AOV 网**。

在 AOV 网中,若顶点 u 与顶点 v 之间存在一条弧$\langle u,v \rangle$,则表示活动 u 必须优先于活动 v 完成,称 u 为 v 的直接前驱,称 v 为 u 的直接后继。若 AOV 网中存在从顶点 u 到顶点 v 的路径$\langle u,v_{i1},v_{i2},\cdots,v \rangle$,则称 u 为 v 的前驱,称 v 为 u 的后继。

例如,计算机专业学生学习的课程之间存在先修关系,如图 7.20(a)所示,这种课程之间的先修关系可以用 AOV 网来表示,如图 7.20(b)所示。

课程编号	课程名称	先修课
C_1	高等数学	无
C_2	程序设计语言	C_1,C_6
C_3	离散数学	C_1
C_4	数据结构	C_3,C_2
C_5	计算机原理	C_6,C_2
C_6	计算机导论	无
C_7	操作系统	C_4,C_5

(a) 课程计划　　　　　　　　　　(b) AOV 网

图 7.20　课程之间先后关系的 AOV 网

AOV 网中不应存在环,否则顶点之间的优先关系就进入了死循环,这意味着某些活动的开始将以自身完成为先决条件,这显然是自相矛盾的。

拓扑序列:设 $G=(V,E)$ 是一个具有 n 个顶点的有向图,V 中的顶点序列 $v_1,v_2,\cdots,v_n$ 称为一个拓扑序列,当且仅当满足下列条件:若从顶点 v_i 到 v_j 有路径,则在上述顶点序列中顶点 v_i 必在 v_j 之前。

拓扑排序:对一个有向图构造拓扑序列的过程。

一般,一个 AOV 网的拓扑序列可能不唯一。比如,对图 7.20(b)所示的 AOV 网进行拓扑排序,可以得到 $C_1C_3C_6C_2C_4C_5C_7$、$C_1C_3C_6C_2C_5C_4C_7$、$C_6C_5C_1C_2$

$C_3C_4C_7$ 等拓扑序列。这些拓扑序列的实际意义是:如果某学生一次只学习一门课程,那么他必须按照某个拓扑序列的次序来学习,这样能保证在学习任何一门新课时,这门课的先修课已经学习过。

如果一个有向图中存在环,则该图的拓扑序列不存在。

对 AOV 网进行拓扑排序的基本方法是:

(1) 在 AOV 网中任选一个入度为 0 的顶点,输出该顶点;

(2) 从 AOV 网中删除该顶点,并删除这个顶点的所有出边;

(3) 重复(1)和(2),直到 AOV 网中不再有入度为 0 的顶点为止。

这样操作的结果有两种:一种是网中全部顶点都被输出,拓扑排序完成;另外一种就是网中还有未能输出的顶点,说明网中含有回路,不存在拓扑序列。

下面用邻接表作为 AOV 网的存储结构,讨论实现拓扑排序的算法。为了便于操作,增设一个辅助一维数组 InDegree,用来存放每个顶点的入度。"删除顶点所有出边"的操作就是将该顶点所有出边邻接点的入度值减 1。"任选一个入度为 0 的顶点"的操作只要对 InDegree 数组进行查找即可。为了避免重复查找,可以用一个栈来暂存已知的入度为 0 的顶点。

算法 7.17 给了出拓扑排序的算法。

算法 7.17

```
void TopologicalSort(ALGraph G){
    //G用邻接表表示,输出一个拓扑序列
    //如果 G 中存在回路,给出错误信息
    int count = 0;                              //输出顶点个数的计数器
    int InDegree[MAX_VERTEX_NUM] = {0};
                                                //定义用于存放顶点入度值的辅助数组,初始化为 0
    InitStack(S);                               //初始化一个空栈
    for(i = 0; i<G.vexnum; i++)                 //遍历所有边链,求每个顶点的入度
        for(p = G.vertices[i].firstarc; p; p = p->nextarc)
            InDegree[p->adjvex]++;
    for(i = 0; i<G.vexnum; i++)
        if(InDegree[i] == 0) Push(S,i);         //入度为 0 的顶点进栈
    while(! StackEmpty(S)){
        Pop(S,j);                               //入度为 0 的顶点 Vj 出栈
        cout<<G.vertices[j].data;               //输出 Vj
        count++;                                //输出顶点个数计数
```

```
        for(p=G.vertices[j].firstarc; p; p=p->nextarc){
            k=p->adjvex;
            InDegree[k]--;                   //Vj出边邻接点的入度值减1
            if(InDegree[k]==0) Push(S,k);    //如果入度为0,进栈
        }//end for
    }//end while
    if(count<G.vexnum) cout<<"该图有环";
}//TopologicalSort
```

算法分析:设 AOV 网中含有 n 个顶点和 e 条边。计算各个顶点入度的时间复杂度为 $O(e)$;将入度为 0 的顶点压进栈,时间复杂度为 $O(n)$;拓扑排序过程中,每个顶点进栈 1 次,出栈 1 次;入度减 1 的操作为 e 次;所以整个算法的时间复杂度为 $O(n+e)$。

对于有向无环图,也可利用图的 DFS 遍历进行拓扑排序。由于图中无环,所以从某入度为 0 出发进行 DFS 遍历,最先退出遍历的顶点一定是一个出度为 0 的顶点,它也是拓扑序列的最后一个顶点。由此,用一个栈来记录每一个退出 DFS 遍历的顶点,遍历结束时,则自栈顶至栈底的顶点序列就是一个拓扑序列。

7.6 关 键 路 径

与 AOV 网密切相关的另一种有向网是 AOE 网。在有向无环的带权图中,用有向边表示一个工程的各个活动(Activity),有向边上的权值表示活动的持续时间(Duration),用顶点表示事件(Event),这样的有向图称为**边表示活动的网络**(Activity On Edge Network),简称 **AOE 网**。

这种 AOE 网在一些工程的估算方面非常有用,比如完成整个工程至少需要多长时间? 为了缩短整个工程的工期,应当加快哪些活动?

在表示工程的 AOE 网中,有一个入度为 0 的顶点,称为**源点**(Source),源点表示工程的开始;有一个出度为 0 的顶点,称为**汇点**(Converge),汇点表示工程的结束。

例如,图 7.21 给出了一个 AOE 网,包含了 11 项活动 $a_1,a_2,\cdots,a_{11}$ 和 9 个事

件 $V_1, V_2, \cdots, V_9$。在 AOE 网中,"事件"的含义是:当事件的入边活动全部完成,该事件就发生了,该事件之后的活动可以开工了,或者说事件触发了其出边活动的开始。比如,事件 V_1 表示整个工程的开始,是源点;事件 V_9 表示整个活动的结束,是汇点;事件 V_5 表示入边的两个活动 a_4 和 a_5 都已完成,出边的两个活动 a_7 和 a_8 可以开始。

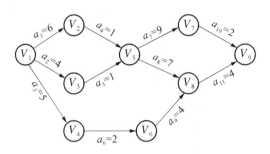

图 7.21 一个 AOE 网

在 AOE 网中,源点到汇点的最长路径叫做**关键路径**。比如,在图 7.21 中,源点到汇点的最长路径有两条:$(V_1, V_2, V_5, V_7, V_9)$ 和 $(V_1, V_2, V_5, V_8, V_9)$,长度都是 18,它们都是关键路径。关键路径上的活动称为**关键活动**。

由于在 AOE 网中某些活动可以并列进行(比如图 7.21 中的 a_1 和 a_2),因此,完成整个工程所需的最短时间就是关键路径的长度,也就是关键路径上各项活动持续时间的总和。若要缩短整个工程的工期,就需要加快某些关键活动的进度。

为了找出关键路径,必须先求出关键活动。在求关键活动时,需要定义以下几个参量:

(1) 事件 v_k 的最早发生时间 $ve(k)$:从源点到顶点 v_k 的最长路径长度;

(2) 事件 v_k 的最迟发生时间 $vl(k)$:在不推迟整个工程工期的前提下,事件 v_k 允许的最迟发生时间,它是汇点的最迟发生时间减去 v_k 到汇点的最长路径长度;

(3) 活动 a_i 的最早开始时间 $e[i]$:活动 a_i 能够开工的最早时间,是 a_i 弧尾事件的最早发生时间;

(4) 活动 a_i 的最迟开始时间 $l[i]$:在不推迟整个工程工期的前提下,a_i 允许的最迟开工时间,是 a_i 弧头事件的最迟发生时间减去 a_i 的持续时间。

活动 a_i 的最迟开始时间和最早开始时间之差 $l[i]-e[i]$ 意味着完成活动 a_i 的时间余量。如果 $l[i]-e[i]=0$,活动 a_i 就是关键活动。显然,提前完成非关键活动并不能加快工程的进度。例如,在如图 7.21 所示的 AOE 网中,活动 a_6 的最

早开始时间 $e[6]=5$,最迟开始时间 $l[6]=8$,这意味着 a_6 推迟 3 天开始或拖延 3 天完成都不会影响整个工程的完成。因此分析关键路径的目的是辨别哪些是关键活动,为生产的管理和安排提供依据,以便提高某些关键活动的工效,缩短整个工期。

下面讨论各参量的计算方法:

(1) 事件 v_k 的最早发生时间 $ve(k)$

源点表示工程的开始,源点的最早发生时间定义为 0;其余顶点的最早开始时间可以递推计算:

$$\begin{cases} ve[1] = 0 \\ ve[k] = \max\{ve[j] + 活动\langle v_j, v_k\rangle 的持续时间\}, \\ \qquad \langle v_j, v_k\rangle \in 顶点\ v_k\ 的入边集合 \end{cases}$$

这个递推公式必须按拓扑序列的排列次序进行,也就是说,顶点 v_k 的最早发生时间 $ve[k]$ 必须在 v_k 的所有前驱顶点的最早发生时间都已经求得了之后才能确定。

(2) 事件 v_k 的最迟发生时间 $vl(k)$

汇点的最迟发生时间等于汇点最早开始时间。其余顶点的最迟开始时间可以递推计算:

$$\begin{cases} vl[n] = ve[n] \\ vl[k] = \min\{vl[j] - 活动\langle v_k, v_j\rangle 的持续时间\}, \\ \qquad \langle v_k, v_j\rangle \in 顶点\ vk\ 的出边集合 \end{cases}$$

同样,这个递推公式必须按拓扑序列的逆序次序进行,也就是说,顶点 v_k 的最迟发生时间 $vl[k]$ 必须在 v_k 的所有后继顶点的最迟发生时间已经求得了之后才能确定。

(3) 活动 a_i 的最早开始时间 $e[i]$

设活动 a_i 是由弧 $\langle v_k, v_j\rangle$ 表示,则 $e[i] = ve[k]$。

(4) 活动 a_i 的最迟开始时间 $e[i]$

设活动 a_i 是由弧 $\langle v_k, v_j\rangle$ 表示,则 $l[i] = vl[j] - \langle v_k, v_j\rangle$ 的持续时间。

由此,我们可以给出求关键路径的基本过程:

(1) 对 AOE 网进行拓扑排序;

(2) 从源点 v_1 出发,令 $ve[1]=0$,按拓扑序列的次序递推求出其余各顶点的最早发生时间 $ve[i](1 \leqslant i \leqslant n)$;

(3) 从汇点 v_n 出发,令 $vl[n]=ve[n]$,按拓扑序列的逆序递推求出其余各顶点的最迟发生时间 $vl[i](n \geqslant i \geqslant 1)$;

(4) 根据依附于每条弧的顶点的最早发生时间 ve 和最迟发生时间 vl，求出该弧的最早开始时间 $e[i]$ 和最迟开始时间 $l[i]$ ($1 \leqslant i \leqslant e$)；

(5) 找出所有满足条件 $e[i] == l[i]$ ($1 \leqslant i \leqslant e$) 的活动，它们就是所求的关键活动。

如图 7.21 所示的 AOE 网有拓扑序列：

$$V_1, V_2, V_3, V_4, V_5, V_6, V_7, V_8, V_9$$

图 7.22 给出了按这个拓扑序列递推求出的各顶点的 $ve[i]$ 和 $vl[i]$ ($1 \leqslant i \leqslant 9$)，进而求出的各条弧的 $e[i]$ 和 $l[i]$ ($1 \leqslant i \leqslant 11$)。

	1	2	3	4	5	6	7	8	9
顶点	V_1	V_2	V_3	V_4	V_5	V_6	V_7	V_8	V_9
$ve[i]$	0	6	4	5	7	7	16	14	18
$vl[i]$	0	6	6	8	7	10	16	14	18

	1	2	3	4	5	6	7	8	9	10	11
活动	a_1	a_2	a_3	a_4	a_5	a_6	a_7	a_8	a_9	a_{10}	a_{11}
$e[i]$	0	0	0	6	4	5	7	7	7	16	14
$l[i]$	0	2	3	6	6	8	7	7	10	16	14
$l[i]-e[i]$	0	2	3	0	2	3	0	0	3	0	0

图 7.22 如图 7.21 所示 AOE 网中顶点的发生时间和活动的开始时间

从图 7.22 得知，满足 $l[i]-e[i]=0$ 的关键活动有 6 个，分别是 a_1、a_4、a_7、a_8、a_{10}、a_{11}，它们组成了两条关键路径 $(V_1, V_2, V_5, V_7, V_9)$ 和 $(V_1, V_2, V_5, V_8, V_9)$。其中，任何一个关键活动的拖延，都将导致整个工程推迟完成。但只有加快两条关键路径上的公共活动 a_1 和 a_4 才能使整个工程提前完成。而加快关键活动 a_7、a_{10} 只能使路径 $(V_1, V_2, V_5, V_7, V_9)$ 不再是关键路径；加快关键活动 a_8、a_{11} 只能使路径 $(V_1, V_2, V_5, V_8, V_9)$ 不再是关键路径。

7.7 最短路径

一般，在带权图和无权图中，最短路径的含义是不同的。

在无权图中，顶点 v_i 到顶点 v_j 之间的最短路径是指它们之间经过的边数最少的路径。若要求顶点 v_0 到图中其余各顶点之间边数最少的路径(如果可达)，可以利用图的广度优先搜索遍历。以 v_0 为出发点对图做一次广度优先搜索遍历,在由此产生的 BFS 生成树上,顶点 v_0 到其他各顶点的路径就是所求的最短路径。

在带权图中,顶点 v_i 到顶点 v_j 之间的最短路径是指它们之间经过的边上权之和为最少的路径。

例如,在图 7.23 所示的有向带权图 G_7 中,顶点 A 到顶点 E 之间有 5 条路径:

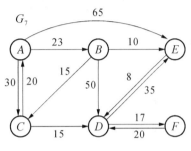

路径	路径长度
A—B—E	33
A—C—D—E	53
A—B—D—E	108
A—E	65
A—B—C—D—E	88

图 7.23 有向带权图 G_7

其中,最短路径是 $A—B—E$。

显然,如果把无权图上每条边看成权值等于 1 的边,则无权图和带权图最短路径的定义是一致的。

下面讨论单源最短路径问题。所谓单源最短路径是指从带权图中一个确定的顶点 v_0 到其余各顶点的最短路径,出发点 v_0 称为源点。

例如,图 7.24 给出了有向带权图 G_7 中源点 A 到其余各顶点之间的最短路径。

序号	始点	中转点	终点	路径长度
1	A	无	B	23
2	A	无	C	30
3	A	B,E	D	41
4	A	B	E	33
5	A	B,E,D	F	58

图 7.24 有带权图 G_7 中顶点 A 到其余各顶点的最短路径

单源最短路径的一个应用实例是关于计算机网络传输的问题:怎样找出一种最经济的路径,从一台计算机向网络中其他机器发送消息。

如何求这些路径? Dijkstra 提出了一个"按路径长度递增的顺序逐步产生最短路径"的方法,称为 Dijkstra 算法。这个算法要求边上的权值>0。

按照 Dijkstra 提出的方法,对 G_7 求源点 A 到其余各顶点的最短路径,各条路径产生的顺序如图 7.25 所示。仔细观察图 7.25 可以发现,源点到达某个顶点 v_x 的最短路径上如果有中转点,这些中转点的最短路径已经先于 v_x 被确定了。比如,在第 4 步求出的源点 A 到达终点 D 的最短路径 $ABED$ 上,经过了两个中转点 B 和 E,而源点 A 到终点 B 和源点 A 到终点 E 的最短路径已经在第 1 步和第 3 步中被确定。

求解顺序	始点	中转点	终点	路径长度
第 1 步	A	无	B	23
第 2 步	A	无	C	30
第 3 步	A	B	E	33
第 4 步	A	B,E	D	41
第 5 步	A	B,E,D	F	58

图 7.25 用 Dijkstra 算法对 G_7 求解,路径产生的顺序

Dijkstra 算法的基本思路是:给定带权图 $G=(V,E)$,设集合 S 中存放已经找到最短路径的顶点,初态时 S 中只包含一个源点 v_0;$V-S$ 中是尚未找到最短路径的顶点。在求解过程中,不断地从 $V-S$ 中选取到源点 v_0 路径长度最短的顶点 v_k,将 v_k 加入到集合 S 中,直到 $S=V$。

设带权图 G 中含有 n 个顶点,为了便于计算,G 采用邻接矩阵表示,并使用 3 个辅助数组 D、P 和 S,它们的作用如下:

一维数组 $D[n]$:$D[i]$ 中存放当前计算出的源点 v_0 到序号为 i 的顶点 v_i 的最短路径长度;初态时

$$D[i] = \begin{cases} 弧\langle v_0, v_i \rangle 的权, & 如果 \langle v_0, v_i \rangle \in E \\ \infty, & 反之 \end{cases}$$

在求解的每一步,只要源点到 v_i 的最短路径尚未被最终确定,$D[i]$ 的值就会被不断地修正,越来越小。

二维数组 $P[n][n]$:$P[i]$ 中存放与 $D[i]$ 相应的路径上的顶点序列,初态时

$$P[i] = \begin{cases} v_0, v_i, & 如果 \langle v_0, v_i \rangle \in E \\ 空, & 反之 \end{cases}$$

一维数组 $S[n]$:起标志作用,$S[i]=0$ 表示顶点 v_i 的最短路径尚未最终确定(v_i 在集合 $V-S$ 中),$S[i]=1$ 表示顶点 v_i 的最短路径已经确定(v_i 在集合 S 中)。初

态时,置 $S[v_0]=1$,其余为 0。

设第一条被确定的最短路径为 (v_0, v_k),其中 k 满足
$$D[k] = \min\{D[i] \mid v_i \in V - v_0\}$$

那么,下一条最短路径是哪一条呢?假设下一条最短路径的终点是 v_j,那么它或者是 (v_0, v_j),或者是 (v_0, v_k, v_j)。其长度或者是边 $\langle v_0, v_j \rangle$ 的权,或者是 $D[k]$ + 边 $\langle v_k, v_j \rangle$ 的权。

一般情况下,若 $v_k \in V - S$ 且 $D[k]$ 为最小,则 $(v_0, \cdots, v_k)$ 是当前求得的一条最短路径,将 v_k 并入 S 集,同时对 $V-S$ 中的每一个顶点 v_i,比较 $(v_0, \cdots, v_i)$ 与 $(v_0, \cdots, v_k, v_i)$ 的长度,如果后者比前者更小,则更新 v_0 到 v_i 的路径,即令 $D[i] = \min(D[i], D[k] + G.arcs[k][i])$。

这样,Dijkstra 算法的求解过程可描述为:

初始化 S,D,P 数组;
   while(S≠V){
      (1) 选取出 S[k]=0 且 D[k] 为最小的顶点 v_k;
      (2) 将 v_k 并入 S 集中;
      (3) 修正集合 V-S 中各顶点 vi 的最短路径,令
          D[i] = min(D[i], D[k]+G.arcs[k][i])
}

下面给出 Dijkstra 算法的实现。

算法 7.18

```
void Dijkstra(MGraph G, int v0, int D[MAX_VERTEX_NUM],
              int P[ ][MAX_VERTEX_NUM]){
//带权图 G 用邻接矩阵表示,求顶点 v0 到其余各顶点的最短路径
//数组 D 存放各条最短路径的长度
//数组 P 存放各条最短路径的顶点序列
    int S[MAX_VERTEX_NUM] = {0};      //定义并初始化辅助数组 S
    for(i=0;i<G.vexnum;i++){          //初始化 D 和 P
        D[i] = G.arcs[v0][i];
        if(D[i]! = INFINITY){
            P[i][0] = v0; P[i][1] = i; P[i][2] = -1; }
                                      //用-1作为路径结束的标志
```

```
    }
    S[v0] = 1;                          //源点 v0 并入 S 集
    D[v0] = 0;
    for(i = 1;i<G.vexnum;i++){          //主循环,求 n-1 条最短路径
        min = INFINITY;
        for(j = 0;j<G.vexnum;j++)       //在 V-S 中找最短路径
            if(! S[j]&&D[j]<min){ min = D[j]; k = j;}
        S[k] = 1;                       //vk 并入 S 集
        for(j = 0;j<G.vexnum;j++)       //修正 V-S 各顶点的最短路径
            if(! S[j] && D[k] + G.arcs[k][j]<D[j]){
                D[j] = D[k] + G.arcs[k][j];
                for(w = 0;P[k][w]! = -1;w++) P[j][w] = P[k][w];
                P[j][w] = j; P[j][w+1] = -1;
            }//end if
    }//end for i
}//Dijkstra
```

Dijkstra 算法的时间复杂度为 $O(n^2)$。

例如,图 7.23 所示有向网 G_7 的邻接矩阵如图 7.26 所示。

G.vexs	0	1	2	3	4	5
	A	B	C	D	E	F

G.arcs	0	1	2	3	4	5
0	∞	23	30	∞	65	∞
1	∞	∞	15	50	10	∞
2	20	∞	∞	15	∞	∞
3	∞	∞	∞	∞	35	17
4	∞	∞	∞	8	∞	∞
5	∞	∞	∞	20	∞	∞

图 7.26 如图 7.23 所示有向网 G_7 的邻接矩阵

若用 G_7 的邻接矩阵调用 Dijkstra 算法,求源点 A 到其余各顶点的最短路径,算法执行过程中数组 D、S 和 P 的变化状态如图 7.27 所示。

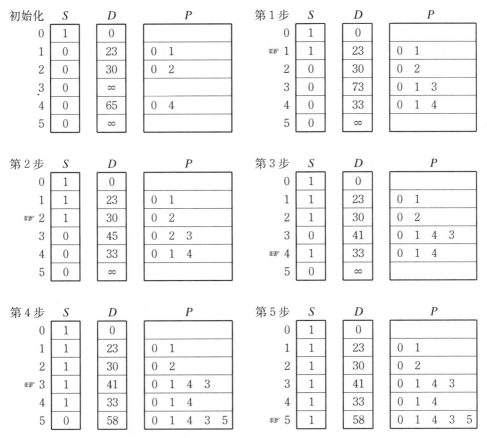

图 7.27 用 Dijkstra 算法对 G_7 求解的过程

7.8 本章小结

  图是很重要的非线性结构。本章介绍了图的概念和相关术语,给出了图最常用的两种表示方法:邻接矩阵表示法和邻接表表示法,并介绍了图的一些基本运算在这两种表示方法上的实现。
  本章介绍了图的两种遍历方法:深度优先搜索遍历,它类似于树的先根遍历;广度优先搜索遍历,它类似于树的层序遍历。

本章讨论了图的几个经典问题的求解，包括求解最小生成树的 Prim 算法和 Kruskal 算法、拓扑排序算法、关键路径的概念和求关键路径的算法、求解单源最短路径的 Dijkstra 算法。

习　题

7.1　已知有向图 G 如题图所示，请给出该图的：

(1) 邻接矩阵表示法示意图；

(2) 邻接表表示法示意图；

(3) 逆邻接表表示法示意图；

(4) G 的所有强连通分量。

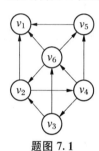

题图 7.1

7.2　已知图 G 的邻接矩阵如题图所示。写出该图从顶点 V_1 出发的深度优先搜索遍历序列和广度优先搜索遍历序列，并画出相应的深度优先搜索生成树和广度优先搜索生成树。

G.vexs	0	1	2	3	4	5	6	7	8	9
	V_1	V_2	V_3	V_4	V_5	V_6	V_7	V_8	V_9	V_{10}

G.arcs	0	1	2	3	4	5	6	7	8	9
0	0	0	0	0	0	1	0	1	0	
1	0	0	1	0	0	1	0	0	0	
2	0	0	0	1	0	0	1	0	0	
3	0	0	0	0	1	0	0	0	1	0
4	0	0	0	0	0	1	0	0	0	1
5	1	1	0	0	0	0	0	0	0	0
6	0	0	1	0	0	0	0	0	1	0
7	1	0	0	1	0	0	0	0	1	0
8	0	0	0	0	1	0	1	0	0	1
9	1	0	0	0	0	1	0	0	0	0

题图 7.2

7.3　无向图 G 如题图所示。

(1) 给出 G 的邻接矩阵示意图；
(2) 给出 G 的邻接表示意图；
(3) 给出从顶点 A 出发,用 Prim 算法求解的最小生成树；
(4) 给出用 Kruskal 算法求解的最小生成树。

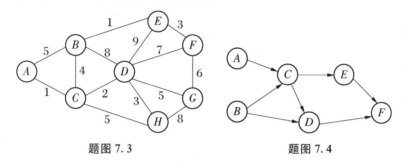

题图 7.3　　　　　　　　　题图 7.4

7.4　有向图 G 如题图所示,试给出其所有可能的拓扑序列。

7.5　试利用 Dijkstra 算法求题图中顶点 A 到其他各顶点之间的最短路径。要求写出执行算法过程中数组 D、P 和 S 各步的状态。

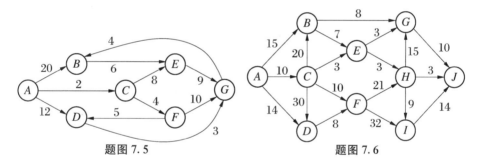

题图 7.5　　　　　　　　　题图 7.6

7.6　一个有向无环网如题图所示,求:
(1) 给出它的一个拓扑序列；
(2) 计算每个顶点的最早发生时间和最迟发生时间；
(3) 计算每条弧的最早开始时间和最迟开始时间；
(4) 给出它的关键路径；缩短某些弧的持续时间将使关键路径变短,请给出这些弧。

7.7　试在邻接矩阵存储结构上实现图的基本操作：InsertVex(G, v), InsertArc(G, v, w), DeleteVex(G, v) 和 DeleteArc(G, v, w)。

7.8　试在邻接表存储结构上实现图的基本操作：InsertVex(G, v), InsertArc(G, v, w), DeleteVex(G, v) 和 DeleteArc(G, v, w)。

7.9　设具有 n 个顶点的有向图用邻接表存储。试写出计算所有顶点入度的算法,可将每个顶点的入度值分别存入一维数组 int Indegree[n] 中。

7.10　有向图 G 用邻接表存储,试写一个算法,输出 G 中奇度顶点个数和偶度顶点个数。

7.11 假设有向图以邻接表作为存储结构。试基于图的深度优先搜索策略写一算法,判断有向图中是否存在由顶点 V_i 至顶点 $V_j(i!=j)$ 的简单路径。

7.12 假设有向图以邻接表作为存储结构。试基于图的广度优先搜索策略写一算法,判断有向图中是否存在由顶点 V_i 至顶点 $V_j(i!=j)$ 的简单路径。

7.13 以邻接表作为存储结构,实现求单源最短路径的 Dijkstra 算法。

7.14 以邻接表作为存储结构,实现求最小生成树的 Prim 算法。

7.15 试分别写出构造图 G 的 DFS 生成森林和 BFS 生成森林的算法(设森林用二叉链表存储)。

第 8 章 查 找 表

查找/检索(Search)是所有计算任务中最常使用的。我们可以把检索抽象地看成这样一个过程,即确定一个具有特定值的元素是不是一个特定集合中的成员。对检索更一般的认识是试图在一组有特定关键码值的记录中找到某个记录,或者找到关键码值符合特定条件的某些记录,例如关键码值在某个值的范围内等。本章将讨论在实际应用中大量使用的一种数据结构——**查找表**(Search Table),它是由同一类数据元素(或记录)构成的集合。

8.1 查找表的基本概念

定义 8.1 假定 $k_1, k_2, \cdots, k_n$ 是互不相同的关键码值,有一个集合 T,其中 n 个记录,形式如下:

$$(k_1, I_1), (k_2, I_2), \cdots, (k_j, I_j), \cdots, (k_n, I_n)$$

其中 I_j 是与关键码 k_j 相关的信息,$1 \leqslant j \leqslant n$。给定一个特定的关键码值 K,检索问题(Search Problem)就是在 T 中确定记录(k_j, I_j),使得 $k_j = K$。

查找成功就是找到至少一个关键码为 k_j 的记录使得 $k_j = K$。

查找失败就是找不到记录使得 $k_j = K$(可能不存在这样的记录)。

精确匹配查询(Exact-Match Query)是指检索关键码值匹配特定值的记录。

范围查询(Range Query)是指检索关键码值在某个指定关键码值范围的所有记录。

为了便于讨论,我们先给出如下基本概念:若对查找表只作查找其是否存在的操作,则称此类查找表为**静态查找表**(Static Search Table)。若在查找过程中同时插入查找表中不存在的数据元素,或者从查找表中删除已存在的某个数据元素,则称此类表为**动态查找表**(Dynamic Search Table)。**关键字**(Key)是数据元素中某个数据项的值,用它可以标识(识别)一个数据元素。若此关键字可以唯一地标识一个元素,则称此关键字为**主关键字**(Primary Key)(对不同的元素,其主关键字均不同);反之,称用以识别若干元素的关键字为**次关键字**(Secondary Key)。当数据元素只有一个数据项时,其关键字即为该数据元素的值。

8.2 静态查找表

由于静态查找表不进行插入或删除操作,通常以顺序存储结构的线性表或有序表表示。下面介绍三种静态查找算法——顺序查找、二分查找和索引查找。首先给出静态查找表的类 C 语言实现:

```
typedef struct{
    Datatype data;      //元素数据
    KeyType key;        //元素关键字
}Elemtype;              //数据元素类型
typedef struct{
    Elemtype *elem;     //顺序存储空间,约定从下标 1 开始存放元素
    int len;
}StaticSrhTable;        //顺序静态查找表类型
```

8.2.1 顺序查找

若以顺序线性表表示静态查找表,则查找过程简单,只要从第一个元素的关键字起,依次和给定值相比较直至相等或不存在。由于最新数据多半放于表尾,故查找过程自最后一个元素开始,直到哨兵(Sentinel),见算法 8.1。

算法 8.1

```
state SeqSearch(StaticSrhTable SST,KeyType kval)      //顺序查找
    {//在顺序表 SST 中顺序查找关键字为 kval 的记录。
    //若找到,则返回记录在表中的位序;否则,返回 0
```

```
    SST.elem[0].key = kval;                              //放置监视哨
    for (i = SST.len; SST.elem[i].key ! = kval; i--);    //查找
    return i;                                            //查找结果
}
```

例 8.1 已知顺序线性表中数据元素的关键字如图 8.1 所示。假设给定值 $kval=79$,则算法 8.1 执行的结果返回 $i=6$;若给定值 $kval=99$,则返回 0 值,意味着查找不成功。

图 8.1 顺序线性表示例

那么,如何评价查找算法的时间效率呢?由于查找算法中的基本操作为"记录的关键字和给定值相比较",因此通常以查找过程中关键字和给定值比较的平均次数作为比较查找算法的度量依据。

定义 8.2 查找过程中先后和给定值进行比较的关键字个数的期望 E (Expectation)称作查找算法的平均查找长度 ASL(Average Search Length)。

对于含有 n 个记录的查找表,查找成功时的平均查找长度为

$$ASL_{EP} = \sum_{1}^{n} 概率 \times 比较次数 = \sum_{i=1}^{n} P_i C_i \qquad (8.1)$$

其中 P_i 为查找表中第 i 个记录的查找概率,且 $\sum_{i=1}^{n} P_i = 1$;C_i 为找到表中第 i 个记录时,曾和给定值进行过比较的关键字的个数,显然,C_i 的值随查找过程的不同而不同。

从算法 8.1 可见,顺序查找过程中,C_i 的值取决于记录在表中的位置。若所查记录是表中最后一个记录,则仅需比较 1 次;而所查记录是表中第一个记录时,给定值和表中 n 个关键字都要进行比较,因此,一般情况下,$C_i = n - i + 1$。

由此,顺序查找的平均查找长度为

$$ASL = nP_1 + (n-1)P_2 + \cdots + 2P_{n-1} + P_n \qquad (8.2)$$

为简化,设查找表中每个记录的查找概率相等,即 $P_i = \dfrac{1}{n}$,则等概率情况下顺序查找的平均查找长度为

$$ASL_{SST} = \frac{1}{n} \sum_{i=1}^{n} (n - i + 1) = \frac{n+1}{2} \qquad (8.3)$$

由上分析可以看出,在平均和最差的情况下需要 $O(n)$ 时间。顺序查找的优点是算法简单且适应面广,无论表中记录是否按关键字有序排列均可应用,而且对链式结构也同样适用。但缺点是其平均查找长度较大,特别是当表中记录数 n 很大时,查找效率较低。对于重复检索的大量记录,顺序检索慢得难以忍受。

8.2.2 二分查找

对于已排序的表,最常用的检索算法是二分法检索。其查找过程是,先确定待查记录所在范围(区间),然后逐步缩小范围,直至找到该记录,或者当查找区间缩小到 0 也没有找到关键字等于给定值的记录为止。

例 8.2 假设某些记录的关键值为:22,90,67,15,98,34,58,84,76,19,40,按关键字自小至大的次序进行排序,得到如图 8.2 所示的有序表,则可以进行二分查找。假设给定值 $kval = 22$,首先和记录所在区间[1..11]的中间位置记录的关键字 58 相比较,因为 22<58,表明:如果表中存在其关键字等于 22 的记录,它只可能存在于有序表的前半个区间内,由此只需要在区间[1..5]内继续查找;同样,和查找区间中间位置记录的关键字进行比较,由此找到了关键字等于 22 的记录。为方便说明,假设分别以指针 bot 和 top 指示待查区间的下界和上界,则中间位置为 $mid = (bot + top)/2$,上述查找过程如图 8.2(a)所示。图 8.2(b)展示了一个查找不成功($kval = 64$)的例子。从图中可见,在进行了 3 次 SST.elem[mid].key 和给定值 $kval = 64$ 的比较之后,查找区间缩小到 0(此时 top<bot),表明表中没有关键字等于 66 的记录。

二分查找算法如算法 8.2 所示。

算法 8.2

```
state BinSearch(StaticSrhTable SST,KeyType kval)      //二分查找
    {//在有序表 SST 中二分查找关键字为 kval 的记录。
     //若找到,则返回记录在表中的位序;否则,返回 0
    bot = 1,top = SST.len;                            //置查找范围初值
    while (bot <= top) {
        mid = (bot + top)/2;
        if (SST.elem[mid].key == kval) return mid;    //查找成功
        else {
            if (SST.elem[mid].key > kval) top = mid - 1;  //前半区
            else bot = mid + 1;                           //后半区
        }
```

}
　　return 0;   //未查找到
}

```
SST.elem
        ┌──┬──┬──┬──┬──┬──┬──┬──┬──┬──┬──┐
        │15│19│22│34│40│58│67│76│84│90│98│
        └──┴──┴──┴──┴──┴──┴──┴──┴──┴──┴──┘
     0   1  2  3  4  5  6  7  8  9  10 11
         ↑           ↑              ↑
        bot         mid            top
SST.elem
        ┌──┬──┬──┬──┬──┬──┬──┬──┬──┬──┬──┐
        │15│19│22│34│40│58│67│76│84│90│98│
        └──┴──┴──┴──┴──┴──┴──┴──┴──┴──┴──┘
     0   1  2  3  4  5  6  7  8  9  10 11
         ↑     ↑  ↑
        bot   mid top
```

(a) 二分查找 *kval* =22的过程

```
SST.elem
        ┌──┬──┬──┬──┬──┬──┬──┬──┬──┬──┬──┐
        │15│19│22│34│40│58│67│76│84│90│98│
        └──┴──┴──┴──┴──┴──┴──┴──┴──┴──┴──┘
     0   1  2  3  4  5  6  7  8  9  10 11
         ↑              ↑             ↑
        bot            mid           top
SST.elem
        ┌──┬──┬──┬──┬──┬──┬──┬──┬──┬──┬──┐
        │15│19│22│34│40│58│67│76│84│90│98│
        └──┴──┴──┴──┴──┴──┴──┴──┴──┴──┴──┘
     0   1  2  3  4  5  6  7  8  9  10 11
                            ↑  ↑      ↑
                           bot mid   top
SST.elem
        ┌──┬──┬──┬──┬──┬──┬──┬──┬──┬──┬──┐
        │15│19│22│34│40│58│67│76│84│90│98│
        └──┴──┴──┴──┴──┴──┴──┴──┴──┴──┴──┘
     0   1  2  3  4  5  6  7  8  9  10 11
                         ↑  ↑
                        bot mid top
SST.elem
        ┌──┬──┬──┬──┬──┬──┬──┬──┬──┬──┬──┐
        │15│19│22│34│40│58│67│76│84│90│98│
        └──┴──┴──┴──┴──┴──┴──┴──┴──┴──┴──┘
     0   1  2  3  4  5  6  7  8  9  10 11
                         ↑  ↑
                        top bot
```

(b) 二分查找 *kval* =64的过程

图 8.2　有序表的二分查找过程示例

可以用一棵二叉树来描述二分查找的过程,称此二叉树为二分查找的**判定树**。例如对上述含 11 个记录的有序表,其二分查找过程可用如图 8.3 所示判定树表示。

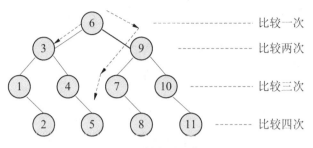

图 8.3　判定树示意图

二叉树中结点内的数值表示有序表中记录的序号,如:二叉树的根结点表示有序表中第 6 个记录,图中的两条虚线分别表示上述查找关键字等于 22 和 64 记录的过程,虚线经过的结点正是查找过程中和给定值比较过的记录,因此记录在判定树上的"层次"恰为找到此记录时所需进行的比较次数。例如在长度为 11 的表中查找第 5 个记录时需要的比较次数为 4,因为该记录在判定树上位于第 4 层,查找过程中给定值先后和表中第 6、第 3、第 4 和第 5 个记录的关键字相比较。假设每个记录的查找概率相同,则从图 8.3 所示判定树可知,对长度为 11 的有序表进行二分查找的平均查找长度为

$$ASL = (1 + 2 \times 2 + 3 \times 4 + 4 \times 4)/11 = 33/11 = 3$$

一般情况下,假设有序表的长度为 $n = 2^h - 1$,则在每个记录的查找概率都相等的情况下,可证明得到折半查找的平均查找长度为

$$ASL_{bs} = \frac{n+1}{n} \log_2(n+1) - 1 \tag{8.4}$$

对于任意表长 n 大于 50 的有序表,其二分查找的平均查找长度近似为

$$ASL_{bs} \approx \log_2(n+1) - 1 \tag{8.5}$$

可见,二分查找的效率要高于顺序查找,特别在表长较大时,其差别更大。但是二分查找只能对顺序存储结构的有序表进行。对需要经常进行查找操作的应用来说,以一次排序的投入而使多次查找获益,显然是合算的。

进一步讨论,如果我们对关键码值的分布一无所知,那么二分法检索是检索一个已排序的表的最好算法。然而,有时候我们对预期的关键码值分布有所了解。考虑这样一个现实:某人在一部很大的词典中查找名字的最一般的行为。大多数人当然不会使用顺序检索。一般说来,人们会使用二分法检索的一种改进形式,至

少会接近要查找的词。检索一般不从词典的中间开始。如果要查找的词以"s"开头,查找者会估计到以"s"开头的条目从词典的四分之三处开始。这样,他就会先翻到词典的四分之三处,然后根据看到的内容决定接下来向哪里翻。也就是说,人们一般根据关键码值预期分布的知识"计算出"接下来向哪里翻。这种经过计算的二分法检索的形式称为**字典检索**(dictionary search)或者**插值检索**(interpolation search)。

字典检索试图利用存储在表中记录的关键码值预期分布的知识。关键码范围内特定关键码的位置被翻译成表中相应记录的预期位置,并且首先检查这个位置。随着二分法检索的进行,关键码的实际值就会排除这个位置上面或者下面的所有记录。然后可以使用找到的关键码的实际值计算出表中剩余范围内的新位置。接下来的检查根据新的计算做出。这个过程不断持续,直到找到需要的记录为止,或者表缩小到没有剩下的记录了。

当预期的关键码值分布符合实际分布时,字典检索比二分法检索更有效率。如果预期的分布与实际分布有显著的差异,那么字典检索的效率就会很差。例如,想象一下你在电话簿本中检索名字"Young",一般会到靠近电话薄的后面去找。如果找到一个以"Z"开头的名字,你就会稍微向前翻一点。如果下一个找到的名字仍然以"Z"开头,就会再向前翻一点,如果这本特别的电话簿不同寻常,几乎一半的条目都以"Z"开头,那么就会多次移至前端,每次从检索中排除一些记录。在最极端的情况下,如果关键码值分布的计算很差,字典检索的性能可能并不比顺序检索好。

8.2.3 索引查找

了解了顺序查找和二分查找,现在给大家介绍性能介于顺序查找和二分查找之间,适合对关键字"**分块有序**"进行查找的算法——索引查找。

所谓"分块有序"是指查找表中的记录可按其关键字的大小分成若干"块",且"前一块"中的最大关键字小于"后一块"中的最小关键字,而各块内部的关键字不一定有序。

例 8.3 已知如图 8.4 中的查找表符合分块有序的原则,第一块中最大关键字 17 小于第二块中最小关键字 21,第二块中最大关键字 26 小于第三块中最小关键字 29,依次类推。

索引顺序查找的基本思想是,先从各块中抽取最大关键字构成一个索引表。由于查找表分块有序,则索引表为有序表。查找过程分两步进行:先在索引表中进行二分或顺序查找,以确定待查记录"所在块";然后在已限定的那一块中进行顺序查找。例如,给定值 $kval = 48$ 时,从对图 8.4 中索引表进行查找的结果得知,若存在关键字等于 48 的记录,则必在顺序表的第 3 块中,由索引表给出的第 3 块起始序号起进行顺序查找,便可找到地址单元编号为 12 的该记录;若给定值 $kval = 90$,同样由索引确定在顺序表中进行查找的块号为 5,接着由于在第 5 块中没有找到关键字等于 90 的记录,表明在整个查找表中不存在此记录。

图 8.4 分块有序查找表及索引表示例

分块索引查找如算法 8.3 所示。

算法 8.3

```
state BlkInxSearch(StaticSrhTable SST, InxTab Inx, KeyType kval)
{
    //在顺序表 SST 中分块查找关键字为 kval 的记录,其中 Inx 为索引表。
       若找到,则返回记录在表中的位序;否则,返回 0

    bot = 1, top = Inx.len, blFound = FALSE;              //置查找范围初值
    if (kval > Inx.elem[top].key) return 0;               //越界

    while (bot <= top && ! blFound) {
        mid = (bot + top)/2;
        if (Inx.elem[mid].key == kval) {                  //查找成功
            blFound = TRUE; bot = mid;
        }
        else {
            if (Inx.elem[mid].key > kval) top = mid - 1;  //前半区
            else bot = mid + 1;                           //后半区
        }
```

```
    }                                          //退出循环时,bot所指的为所找的块
    bn = Inx.elem[bot].StartAdd;               //第 bot 块的数据记录起始地址
    if (bot<Inx.len) en = Inx.elem[bot+1].StartAdd - 1;
    else en = SST.len;                         //第 bot 块的数据记录尾地址
    for (i=bn; (i <= en) && (SST.elem[i].key! = kval); i++);
    if (i <= en) return i;
    return 0;                                  //未查找到
}
```

性能分析:由于分块索引查找进行了两次查找,则整个算法的平均查找长度是两次查找的平均查找长度之和。假设索引表的长度为 b,顺序表的长度为 n,则以二分查找确定块时整个索引查找的平均查找长度为

$$ASL_{IndexSeq}(n) = ASL_{Index}(b) + ASL_{Seq}(n/b) \approx \log_2(b+1) - 1 + (n/b+1)/2$$

要注意的是,进行索引顺序查找时,不一定要将顺序表等分成若干块并提取每块的最大关键字作为索引项,有时也可根据顺序表中关键字的特征来分块。例如对于学生记录的顺序表,可以按"院/系"或"班号"等。

8.3 动态查找表

先看一个示例—某药品管理系统,它有一个"药品名称表"供医院人员使用。显然,对每一批新进的药品,首先要"查找"是否存在该类药品,若存在,则只需添加该类药品的数量即可;否则,需要在表中"插入"新的药品名称。反之,当医院不再使用这种药品后,需将该药品名称从表中"删除"。这样,在这类系统中,查找表并不是一次性生成的,而是在应用中逐渐变化形成的。通常称这种在程序运行过程中动态生成的查找表为"动态查找表"。

8.2.1 二叉查找树

定义 8.3 二叉查找树(Binary Search Tree)又称二叉检索树,对于其任何一个结点,设其值为 K,则该结点左子树的任意一个结点的值都小于 K;该结点右子树的任意一个结点的值都大于或等于 K。

图8.5给出了对应一组数值的两个二叉查找树。按照(37,24,42,7,2,40,42,32,120)的顺序将各个结点插入,得到二叉树(a)。按照(120,42,42,7,2,32,37,24,40)的顺序将各个结点插入,则得到二叉树(b)。二叉查找树的特点就是,如果按照中序遍历将各个结点打印出来,就会得到由小到大的排列。

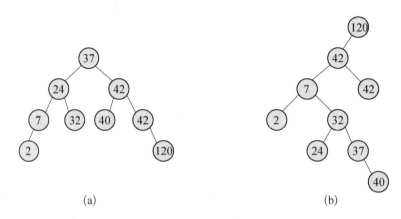

图8.5 一组给定数的两个二叉查找树

在图8.5(a)二叉树中检索值32。由于32小于根结点的值37,检索过程进入左子树。由于32比24大,接着检索24的右子树。此时找到了包含值32的结点。如果检索值为35,检索的路径是相同的,直到找到包含32的结点。由于这个结点没有子结点,我们可以判断出35不存在于这个二叉查找树的任意一个结点中。

二叉查找树的算法为:从根结点开始,在二叉查找树中检索值K。如果根结点存储的值为K,则检索结束;如果不是,则必须检索树的更深层。二叉查找树的效率就在于只需要检索两个子树之一。如果K小于根结点的值,则只需检索左子树;如果K大于根结点的值,就只检索右子树。这个过程一直持续到K被找到或者遇到了空子树。如果遇到空子树仍没有发现K,那么K就不在这个二叉查找树中。

二叉查找树的检索如算法8.4所示。

算法8.4

```
Bool BinSrTree(BiTree BT,KeyType kval,BiTree &p,BiTree &f)
{//二叉查找算法
    //在根指针BT所指二叉查找树中查找关键字为kval的记录。
    //若找到,则指针p指向该记录并返回TRUE;否则,返回FALSE。
    //指针f指向p所指记录的双亲记录;若查找失败则p为空指针,f则为这个空指针的
```

双亲。
```
    p = BT;                                    //p指向树中某个结点,f指向其双亲结点
    while (p) {
        if (p->data.key = = kval) return TRUE;    //查找成功
        else {
            f = p;
            if (p->data.key > kval) p = p->lChild;    //查找左子树
            else p = p->rChild;                       //查找右子树
        }
    }
    return FALSE;                              //未查找到
}//BinSrTree
```

当值 K 不在树中时,须进行插入操作。插入一个值 K 时,首先必须找出它应该放在树的什么地方。这就把我们带到一个叶结点或者一个分支结点,它在恰当的方向上没有子结点,记这个结点为 R。接着,把一个包含 K 的结点作为 R 的子结点加上去。图 8.6 分析了这个操作。值 35 作为包含值 32 结点的右子结点被加上去。

二叉查找树的插入如算法 8.5 所示。

算法 8.5

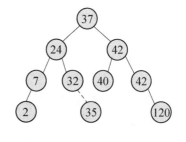

图 8.6 二叉查找树中插入值为 35 的结点

```
Bool BinSrTree_Ins(BiTree &BT,KeyType kval)    //二叉查找之插入
{
//当二叉查找树 BT 中不存在关键字为 kval 的记录时,插入之并返回 TRUE;
  否则,不进行插入操作并返回 FALSE。
    f = NULL;
    if (BinSrTree(BT,kval,p,f)) return FALSE;    //不插入
    else {
        t = new BiTNode;
        t->data.key = kval; t->lChild = t->rChild = NULL;
        if (! f) BT = t;                         //空树时为根结点
        else if (kval.key<f->data.key)
```

```
            f->lChild = t;              //为左孩子
        else f->rChild = t;             //为右孩子
        return TURE;
    }
}//BinSrTree_Ins
```

二叉查找树的形状取决于各个元素被插入二叉树的先后顺序。一个新的元素作为一个新的叶结点被添加到二叉树中,有可能增加树的深度,不涉及树的整体改动。极端的情况下,一个包含 n 个结点的二叉查找树其高度可能达到 n,即每层只有 1 个结点。例如,所有元素按照已排列有序的顺序插入时,这种情况就会发生。一般来说,二叉查找树的高度越小越好,因为查找总是经历从根结点到叶子结点的一条路径。

那么,又如何从二叉查找树中删除一个结点呢?显然,要求删除结点之后的二叉查找树仍然保持查找树的特性。可以分三种情况来分析:

(1)假设被删除的结点的度为 0,如图 8.5(a)中关键字为 2 或 120 等结点。容易看出,删除这类结点不会影响到其他结点之间的关系,由此只需要将它们的双亲结点的左指针或右指针置空即可。

(2)假设被删除的结点的度为 1,只有非空左子树或者非空右子树,如图 8.5(a)中关键字为 7 或 42 等结点。此时删除结点之后只影响其双亲和它们的左或右子树之间的关系,则只需要将被删结点的非空左或右子树挂到其双亲结点上即可。

(3)第三种情况则是一般情况,即被删结点左右子树都不为空,如图 8.5(a)中关键字为 24 或 37 等的结点。为不增加查找树的深度,可以这样处理:以其左子树中关键字最大的结点替代被删结点,即以左子树上关键字最大的结点中的数据元素顶替被删结点中的数据元素,然后从左子树中删除这个关键字最大的结点,由于该结点的右子树为空(否则它就不是左子树中关键字最大的结点),等同于上述第二种情况。

二叉查找树的删除如算法 8.6 所示。

算法 8.6

```
Bool BinSrTree_Del(BiTree &BT,KeyType kval)        //二叉查找之删除
{
    //当二叉查找树 BT 中存在关键字为 kval 的记录时,删除之并返回 TRUE;
      否则,不进行删除操作并返回 FALSE。
```

```
        f = NULL;
        if (! BinSrTree(BT,kval,p,f)) return FALSE;      //不删除
        else {
            if (p->lChild && p->rChild) {                 //度为2,左右子树都非空
                q = p; t = p->lChild;
                while (t->rChild) { q = t; t = t->rChild;}
                p->data = t->data;                        //t指向左子树中关键字最大的结点
                if (q ! = p) q->rChild = t->lChild;
                else q->lChild = t->lChild;               //t结点为p结点的左子树根
                free(t);
            }
            else {                                        //度<=1
                q = p;
                if (! p->rChild) p = p->lChild;           //右子树为空,挂其左子树
                else p = p->rChild;                       //左子树为空,挂其右子树
                if(! f)BT = p;                            //删除的是根结点
                else{
                    if(q = = f->lchild)f->lchild = p;else f->rchild = p;
                }
                delete q;
            }
        }
    }
}//BinSrTree_Del
```

当二叉树中没有重复值出现时,用左子树的最大值还是右子树中的最小值来代替并没有什么区别。如果有重复的值,那么我们就应该从右子树中选择替代者。究其原因,假设左子树中的最大值为 G,如果左子树的其他结点也有值 G,那么选择 G 作为根结点就会导致一个二叉树的左子树中具有与子树根结点值 G 相同的结点,假如图 8.5(b)中我们使用左子树中的最大值 42 来替换 120,这种错误就出现了。从右子树中选择最小值就不会有类似的问题,因为具有相同值的结点只出现在右子树中,这样操作不会破坏二叉查找树的性质。

图 8.7 从二叉查找树中删除值 37 示例

图 8.7 用结点右子树中的最小值 40 来代替值 37。

性能分析:对上述查找、插入和删除操作中任意一个的最差情况都等于该树的

深度。这就要求尽量保持二叉查找树的平衡,即使其高度尽可能小。如果二叉树是均衡的,则有 n 个结点的二叉树的高度大约为 $\log_2 n$。但是如果二叉树完全不均衡,每层只有 1 个结点,则其高度可达到 n。因而,均衡二叉查找树每次操作的平均时间代价为 $O(\log_2 n)$,而严重不均衡的二叉查找树在最差情况下平均每次操作时间代价为 $O(n)$。假设我们按照一个一个地插入的方法创建一个有 n 个结点的二叉查找树,并且很幸运地遇到了每个结点的插入都使树保持平衡的情况("随机"的顺序有可能较好地实现这种目的),那么每次插入的平均时间代价为 $O(\log_2 n)$,总代价为 $O(n \cdot \log_2 n)$。但是,如果结点按照递增的顺序插入,就会得到一条高度为 n 的二次查找树,插入的时间代价为 $O(n^2)$。

可以证明,平均情况下,二叉查找树的平均查找长度为

$$P(n) = 2\frac{n+1}{n}\log_2 n + C \tag{8.6}$$

进一步,当查找表对查找性能要求比较高时,需要在生成二叉查找树的过程中进行"平衡旋转操作",使所生成的二叉查找树始终保持"平衡"状态,即**平衡二叉(查找)树**。

图 8.8 给出不同形态的二叉查找树。

(a) 由关键字(1,2,3,4,5)生成的二叉查找树   (b) 由关键字(3,1,2,5,4)生成的二叉查找树

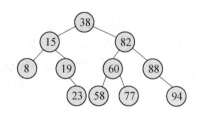

(c) 由关键字(60,15,82,8,58,77,94,38,88,19,23)生成的二叉查找树

(d) 由关键字(38,60,15,82,8,58,77,94,88,19,23)生成的平衡二叉查找树

图 8.8 不同形态的二叉查找树

各图的平均查找长度为

(a) $ASL = (1+2+3+4+5)/5 = 3$

(b) $ASL = (1+2\times2+3\times2)/5 = 2.2$

(c) $ASL = (1+2\times2+3\times4+4\times2+5+6)/11 = 3.27$

(d) $ASL = (1+2\times2+3\times4+4\times4)/11 = 3$

从计算结果来看,平衡二叉树的平均查找长度显然要小很多,那么怎样在生成查找树过程中保持二叉树的平衡呢?首先我们给出平衡二叉树的定义:

平衡二叉树(Balanced Binary Tree)又称 AVL 树。它或者是一颗空树;或者其左右子树都是平衡二叉树,且左右子树的深度之差绝对值不超过 1。若定义二叉树中每个结点的**平衡因子**(Balance Factor)为其左子树的深度减去右子树的深度,那么平衡二叉树的所有结点的平衡因子只能取值为 -1、0 和 1。

为了保持二叉树在生成过程中保持平衡,当插入新结点如果使得某个结点的平衡因子绝对值为 2 时,就必须进行必要的处理。一般情况下,我们会发现一个结点的插入可能会导致原本平衡的二叉树有很多结点的平衡因子变成 2 或 -2,但我们发现只要调整离插入点最近的一个平衡因子不满足绝对值小于等于 1 的结点,就可以使二叉树重新处于平衡状态。我们称这个离插入结点最近的且平衡因子不满足绝对值小于 1 的祖先结点为**最小子树根**。下面我们研究导致最小子树根出现的四种情况:

(1) 插入结点位于最小子树根的左孩子的左子树上。这时需要围绕最小子树根进行一次向右的旋转。如图 8.9(a)所示,称为 LL 型旋转。

(2) 插入结点位于最小子树根的右孩子的右子树上。这种情况和(1)对称,这时需要围绕最小子树根进行一次向左的旋转。如图 8.9(b)所示,称为 RR 型旋转。

(3) 插入结点位于最小子树根的左孩子的右子树上。这时需要进行两次旋转,先围绕左孩子做一次向左旋转,再围绕最小子树根做一次向右旋转。如图 8.9(c)所示,称为 LR 型旋转。

(4) 插入结点位于最小子树根的右孩子的左子树上。这种情况和(3)对称,需要进行两次旋转,先围绕右孩子做一次向右旋转,再围绕最小子树根做一次向左旋转。如图 8.9(d)所示,称为 RL 型旋转。

在上述四种情况中,我们发现无论插入结点位于最小子树根结点的哪个子树上,只要通过合适的旋转,总可以使这个最小子树根结点的平衡因子重新满足绝对值小于等于 1 的平衡状态,并且该最小子树的深度不变。保持最小子树的深度不变这一点很重要,这就意味着通过调整后最小子树对其祖先的平衡因子都不会有

图 8.9 平衡二叉树的旋转

影响。这也是为什么我们只需要调整最小子树根所确定的子树的原因。

可以证明,在图 8.9(a)中 B_R 子树和 B_L 子树的深度是必然相等的,都是 $h-2$。因为假若 B_R 的深度为 $h-3$,而 B_L 的深度为 $h-2$,那么 B_L 插入结点增加深度后,B 的平衡因子就变成了 2,B 即成为最小子树根结点,A 就不是最小根子树结点了,这和我们最先假设 A 是最小根子树结点矛盾了;同样假若 B_R 的深度为 $h-1$,那么 B_L 插入新结点深度也增加为 $h-1$,那么以 B 为根结点的子树深度并没有增加,从而 A 的平衡因子不会变化,与先前假设矛盾。因此 B_R 的深度必然等于 B_L 的深度。同样可以确定(b)图中的 B_L 和 B_R,(c)和(d)图中的 C_L 何 C_R 也都是同深度的子树。而唯一不确定的是(c)和(d)图中新插入的结点究竟是插在 C 的左子树还是右子树,这需要在旋转实现时加以考虑。

图 8.9 中(a)和(b)的情况是各经过了一次简单的旋转实现了重新平衡,旋转操作大致相同,只是方向相反,我们定义(a)图进行的旋转为右旋转(R_Rotate),(b)图进行的旋转为作旋转(L_Rotate);而(c)和(d)图则是各经过了两次简单的旋转:(c)图先左后右,(d)图先右后左。

因此我们可以把图中四种情况的旋转归纳为由下面两个简单的旋转来实现,如算法 8.7 所示。为了实现二叉树在插入中保持平衡,我们需要在树结点结构中引入平衡因子,因此重新定义了二叉树的结点结构。

算法 8.7

```
typedef struct AVLNode{
   ElemType data;
   int       bf;
   struct AVLNode * lchild, * rchild;
} AVLNode, * AVLTree;


BoolL_Rotate(AVLTree &T)
{//对 T 为根的二叉树作左旋转,处理后 T 仍指向树根
   rchd = T->rchild;
   T->rchild = rchd->lchild;
   rchd->lchild = T;
   T = rchd;
}//L_Rotate
BoolR_Rotate(AVLTree &T)
{//对 T 为根的二叉树作右旋转,处理后 T 仍指向树根
```

```
    lchd = T->lchild;
    T->lchild = lchd->rchild;
    lchd->rchild = T;
    T = lchd;
}//R_Rotate
```

算法 8.7 中的旋转只是实现了树结构的变化,并没有考虑每个结点的平衡因子变化。而在实际平衡二叉树生成过程中是必须记录并维护每个结点的平衡因子的,因此针对图 8.9 中平衡旋转的四种情况,同时考虑旋转后各个结点平衡因子的变化,我们可以由算法 8.8 实现。其中参数 LR 是用来区分插入结点是在最小根结点的左子树还是右子树,图中(a)、(c)都是插入在左子树,LR 取 0;图中(b)、(d)都是插入在右子树,LR 取 1。

算法 8.8

```
typedef enum {LEFT = 0,RIGHT = 1} LRtype;

void Balance(AVLTree &T,LRtype LR)
{//对 T 为最小子树根结点的二叉树做平衡旋转,处理后 T 仍指新树根
  TB = (LR = = LEFT)? T->lchild:T->rchild;
    if(LR = = LEFT){                     //情况(a)(c),插入在 T 左子树
      if(TB.bf = = 1)                    //情况(a)
        {T->bf = TB->bf = 0;R_Rotate(T);}
      else{                              //情况(c)
        if(TB->rchild->bf = = 1)         //插在 CL 上
          {T->bf = -1;TB->bf = 0;}       //置 A 的 bf = -1;B 的 bf = 0
        else                             //插在 CR 上
          {T->bf = 0;TB->bf = 1;}        //置 A 的 bf = 0;B 的 bf = 1
        TB->rchild->bf = 0;              //置 C 的 bf = 0
        L_Rotate(TB);R_Rotate(T);        //先左后右两次旋转
      }
    }
    else{                                //情况(b)(d),插入在 T 右子树
      if(TB.bf = = -1)                   //情况(b)
        {T->bf = TB->bf = 0;L_Rotate(T);}
      else{                              //情况(d)
```

```
        if(TB->lchild->bf = = 1)            //插在 CL 上
          {T->bf = 0;TB->bf = -1;}          //置 A 的 bf = 0;B 的 bf = -1
        else                                //插在 CR 上
          {T->bf = 1;TB->bf = 0;}           //置 A 的 bf = 1;B 的 bf = 0
        TB->rchild->bf = 0;                 //置 C 的 bf = 0
        R_Rotate(TB);L_Rotate(T);           //先左后右两次旋转
      }
  }
}//Balance
```

有了算法 8.8 对最小二叉树的平衡处理实现,我们就可以用递归方式在生成二叉树的过程中始终维持二叉树保持平衡了,如算法 8.9 所示。

算法 8.9

```
Status InsertAVL(AVLTree &T,ElemType e,Boolean &taller)
{//在二叉树 T 中查找 e,若存在则返回 0,否则插入 e 为新结点,并通过平衡旋转保持
 //二叉树是平衡的。参数 taller 表示插入 e 后二叉树 T 是否深度增加
  if(! T){                                  //插入新结点作为树根
    T = new AVLNode;T->data = e;
    T->lchild = T->rchild = NULL;
    T->bf = 0;taller = TRUE;                //单个结点是平衡的,树高度增加了
    return 1;
  }
  if(e.key = = T->data.key)                 //已存在的关键字,不插入
    {taller = FALSE;return 0;}
  if(e.key<T->data.key){                    //在左子树继续查找
    if(! InserverAVL(T->lchild,e,taller))return 0;   //未插入
    if(! taller)return 1;                   //未长高,返回
    switch(T->bf){                          //左子树长高了
      case -1:                              //原左子树比右子树矮
        T->bf = 0;taller = FALSE;break;
      case 0:                               //原左子树和右子树一样高
        T->bf = 1;taller = TRUE;break;
      case 1:                               //原左子树比右子树高,插入后失衡
        Balance(T,LEFT);taller = FALSE;break;
```

```
        }//switch
    }
    else{            //e.key > T->data.key 在右子树继续查找
        if(! InserverAVL(T->rchild,e,taller))return 0;    //未插入
        if(! taller)return 1;                              //未长高,返回
        switch(T->bf){                                     //左子树长高了
            case -1:                                       //原左子树比右子树矮,插入后失衡
                Balance(T,RIGHT);taller = FALSE;break;
            case 0:                                        //原左子树和右子树一样高
                T->bf = -1;taller = TRUE;break;
            case 1:                                        //原左子树比右子树高
                T->bf = 0;taller = FALSE;break;
        }//switch
    }
    return 1;
}//Balance
```

8.3.2 键树

键树又称**数字查找树**(digital search trees)。它是一种特殊的查找树,树中每个结点不是通常意义的关键字,而是关键字中的一个字符,从根到叶子结点的一条"路径"才对应一个关键字。例如,图 8.10 所示为一颗键树,它表示下列 6 个关键字的集合:

(we, love, China, Beijing, world, peace)

容易看出,上述集合中的关键字有着明显的特点,即可以分成若干组,每一组都有相同的前缀。因此键树也适用于数值型的关键字,此时每个结点包含一个 0 至 9 的数位。为了查找和插入方便,通常约定键树为有序树,即同一层中兄弟

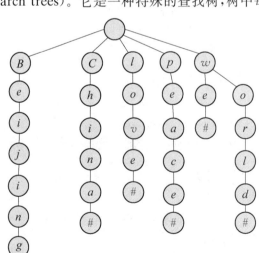

图 8.10 键树示例

结点之间依所含符号自左至右有序,并约定结束符"♯"小于任何字符。

在键树上进行查找的过程和二叉查找树类似,也是走了一条从根结点到叶子结点的路径,其平均查找长度和树的深度成正比。键树通常用以作为记录数目很大的查找表的"索引"。除此之外,还可以利用键树特有的特性实现全文检索、互联网搜索引擎的查找等。

8.3.3 哈希(Hash)表

这一节提供检索表的一种完全不同的方法:根据关键码值直接访问。通过把关键码值映射到表中的一个位置来访问记录的过程称为**散列**(Hashing)。大多数散列方法根据地址计算需要的顺序把记录放到表中,这样就不根据值或者频率的顺序放置记录了。把关键码值映射到位置的函数称为**散列函数**(Hash Function),通常用 h 来表示。存放记录的数组称为**散列表**(Hash Table),本书用 T 来表示。散列表中的一个位置称为一个**槽**(Slot)。散列表 T 中槽的数目用变量 M 表示,槽从 0 到 $M-1$ 编号。散列方法的目标是使得对于任何关键码值 K 和某个散列函数 h,$0 \leqslant h(K) \leqslant M$,得到 $key(T[i]) = K$。

散列方法一般只适用于集合,而不适用于允许多个记录有同样关键码值的应用程序,一般也不适用于范围检索。当正确地实现时,散列表的查找效率非常高。然而,你会看到有许多进行散列的方法很容易设计出不理想的实现。散列方法既适合在主存储器中进行检索,也适合基于磁盘的检索。

作为对散列概念简单但并不实际的介绍,考虑一下相对于记录数目关键码范围很小的例子。例如,当有 n 个记录,每个记录有唯一的关键码值,范围在 0 到 $n-1$。在这个简单的例子中,带有关键码值 i 的记录可以存储在 $T[i]$ 中,散列函数只是 $h(K) = K$(实际上,在这种情况下我们甚至不需要把关键码值作为记录的一部分存储,因为它同索引是一样的)。要找到带有关键码值 i 的记录,只要简单地查看 $T[i]$。

一般说来,关键码的取值范围比散列表中槽的数量要大得多。考虑一个更为实际的例子,假定关键码可以取 0 到 65535 范围内的任何值(例如,关键码是一个两字节无符号整数),而且我们期望在任何给定时间存储将近 1000 个记录。在这种情况下使用一个带有 65535 个槽的散列表是不可行的,其中大部分都会为空。因而,我们必须设计一个散列函数,把记录存储在一个更小的表中。由于关键码的范围可能比表的范围大。有些槽必须被映射到多个关键码值。给定一个散列函数 h 和两个关键码 k_1、k_2,如果 $h(k_1) = b = h(k_2)$,其中 b 是表中的一个槽,那么我们就说 k_1 和 k_2 对于 b 在散列函数 h 下有冲突。

在一个根据散列方法组织的数据库中找到带有关键码值 K 的记录包括两个过程：

（1）计算槽的位置 $h(K)$。

（2）从槽 $h(K)$ 开始，使用（如果需要的话）一种**冲突解决策略**（Collision Resolution Policy）定位包含关键码 K 的记录。

1. 散列函数

散列方法一般用于关键码值来自很大范围的记录，并且把这些记录存储在一个槽数目相对较少的表中。当两个记录散列到表的同一个槽中就会发生冲突。如果我们在选择散列函数时很细心，或者很幸运，那么冲突的实际数目就会很小。但是，即使在最好的情况下冲突也几乎是不可避免的。例如，一间坐满学生的教室中，学生之间具有相同生日的可能性是多少呢（即某年的同一天，不需要同一年）？如果有 23 个学生，那么可能有 2 个学生的生日相同。尽管学生的生日可以在 365 天中的任何一天（不考虑闰年），但大多数日子可能都不是该班学生的生日。但学生越多，具有相同生日的可能性就越大。把学生根据生日映射到日期，类似于使用散列函数把记录分配到拥有 365 个槽的表中。

更实际一些，根据散列方法组织的数据库必须使记录的存储在散列表槽数目中占的比例很高，一般要使得表至少一半是满的。由于在这种情况下很可能会发生冲突，这是否意味着我们不用担心散列函数避免冲突的能力呢？当然不是。从技术上说，任何把所有可能的关键码值映射到散列表槽中的函数都是散列函数，甚至一个把所有记录都映射到同一个槽中的函数也是一个散列函数，但是它在检索操作中对于找到记录没有任何帮助。

一般说来，我们希望选择的散列函数能够把记录以相同的概率分布到散列表的所有槽中。任何特定的散列函数做得怎么样，依赖于关键码值在允许的关键码范围内的分布。在有些情况下，到来的数据在整个范围内分布得很好。例如，如果输入是整齐地从关键码范围内选择的一组随机数，并且散列函数分配关键码范围时使得散列表中的每一个槽得到同样大小的一块范围，则散列函数就可能整齐地把输入记录分布到表中。然而，在许多应用程序中，到来的记录高度汇集或者分布得很差。当输入的记录在整个关键码范围分布得不好时，很难设计出一个散列函数把记录很好地分布在表中，尤其是如果事先不知道输入分布的时候。

当设计散列函数的时候，我们一般要面临下面两种情况之一：

（1）对到来的关键码的分布一无所知。在这种情况下，我们希望选择的散列函数在关键码范围内能够产生一个整齐的值的随机分布，同时避免明显的聚集可能性，如对关键码值的高位或低位敏感的散列函数。

（2）我们对到来的关键码分布有所了解。在这种情况下，我们应当使用一个依赖于分布的散列函数来避免把相关的关键码值聚集到散列表的同一个槽中。例如，如果对英文单词的散列，就不应当按第一个字符的值散列，因为这样很可能使分布不平均。

下面是说明这些观点的散列函数的几个例子。

例 8.4 考虑下面这个散列函数，它把整数散列到一个有 16 个槽的表中。

```
int h(int x) {
    return (x % 16);
}
```

这个散列函数返回的值只依赖于关键码的最低四位。由于这些位的分布可能很差（例如，相当比例为偶数，低位为 0），结果分布也就可能很差。这个例子说明表的大小 M（一般是用作取模的值）对散列函数的好坏很关键。

例 8.5 一个好的用于数字值的散列函数被称为**平方取中方法**（Mid-Square）。平方取中方法对关键码值取平方，然后取出结果的中间 r 位用于大小为 2^r 的表。由于关键码值的大多数甚至所有比特都对结果有所贡献，这样做效果很好。

例 8.6 下面是一个用于 10 个字符的字符串的散列函数：

```
int h(char x[10]) {
    int i,sum;
    for (sum = i = 0;i<10;i++)
        sum += (int) x[i];
    return (sum % M);
}
```

这个函数把字符串中 10 个字母的 ASCII 值加起来。如果 M 很小，它就能够很好地在散列表的槽中平均分布字符串，因为它对所有的字符都给予同样的权重。这就是**折叠方法**（Folding Method）的一个例子。字符串中字符的顺序对散列函数的结果没有影响。类似的方法用于整数可把关键码值的数字加起来，假定有足够的数字满足：(1) 使得一个或者两个分布不好的数字不会影响过程的结果；(2) 产生一个比 M 还大的和。像许多散列函数一样，最后一步就是对结果应用取模操作,使用表的容量 M 在表的范围内产生一个值。如果和不够大,那么取模操作就会产生很差的分布。因为"A"的 ASCII 值是 65,所以一个大写字母字符串的和总是在 650 到 900 之间。对于一个大小为 100 或者更小的散列表,会有一个很好的分布。对于一个大小为 1000 的散列表,分布就会极差。

例 8.7 下面是一个用于字符串的更好的散列函数：

```
int ELFhash(char *key) {
    unsigned long h = 0,g;
    while (*key) {
        h = (h << 4) + *key++;
        g = h & 0xF0000000L;        //g 保留最高 4bit 对应的字符
        if (g) h ^= g >> 24;
        h &= ~g;                    //清除最高 4bit
    }
    return(h % M);
}
```

这个函数称为 ELFhash,因为它与用于 UNIX 系统版本 4 中可执行文件与目标文件的"可执行链接格式"(Executable and Linking Format,ELF)一起使用。它是实际生活散列函数中的典型魔术。ELFhash 把一个字符串的绝对长度作为输入。它对于长字符串和短字符串都很有效,字符串中每个字符都有同样的作用,它通过一种方式把字符的十进制值结合起来,这种方式对于散列表中的位置不可能产生不平均的分布。

2. 开散列方法

尽管散列函数的目标是使得冲突最少,实际上冲突一般是无法避免的。这样,散列方法的实现必须包括某种形式的冲突解决策略。冲突解决技术可以分为两类:**开散列方法**(Open Hashing,也称为**拉链法**,Separate Chaining)和**闭散列方法**(Closed Hashing,也称为**开地址方法**,Open Addressing)。

开散列方法的一种简单形式是把散列表中的每个槽定义为一个链表的表头。散列到一个特定槽的所有记录都放到这个槽的链表中。图 8.11 给出了这样的一个散列表,这个表中每一个槽存储一个指向链表的指针。

一个槽的线性表中的记录可以按照多种方式排列:根据输入顺序,根据值的大小顺序或者访问频率的顺序。对于检索不成功的情况,根据值的大小有序排列是有好处的,因为我们一旦在线性表中遇到一个比要检索的关键码大的关键码,我们就知道应该停止检索了。如果线性表中的记录没有排序或者根据访问频率排序,那么一次不成功的检索就需要访问线性表中的每一个记录。

给定一个大小为 M 存储 N 个记录的表,散列函数(在理想情况下)将把记录在表中 M 个位置平均放置,使得平均每一个链表中有 N/M 个记录。假定表中的槽比存储的记录还多,我们可以期望很少会有槽包含多于一个记录。在一个链表为空或者只有一个记录的情况下,一次检索只需要访问一次链表,散列方法的平均代价就是 $O(1)$。然而,如果聚集使得许多记录散列到有限的几个槽中,那么当必须检索链表中的许多元素时,访问一个记录的代价就会很高。

当把散列表保存在主存储器中,用一个标准的存储器内部链表实现时,开散列方法最合适。而在磁盘中用一种很有效率的方式存储

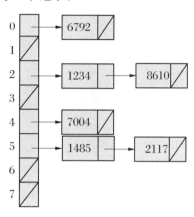

图 8.11 开散列方法说明

注:6 个数的插入顺序是 1234,6790,1482,8612,7004,2117,散列函数为 $h(k) = k \bmod 8$。

一个开散列表是很困难的,因为一个给定链表中的元素可能存储在不同的磁盘页中。这就会导致在检索一个特定关键码值时引起多次磁盘访问,从而破坏了使用散列方法的目的。

开散列方法和**基数排序**(Radix Sort)之间可以找出一些类似的地方。多个记录可能散列到同一个桶中,初始分桶方法应当尽量减少检索操作访问的记录数,即减少每一个桶中的记录数。

3. 闭散列方法

闭散列方法把所有记录直接存储在散列表中。每个记录 i 有一个**基位置**(Home Position)$h(k_i)$,即由散列函数计算出来的槽。如果要插入一个记录 R,而另一个记录已经占据了 R 的基位置,那么就把 R 存储在表中的其他槽内,由冲突解决策略确定是哪个槽。自然地,检索时也要像插入时一样遵循同样的策略,以便重复冲突解决过程,找出在基位置没有找到的记录。

(1)桶式散列

闭散列的一种方法基于这样一个概念,把散列表中的槽分成多个**桶**(Bucket)。把散列表看作有 M 个槽的数组,分成 B 个桶,每个桶中有 M/B 个槽。散列函数把每一个记录分配到某一个桶内的第一个槽中。如果这个槽已经被占用,那么就

把这个记录在桶中向下移,直到找到一个开放的槽。如果一个桶中完全占满了,那么就把这个记录存储在表的最后具有无限容量的**溢出桶**(Overflow Bucket)中。所有桶共享同一个溢出桶。好的实现方法使用的散列函数会把记录平均在各桶之间分布,使得进入溢出桶的记录尽可能少。图 8.12 说明的就是桶式散列方法。

图 8.12 中使用的散列函数是 $h(k) = k \bmod 5$。每个桶包含两个槽。数值的插入顺序是 9877,2007,1000,9530,3013,9879 和 1057。这些值中有两个散列到第 0 号桶,3 个值散列到第 2 号桶,一个散列到第 3 号,一个散列到第 4 号。由于第 2 号桶不能放下 3 个值,把第 3 个值放到溢出桶中。

当检索一个记录的时候,第一步就是散列关键码,确定哪一个桶包含这个记录。然后就检索这个桶中的记录。如果没有找到需

图 8.12 桶式散列方法说明

要的关键码值,而桶内仍然有空槽,那么就结束检索。如果桶已经满了,那么需要的记录有可能存储在溢出桶中。在这种情况下,就必须检索溢出桶,直到找到记录或者溢出桶中所有记录都已经检查过了。如果溢出桶中有许多记录,这将是一个非常耗时的过程。

桶式散列的一个简单变体是首先把关键码值散列到散列表的一个槽内,就好像没有使用桶式散列方法一样。如果基位置已满,那么就把记录压向桶的后面。如果到达了桶底,那么冲突解决例程就移到上面查找空槽。例如,假定桶中包含 8 个记录,第一个桶由第 0 到第 7 个槽组成。如果一个记录散列到 5 号槽,冲突解决过程就会尝试以 5,6,7,0,1,2,3 最后是 4 的顺序把记录插入表中。如果桶中所有的槽都满了,那么就把记录分配到溢出桶中。这种方法的优点是减少了冲突,因为所有的槽都可以是基位置,而不仅仅是桶中的第一个槽。

桶式方法适用于实现存储在磁盘中的散列表,因为桶的大小可以设置为磁盘页的大小。每当进行检索或者插入的时候,就把整个桶读入存储器。对于插入或者检索的所有处理都限制在这一次磁盘访问,除非桶已经满了。如果桶已经满了,还要从磁盘中得到溢出桶。很自然,应当使溢出很小,从而使得不必要的磁盘访问最少。

(2) 线性探查

我们现在转向散列方法的"经典"形式:不采用桶式散列方法的闭散列,它的冲突解决策略可以使用散列表中的任何槽。在插入期间,冲突解决的目标就是,当记

录的基位置已经被占用时,在散列表中找到一个空槽。我们可以这样看待任何冲突解决方法:这种方法可以产生一组能够放置记录的散列表的槽,这个组中第一个槽就是关键码的基位置。如果基位置被占用,那么冲突解决策略就会到达这个组中的下一个槽。如果这个槽也被占用了,那么就继续寻找下一个槽,依此类推。这组槽就称为冲突解决策略产生的**探查序列**(Probe Sequence)。

如果记录的基位置槽被占用,那么就在哈希表中后移,直到找到一个空槽。这就是称为**线性探查**(Linear Probing)的冲突解决技术的一个例子。用于简单线性探查的探查函数是

$$p(K,i) = i$$

一旦到达表的底部,探查序列就回到表的开始处。线性探查的优点是在探查序列到达基位置之前,表中所有的槽都可以作为插入新记录的候选位置。

作为一种解决冲突的技术,线性探查有一些明显的缺陷。这里,我们看到一个有 11 个槽的散列表,用于存储 4 位数,散列函数是 $h(K) = K \bmod 11$。在图 8.13(a)中,已经把 5 个数放到了表中,还剩下 6 个空槽。

在理想情况下,表中的每一个空槽都有同样的概率接收下一个要插入的记录。在这个例子中,散列函数给予每个槽(大致上)同样的可能性,使其成为下一个关键码的基位置。然而,考虑一下如果下一个记录关键码的基位置是第 0 个槽,会发生什么呢?线性探查会把记录放到第 2 个槽中。对于基位置在第 1 个的记录也会发生同样的情况。基位置在第 2 个槽的记录自然要放在第 2 个槽中。这样,下一个记录放到第 2 个槽中的概率就是 3/11。类似地,可以把散列到第 7、8、9 个槽中的记录赶到第 10 个槽中。然而,只有散列到第 4 个槽的记录会存储到第 4 个槽内,这种情况发生的概率是 1/11。同样,下一个记录放到第 5 个槽、第 6 个槽中的概率也一样是 1/11。这样,结果概率就不再相等了。

	(a)		(b)
0	1001	0	1001
1	9537	1	9537
2		2	
3		3	
4		4	
5		5	
6		6	
7	9874	7	9874
8	2009	8	2009
9	9875	9	9875
10		10	1052

图 8.13 线性探查问题示例

更糟糕的是,如果下一个记录放到第 10 个槽中,如图 8.13(b)所示,那么接下来的记录放到第 2 个槽中的概率就是 7/11。线性探查这种把项聚集到一起的倾向称为**基本聚集**(Primary Clustering)。小的聚集可能汇合成大的聚集,使得问题更糟糕。基本聚集最终会导致很长的探查序列。

(3) 改进的冲突解决方法

我们怎样才能避免基本聚集呢?一种可能性就是仍然使用线性探查。但是以常数 c 而不是以 1 为步长跳过。也就是说,探查序列中的第 i 个槽将是 $(h(K)+ic)\bmod M$。通过这种方式,与基位置相邻的记录就不会进入同一个探查序列了。

在回到基位置之前,探查序列应该在散列表的所有槽转一圈。并不是所有的探查函数都有这个特性。例如,如果 $c=2$,而且表中包含偶数个槽,那么任何基位置在偶数槽的关键码将有一个转过所有偶数槽的探查序列。同样,基位置在奇数槽的关键码的探查序列将转过所有奇数槽。这样,表的大小和线性探查常数的这种组合就有效地把关键码值分成了两个集合,这两个集合存储在散列表中两个不连贯的部分。为了使得探查序列访问表中所有的槽,常数 c 必须与 M 互素。对于一个大小 $M=10$ 的散列表。如果 c 是 1、3、7 或 9 中的任何一个,那么探查序列的任何关键码都会访问所有的槽。当 $M=11$ 时,c 在 1 到 10 之间的任何值都会产生一个对每一个关键码都访问所有值的探查序列。

考虑一下这种情况,$c=2$,我们想要插入一个记录,它的关键码是 k_1,$h(k_1)=3$。k_1 的探查序列是 3、5、7、9 等等。如果另一个关键码 k_2 的基位置在第 5 个槽,那么它的探查序列就是 5、7、9 等等。k_1 和 k_2 的探查序列链到一起,从而导致聚集。也就是说,带有值 $c>1$ 的线性探查不会解决基本聚集的问题。我们希望找到一个探查函数,它不会把关键码以这种方式链到一起。最好 k_1 的探查序列在序列第 1 步以后不与 k_2 的探查序列相同。相反,这些探查序列应当叉开。

理想的探查函数应当在探查序列中随机地从未访问过的槽中选择下一个位置,即探查序列应当是散列表位置的一个随机排列。但是,我们实际上不能随机地从探查序列中选择一个位置,因为在检索关键码的时候不能建立起同样的探查序列。然而,我们可以做一些类似于伪随机探查(Pseudo-Random Probing)的事情。在伪随机探查中,探查序列中的第 i 个槽是 $(h(k)+r_i)\bmod M$,r_i 是 1 到 $M-1$ 之间数的"随机"数序列。所有插入和检索都使用相同的"随机"数。探查函数将是

$$p(k,i) = \text{Perm}[i-1]$$

这里,Perm 是一个长度为 $M-1$ 的数组,它包含值从 1 到 $M-1$ 的随机序列。

例 8.8 考虑一个大小为 $M=101$ 的表,$r_1=2$,$r_2=5$,$r_3=32$。假定我们有两个关键码 k_1 和 k_2,$h(k_1)=30$,$h(k_2)=28$。k_1 的探查序列是 30、32、35、62,k_2 的探查序列足 28、30、33、60。这样,尽管 k_2 会把 k_1 的基位置作为第 2 个选择来探查,这两个关键码的探查序列此后就立即分开了。

清除基本聚集的另一种技术称为**二次探查**(Quadratic Probing)。这里,探查

序列中的第 i 个值是 $(h(k)+i^2)$ mod M。这样,探查函数就是
$$p(k,i) = i^2$$
同样,具有不同基位置的两关键码有分开的探查序列。

例8.9 再一次使用一个大小 $M=101$ 的表,假定对于关键码 k_1 和 k_2,$h(k_1)=30, h(k_2)=29$。k_1 的探查序列是 30,31,34,39,k_2 的探查序列是 29,30,33,38。这样,尽管 k_1 会把 k_2 的基位置作为第 2 个选择来探查,但这两个关键码的探查序列此后就立即分开了。

伪随机探查和二次探查都能够消除基本聚集,即关键码共享探查序列段的问题。然而,如果两个关键码散列到同一个基位置,那么它们就会具有同样的探查序列。这是因为伪随机探查和二次探查产生的探查序列只是基位置的函数,而不是原来关键码值的函数(注意函数 p 对于伪随机探查和二次探查都不使用参数 k)。如果散列函数在一个特定基位置导致聚集,那么在伪随机探查和二次探查之下聚集仍然会保持下来。这个问题称为**二级聚集**(Secondary Clustering)。

为了避免二级聚集,我们需要使得探查函数 p 是原来关键码值的函数,而不仅仅是基位置的函数。探查函数的一般形式如下:
$$p(k,i) = i * h_2(k)$$
这种方法称为**双散列方法**(Double Hashing)。

例8.10 再次假定一个散列表的大小是 $M=101$,有 3 个关键码 $k_1=5, k_2=2$ 和 $k_3=4, h(k_1)=30, h(k_2)=28, h(k_3)=30, h_2(k)=k$,则 $p(k,i)=i*k$。那么 k_1 的探查序列就是 30,35,40,45,$\cdots$,k_2 的探查序列就是 28,30,32,34,$\cdots$,k_3 的探查序列是 30,34,38,42,$\cdots$,这样就没有关键码会共享同一个探查序列的部分。k_1 和 k_3 虽然有相同的哈希函数值即基地址,但因 k 不同,所以探查序列也就不同了。

双散列方法的一个好的实现应当保证所有探查序列常数都与表的大小 M 互素。这很容易就能够做到。一种方法就是选择 M 是一个素数,h_2 返回的值在 $1 \leqslant h_2(k) \leqslant M-1$。另一种方式就是对于任何值 m,设置 $M=2^m$,让 h_2 返回一个 1 到 2^m 之间的奇数值。

(4)闭散列方法分析

散列方法的效率如何?我们可以根据完成一次操作时需要的记录访问计数来衡量散列方法的性能。有关的基本操作是插入、删除和检索。把成功的检索和不成功的检索区分开是很有用的。在删除一条记录之前必须先找到它。这样,删除一条记录之前需要的访问数等于成功检索到它需要的访问数。要插入一条记录,必须能够沿着记录的探查序列找到一个空槽。这等于对这条记录进行一次不成功

的检索(由于不允许两条记录具有同样的关键码值,成功检索到这条记录就会产生一个错误)。

当散列表为空的时候,插入的第一条记录总会找到它空的基位置。这样,找到一个空槽只需要一次记录访问。随着表的不断填入,把记录插入某个基位置的可能性就减小了。如果一条记录散列到一个已被占用的槽,那么冲突解决策略必须能够找到另一个槽来存储它。如果要查找的记录没有保存在它的基位置,也需要额外的记录访问,因为要沿着记录的探查序列检索它。随着表的不断填充,越来越多的记录有可能放到离其基位置更远的地方。

根据这些讨论,我们可以看到散列方法预期的代价是表填充程度的一个函数。把表的**负载因子**(Load Factor)定义为 $\alpha = N/M$,其中 N 是表中当前的记录数目。

在我们假定探查序列依照散列表中槽的随机排列情况下,可以通过分析推知插入(或者一次不成功的检索)的预期代价估计是 α,发现基位置被占用的可能性是 α。发现基位置和探查序列中下一个槽都被占用的可能性是

$$\frac{N(N-1)}{M(M-1)}$$

i 次冲突的可能性是

$$\frac{N(N-1)\cdots(N-i+1)}{M(M-1)\cdots(M-i+1)}$$

如果 N 和 M 都很大,那么这大约是 $(N/M)^i$。探查次数的期望值是 1 加上 i 次冲突在 $i \geq 1$ 时的概率之和,大致为

$$1 + \sum_{i=1}^{\infty}(N/M)^i = \frac{1}{1-\alpha}$$

一次成功检索(或者一次删除)的代价与原来插入的代价相同。然而,插入代价的期望值所依赖的 α 值不是在删除的时候,而是在原来插入的时候。因此我们可以根据从 0 到 α 的当前值的积分推导出这个代价的一个估计(实质上是对所有插入代价的一个平均值),得到结果

$$\frac{1}{\alpha}\int\frac{1}{1-x}\mathrm{d}x = \frac{1}{\alpha}\ln\frac{1}{1-\alpha}$$

有一点很重要,上述预期操作的代价,使用了不合实际的假设,即假设探查序列基于散列表中槽的随机排列(避免由于聚集产生的所有代价)。这样,这些代价就是平均情况的下限估计。分析表明,线性探查插入和不成功检索的平均代价是

$$\frac{1}{2}\left[1 + \frac{1}{(1-\alpha)^2}\right]$$

删除和成功检索的平均代价则是

$$\frac{1}{2}\left(1+\frac{1}{1-\alpha}\right)$$

(5) 删除

当从散列表中删除记录的时候。有两点需要重点考虑：

① 删除一个记录一定不能影响后面的检索。也就是说，检索过程必须仍然能够通过新清空的槽。这样，删除过程就不能简单地把槽标记为空，因为这样会隔离探查序列后面的记录。例如，在图 8.13(a)中，关键码 1001 和 9537 都散列到第 0 个槽。根据冲突解决策略，把关键码 9537 放到第 1 个槽中。如果从表中删除 1001，对 9537 的检索必须仍然探查第 1 个槽。

② 我们不想让散列表中的记录由于删除而不可用，释放的槽应该能够为将来的插入使用。

通过在被删除记录的位置上放一个特殊标记。这两个问题都可以解决，这个标记称为**墓碑**(Tombstone)。墓碑标志一个记录曾经占用这个槽，但是现在已经不再占用了。如果在沿着一个探查序列检索时遇到一个墓碑，检索过程会继续下去。当在插入时遇到一个墓碑，那个槽就可以用于存储新记录。然而，为了避免插入两个相同的关键码，检索过程仍然需要沿着探查序列下去，直到找到一个真正的空位置。墓碑的使用使得检索过程仍然能够正常工作，并且允许重新使用已删除记录的槽。然而，经过一系列交替的插入、删除操作之后，有些槽仍然包含墓碑。这将会增加记录本身到其基位置的平均长度，超过了如果墓碑不存在时它所应该在的位置。一般的数据库会首先把一组记录装入散列表中，然后进入一段交替的插入和删除阶段。在表中装入初始记录之后。前几次删除(增加墓碑)会加长到达记录的探查序列的平均长度，随着时间的推移，平均长度会到达一个相对平衡点，这是因为插入会通过填充墓碑槽减小长度。例如，在初始把记录装入数据库之后，平均路径长度可能是 1.2(即平均每一次检索会需要 0.2 次访问超出基位置)。在一系列插入、删除之后，由于墓碑而使这个平均距离可能会增加到 1.6。这看起来只增加了很少，但是它比初始记录平均超出基位置槽 3 倍长。

这个问题有两种可能的解决方案：

① 根据删除进行一次局部重组，以缩小平均路径长度。例如，在删除一个关键码之后，继续深入这个关键码的探查序列，把探查序列中后面的记录交换到当前删除记录的槽中。

② 定期重新对表进行散列。当由于频繁删除导致平均查找长度到达某一阈值时，可以考虑重新散列。也就是把所有记录重新插入到一个新的表中。这样不仅能够清除墓碑，还为把最频繁访问的记录放到它们的基位置提供了机会。

8.4 本章小结

本章介绍了查找表的基本概念,对静态查找表和动态查找表进行了讨论,着重分析了二叉查找树和哈希表技术。在静态查找中,顺序、二分和索引查找因具体应用不同各有千秋。顺序查找对查找表没有任何约束;二分查找则要求查找表元素有序排列;而索引查找则要求查找表分块有序。在动态查找中,二叉查找树因其良好的特性而频繁被使用,通过把待查找元素的查找范围不断地缩小到一棵二叉检索式树的子树上,从而实现类似于二分查找的效率。查找树的效率很大程度上取决于树的平衡特性,从而引入平衡二叉树的概念。在本章最后比较详细地介绍了哈希查找,从哈希函数的构造、冲突的解决方法等方面对哈希散列技术进行了阐述。

习 题

8.1 若对大小均为 n 的有序顺序表和无序顺序表分别进行顺序查找,试在下列三种情况下分别讨论两者在等概率时平均查找长度是否相同:
(1) 查找不成功,即表中没有关键字等于给定值 K 的记录;
(2) 查找成功,且表中只有一个关键字等于给定值 K 的记录;
(3) 查找成功,且表中有若干个关键字等于给定值 K 的记录,要求找出所有这些记录。

8.2 试分别写出在对有序线性表 (a,b,c,d,e,f,g) 进行折半查找值等于 e、f 和 g 的元素时,先后与哪些元素进行了比较。

8.3 画出对长度为 17 的有序表进行折半查找的判定树,并分别求其等概率时查找成功的 ASL。

8.4 设有一组关键字 $\{9,01,23,14,55,20,84,27\}$,采用哈希函数:$H(\text{key}) = \text{key mod } 6$,表长为 10,用开放地址法的二次探测再散列方法 $Hi = (H(\text{key}) + d_i) \text{ mod } 10 (d_i = 1^2, 2^2, 3^2, \cdots)$ 解决冲突。

要求:对该关键字序列构造哈希表,并计算查找成功的平均查找长度。

8.5 对关键字集{30,15,21,40,25,26,36,37},若查找表的装填因子为 0.8,采用线性探测再散列方法解决冲突:

(1) 设计哈希函数;

(2) 画出哈希表;

(3) 计算查找成功和查找失败的平均查找长度;

(4) 写出将哈希表中某个数据元素删除的算法。

8.6 已知如下所示长度为 12 的表:

(Jan,Feb,Mar,Apr,May,Jun,July,Aug,Sep,Oct,Nov,Dec)

表中,每个元素的查找概率分别为:

(0.1,0.25,0.05,0.13,0.01,0.06,0.11,0.07,0.02,0.03,0.1,0.07)

(1) 若对该表进行顺序查找,求查找成功的平均查找长度;

(2) 画出从初态为空开始,依次插入结点,生成的二叉排序树;

(3) 计算该二叉排序树查找成功的平均查找长度;

(4) 将二叉排序树中的结点 Mar 删除,画出经过删除处理后的二叉排序树。

8.7 已知关键字序列{10,25,33,19,06,49,37,76,60},哈希地址空间为 0~10,哈希函数为 $H(Key) = Key \% 11$,求:

(1) 用开放定址线性探测法处理冲突,构造哈希表 HT1,分别计算在等概率情况下 HT1 查找成功和查找失败的 ASL;

(2) 用开放定址二次探测法处理冲突,构造哈希表 HT2,计算在等概率情况下 HT2 查找成功的 ASL;

(3) 用拉链法解决冲突,构造哈希表 HT3,计算在等概率情况下 HT3 查找成功的 ASL。

8.8 设哈希表 a、b 分别用向量 $a[0..9]$、$b[0..9]$ 表示,哈希函数均为 $H(key) = key \bmod 7$,处理冲突使用开放定址法,$Hi = [H(key) + D_i] \bmod 10$,在哈希表 a 中 D_i 用线性探测再散列法,在哈希表 b 中 D_i 用二次探测再散列法,试将关键字{19,24,10,17,15,38,18,40}分别填入哈希表 a、b 中,并分别计算出它们的平均查找长度 ASL。

8.9 对以下关键字序列建立哈希表:(SUN,MON,TUE,WED,THU,FRI,SAT),哈希函数为 $H(K) =$ (关键字中第一个字母在字母表中的序号)mod 7,用线性探测法处理冲突,求构造一个装填因子为 0.7 的哈希表,并分别计算出在等概率情况下查找成功与不成功的平均查找长度。

8.10 给出二分查找的递归算法。

8.11 编写一个在键树 T 上查找关键字等于给定值 key 的记录的算法。若查找成功,返回指向该记录的指针;否则返回空指针。

8.12 写出判别一棵二叉树是否为二叉排序树的算法,设二叉排序树中不存在关键字值相同的结点。

8.13 假设哈希表长为 m,哈希函数为 $H(x)$,用链地址法处理冲突。试编写输入一组关键字并建造哈希表的算法。

第9章 排　　序

排序是数据处理中经常使用的一种很重要的运算,因此人们对它进行了深入细致的研究。并且已经设计出了一些巧妙的算法。但是,仍然有一些与排序相关的问题悬而未解,适应各种不同要求的新算法不断地被开发出来并得到了改进。本章在对排序问题进行讲解的同时,也触及许多重要算法的分析。排序算法涉及了广泛的算法分析技术,对排序问题的研究也促进了文件处理技术的发展,这是由于有些排序问题在执行时必须不断地从外存读取信息(这部分信息由于太大而无法在内存中直接存放)。

9.1 排序的基本概念

这一章介绍几种实用的**内排序**(Internal Sorting,在内存中完成排序)方法。首先对三个简单且相对较慢的算法进行分析,它们在平均和最差情况下的时间代价是 $O(n*n)$。有一些较好算法的时间代价是 $O(n\log_2 n)$。最后介绍了一种在最佳情况下代价仅为 $O(n)$ 的算法。。

如果没有特别说明,本章中的数据类型都是存储在数组中的一组记录。数组中的每一个记录内部都有一个域称为**排序关键码**(Sort Key),或者简称为**关键码**(Key)。这个关键码可以是任何一种可比的有序数据类型,关键码的类型可能是:字符、字符串、整数、实数、或者别的更复杂的类型。另外,我们也假设比较关键码的运算符已经有了定义。因此,本章的排序中比较记录 R 和 S 就有以下的形式:

　　　　　　　　　　if (R.key<＝S.key) …

我们也假设对每种记录类型已定义了用于交换两个记录的函数 swap。该函数以两个被交换的记录为变量,交换它们的内存数据内容。

定义 9.1 排序问题:给定一组记录 $r_1, r_2, \cdots, r_n$,其关键码分别为 $k_1, k_2, \cdots, k_n$,将这些记录排成顺序为 $r_{s1}, r_{s2}, \cdots, r_{sn}$ 的一个序列 S,满足条件 $k_{s1} \leqslant k_{s2} \leqslant \cdots \leqslant k_{sn}$。换句话说,排序就是要重排一组记录,使其关键码域的值具有规定的顺序。

根据定义,排序问题中的记录可以具有相同的关键码。有些应用中要求输入没有重复关键码的一组记录。当允许关键码重复时,也许具有相同关键码的记录之间就有某种内在的顺序,典型的情况为它们的输入顺序。有的应用可能要求不改变具有相同关键码记录的原始输入顺序。如果一种排序算法不改变这种原始输入的相对顺序则称之为**稳定的**(Stable)。本章中的大多数(但不是全部)排序算法都是稳定的。

当比较两个排序算法时,最直截了当的方法是对它们进行编程,然后比较它们的运行时间。但是,有些算法的运行时间依赖于原始输入记录的情况,因此这种比较方法也会失去意义。特别是记录的数量、记录的大小、关键码的可操作区域以及输入记录的原始有序程度,这些都会大大影响排序算法的相对运行时间。

当分析排序算法时,传统方法是衡量关键码之间进行比较的次数。这种方法通常与算法消耗的时间有关,而与机器和数据类型无关。但是在一些情况下,记录也许很大,以致它们的移动是影响程序整个运行时间的重要因素。在这种情况下,应该统计算法中所使用的交换次数。在大多数情况下,我们可以假设所有的记录及关键码都具有固定的长度,因此做一次比较或者交换所用的时间也是固定的,不用考虑所比较的是哪一个关键码。一些特定的应用可以采取较灵活的比较方法。例如,一个应用中不同的记录或关键码的长度差别很大(如对一个长度不同的字符串序列进行排序),可以采用一些特殊的算法。一些实例中只对少量记录进行排序,但是排序操作的频率很高。例如,对只有 5 个记录反复排序。在这种情况下,在渐近分析的运行时间公式中常常被忽略的常量系数和常数项就变得十分重要了。另外,还有一些实例中要求占用尽量少的内存。为方便理解,先定义本章排序所用到的线性顺序结构如下:

```
typedef struct {
    keytype key;
    infotype otherinfo;
}RcdType;                      //元素(记录)类型结构
typedef struct {
```

```
    RcdType  r[MAXSIZE+1];        //0 单元不存放元素
    int Len;
} SqTable;                        //待排序表结构
```

9.2 简 单 排 序

本节将介绍三种简单的排序:选择、起泡和插入排序。

9.2.1 选择排序

首先介绍的排序是**选择排序**(Selection Sort)。选择排序第 i 趟的是选择数组中第 i 小的记录,并将这个记录放到数组的第 i 个位置。换句话说,选择排序首先从未排序的序列中找到最小关键码,接着是次小的,如此反复找出较小的关键码,直到完全排序。它比较独特的地方是很少交换。在寻找下一个较小的数时,需要检索整个未排序的序列,但是只用一次交换即可将待排序的记录放到正确位置。这样最多要用 $n-1$ 次交换。

算法9.1

```
void SelSort(SqTable &L)               //对顺序表进行选择排序
{
    for (i = 1;i<L.Len;i++) {          //选择第 i 个记录
        lowIndex = i;                  //记录索引位置
        for(j=L.Len;j>i;j--)           //找最小值
            if (L.r[j].key<L.r[lowIndex].key) lowIndex = j;
        swap(L.r[i],L.r[lowIndex]);
    }
}
```

图 9.1 中每列代表以 i 值为循环值的外层 for 循环执行后数组中的记录情况。在每列中画横线以上的元素都已经是有序的了,而且都在它们的最终位置上。

选择排序实质上就是起泡排序,我们记住选择的最小元素的位置并最后用一次交换使它到位,而不是不断地交换相邻记录以使下一个最小记录到位,因此,比较的次数仍为 $O(n^2)$,但是交换的次数要比起泡排序少得多。对于处理那些作一次交换花费时间较多的问题,选择排序是很有效的。例如当元素是较长的字符串或是其他大型记录时,要比起泡排序有效。

图 9.1 选择排序说明

还有一种方法可以降低各种排序算法用于交换记录所用的时间,尤其是当记录很多的时候,这就是使数组中的每一个元素存储指向该元素记录的指针。在这种实现中,交换只需要对指针所指的关键码进行操作。图 9.2 是该技术的一个示例。虽然需要一些空间来存放指针,但换来的是更高的效率。

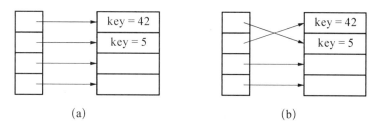

图 9.2 交换指向记录指针示例

图 9.2(a)是 4 个记录的序列,关键码值为 42 的记录排在关键码值为 5 的记录前面。(b)中显示两个指针交换后的 4 个记录,现在关键码值为 5 的记录排在关键码值为 42 的记录前面。

9.2.2 起泡排序

起泡排序或称**冒泡排序**(Bubble Sort)算法,常常在计算机科学的一些入门课程中作为例题给初学程序设计者讲述,如"程序设计C语言"。这其实并不合适,因为起泡排序并没有那么浅显。它是一种较慢的排序,并且不同于后面介绍的插入排序,它没有较好的最佳情况执行时间。

起泡排序包括一个简单的双重 for 循环。第一趟的内循环从数组的底部比较到顶部,比较相邻的关键码。如果下面的关键码比其上邻居的关键码小,则将二者交换顺序。如此反复地做下去。一旦遇到一个最小关键码,这个过程将使它像个"气泡"似地被推到了数组的顶部(就像水底的气泡冒到水面上一样)。第二趟再重复调用上面的过程。但是,既然我们知道最小元素第一次就被排列了数组的最上面,因此就没有必要再比较最上面的两个元素了。同样,每一轮循环都是比较相邻的关键码,但是都将要比上一轮循环少比较一个关键码,图9.3阐明了起泡排序的工作过程。

算法 9.2

```
void BubSort(SqTable &L)           //对顺序表进行起泡排序
{
    for(i = 1;i<L.Len;i++)         //起泡第 i 个记录
        for(j=L.Len;j > i;j--)
            if (L.r[j].key<L.r[j-1].key)
                swap(L.r[j],L.r[j-1]);
}
```

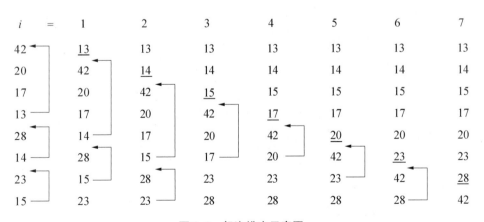

图 9.3 起泡排序示意图

图9.3中的每一列数都表示以该列顶部的 i 值进行每一次 for 循环后数组中的内容。箭头指示一个循环中每次交换的具体位置。

分析起泡排序的比较次数十分简单。不去考虑数组中结点的组合情况,比较的次数总将是 i,因此时间代价为

$$\sum_{i=1}^{n} i = O(n^2)$$

起泡排序的最佳、平均、最差情况的运行时间几乎是相同的。

一个结点比它前一个结点的关键码值小的概率有多大就决定了交换的次数。我们可以假定这个概率为平均情况下比较次数的一半,因此代价为 $O(n^2)$。实际上起泡排序的交换次数与插入排序的交换次数相同。

9.2.3 插入排序

这里将要介绍的另一种排序算法称为**插入排序法**(Insert Sort)。插入排序逐个处理待排序的记录,每个新记录与前面已排序的子序列进行比较,将它插入到子序列中正确的位置。下面是插入排序算法实现,其输入是一个记录数组,数组中存放着 n 个记录。

算法 9.3

```
void InsSort(SqTable &L)                    //对顺序表进行插入排序
{//对顺序表 L 进行插入排序
    for (i=2;i<=L.Len;i++){                 //插入第 i 个记录
        if(L.r[i].key>L.r[i-1].key)contine;  //无需插入
        L.r[0]=L.r[i];                       //设置哨卡
        for (j=i-1;L.r[0].key<L.r[j].key;j--)
            L.r[j+1]=L.r[j];
        L.r[j+1]=L.r[0];                     //插入到合适位置
    }
}
```

考虑一下 InsSort 处理第 i 个记录的情况,记录的值设为 X。当记录 X 比它上面的那个值小时,它向上移动,直到遇到一个比它小或者与它相等的值时,本次插入才完成,因为再往前就一定都比它小了。

图9.4中的每一列数都表示以该列顶部的 i 值进行一次 for 循环后数组中的内容。每列中横线以上的记录是已排序的。每个箭头都指示了该元素应该插入的

位置。

插入排序的程序体是由嵌套的两个 for 循环组成的。外层插入循环要做 $n-1$ 次。里面的插入循环次数分析起来要更困难一些,因为其次数依赖于在第 i 个记录前的 $i-1$ 个记录中有多少个关键码值小于第 i 个记录的关键码值。最差的情况是:每个记录都必须插入到数组的顶端。如果原来数组中的原始数据是逆序的,这种情况将会发生。这时内部循环共要做 $i-1$ 次比较。因此,比较次数最多为

$$\sum_{i=2}^{n} i = O(n^2)$$

相反地,考虑最佳情况,此时数组中的关键码就是从小到大按照正序排列的。在这种情况下,每个结点不会进入内层 for 循环,没有记录需要移动。总的比较次数为 $n-1$ 次,即外层 for 循环的执行次数。因此最佳情况下插入排序的时间代价为 $O(n)$。

i =	1	2	3	4	5	6	7
42	20	17	13	13	13	13	13
20	42	20	17	17	14	14	14
17	17	42	20	20	17	17	15
13	13	13	42	28	20	20	17
28	28	28	28	42	28	23	20
14	14	14	14	14	42	28	23
23	23	23	23	23	23	42	28
15	15	15	15	15	15	15	42

图 9.4 插入排序示意图

尽管最佳情况要比最差情况快得多,但是往往最差情况的性能是"典型"运行时间性能的可信指标。尽管如此,在有些情况下,待排序数据可能是已经有序或者基本有序。例如,在一个已排序序列上略作了一些修改,若改动不太大,最好用插入排序把它恢复成为有序的。

那么,插入排序的平均执行时间到底是多少呢?当处理到第 i 个记录时,内层 for 循环的执行次数依赖于该记录离最终位置的距离。也就是说,第 i 个记录前面的 0 到 $i-1$ 个记录中,比第 i 个记录大的那些记录都会引起 for 循环执行一步。例如,在图 9.4 中 15 前面有 5 个比它大的数。每一个这样的数称为 1 个**逆置**(Inversion)。逆置的数目将决定比较及交换的次数。我们需要判断对于第 i 个记

录来说,其平均逆置有多少。在平均情况下,在数组的前 $i-1$ 个记录中有一半值比第 i 个记录的值大。因此,平均的时间开销就是最差情况的一半,仍然为 $O(n^2)$。因此,在渐近复杂性的意义上,平均情况也并不比最差的情况好多少。计算比较及移动的次数所得出的结果是相近的,因为几乎比较一次就要移动一次(除了每一轮插入时的第一次比较不需要移动或最后一次比较找到了应该插入的位置)。因此,总移动次数在最佳情况下为 0,在最差及平均情况下为 $O(n^2)$。

9.2.4 交换排序算法的时间代价

图 9.5 列出了插入排序、起泡排序和选择排序分别在最佳、平均和最差情况下的比较与交换的次数。三种算法在平均及最差情况下的时间代价皆为 $O(n^2)$。

		插 入	起 泡	选 择
比 较	最佳情况	$O(n)$	$O(n^2)$	$O(n^2)$
	平均情况	$O(n^2)$	$O(n^2)$	$O(n^2)$
	最差情况	$O(n^2)$	$O(n^2)$	$O(n^2)$
交换/移动	最佳情况	0	0	0
	平均情况	$O(n^2)$	$O(n^2)$	$O(n)$
	最差情况	$O(n^2)$	$O(n^2)$	$O(n)$

图 9.5 交换指向记录指针示例

在典型情况下,下面要介绍的排序算法比上述三种快得多。但是在继续介绍其他算法之前,有必要讨论一下这三种排序算法如此之慢的原因。关键的瓶颈是只比较相邻的元素。因此,比较和移动只能一步一步地进行(除了选择排序外)。交换相邻记录叫做一次**交换**(Exchange)。因此,有时这些排序被称为**交换排序**(Exchange Sort)。

任何一种交换排序的时间代价是数组中所有记录移到"正确"位置所要求的总步数。为了确定平均情况下交换排序的最佳时间代价,我们需要计算每一个记录的现在位置与其最终在排序好的数组中位置的差别,然后把这些差别累计起来。

那么交换排序的最小时间代价(平均来说)到底是多少呢?考虑一个有 n 个元素的序列 L。L 中有 $n(n-1)/2$ 对不同的元素,每一对都可能是一个逆置,每一种这样的对一定在 L 中或在 LR(L 的逆置序列)中。所以,L 及 LR 最多可有 $n(n-1)/2$ 对逆置,而平均起来每个序列只有 $n(n-1)/4$ 对逆置。因此,我们可以说任何一种将比较限制在相邻两个元素之间进行的交换算法的平均时间代价都是$O(n^2)$。

9.3 希尔排序

下面我们来分析一种通常称为**希尔排序**(Shell Sort)的算法,这是以它的发明者 D.L.Shell 的名字来命名的。但是也有人称之为**缩小增量排序法**(Diminishing Increment Sort)。不像交换排序,Shell 排序在不相邻的记录之间进行比较与交换。Shell 排序利用了插入排序的最佳时间代价特性。Shell 排序试图将待排序序列变成"近似有序"状态(我们称之为"基本有序"),然后再用插入排序来完成最后的排序工作。如果能正确地实现,在最差情况下 Shell 排序肯定具有比 $O(n^2)$ 好得多的性能,因此它不是一种交换排序。

Shell 排序是这样来分组并排序的:将序列分成为子序列,然后分别对子序列进行排序,最后将之组合起来。Shell 排序将数组元素分成"逻辑"子序列,每个子序列用插入排序方法进行排序;另一组子序列也是如此选取,然后排序;依此类推。

在执行每一次循环时,Shell 排序把序列分为互不相连的子序列,并且使各个子序列中的元素在整个数组中的间距相同。例如,我们设数组中元素的个数为偶数 n,是 2 的整数次方幂。Shell 排序首先将它分成 $n/2$ 个长度为 2 的子序列。如果数组的下标为 1~16 的 16 个记录,那么首先是将它分成 8 个各有两个记录的子序列,第一个序列元素的下标是 1 和 9,第二个的下标是 2 和 10,依此类推。

第二轮 Shell 排序时将处理数量少一些的子序列,但是每个子序列都更长。对于我们的例子来说,会有 $n/4$ 个长度为 4 的子序列。因此,第二次分割的第一个子序列中有位于 1,5,9,13 的 4 个元素,第二个子序列的元素位于 2,6,10,14,依此类推。每一个子序列仍然用插入排序法进行排序。

第三轮将对两个子序列进行,其中一个包含原数组中的奇数位上的元素,另一个包含偶数位上的元素。

最后一轮将是一次完全的插入排序。图 9.6 解释了对于一个 16 个元素的数组之排序过程,其中元素间距的增量分别为 8,4,2 和 1。下面是 Shell 排序算法。

算法 9.4

```
void ShlSort(SqTable &L)           //对顺序表进行 Shell 排序
{
    n = L.Len;
    for (i = n/2; i > 2; i/ = 2)   //增量
        for(j = 1; j <= i; j++)    //对每个子表排序
            InsSort2(&L.r[j], n+1-j, i);
    InsSort2(&L.r[1], n, 1);
}

void InsSort2(RcdType A[ ], int n, int incr)
{
    for(i = incr; i <= n; i += incr)
        for(j = i; (j > incr) && (A[j].key < A[j-incr].key); j -= incr)
            swap(A[j], A[j-incr]);
}
```

1	2	3	4	5	6	7	8	9	10	11	12	13	14	15	16
59	20	17	13	28	14	23	83	36	98	11	70	65	41	42	15
36	20	11	13	28	14	23	15	59	98	17	70	65	41	42	83
28	14	11	13	36	20	17	15	59	41	23	70	65	98	42	83
11	13	17	14	23	15	28	20	36	41	42	70	59	83	65	98
11	13	14	15	17	20	23	28	36	41	42	59	65	70	83	98

图 9.6 Shell 排序示例

　　Shell 排序并不关心分割的子序列中元素的间隔(尽管最后的间隔为 1,是一个常规的插入排序),其目的是经过每次对子序列的处理可以使待排序的数组更加有序。当最后一轮调用插入排序时,数组已经是基本有序的了。

图9.6中用4个回合对16个元素进行排序。第一轮处理8个长度为2的子序列,第二轮处理4个长度为4的子序列,第三轮处理2个长度各为8的子序列。第四轮处理长度为16的整个数组。

选择适当的增量序列可以使Shell排序比其他排序法更有效。一般来说。增量选择是$(2^k,2^{k-1},\cdots,2,1)$并没有多大效果,而当所选择的增量序列为$(\cdots,121,40,13,4,1)$时效果很好。

分析Shell排序是很困难的,我们可以承认Shell排序的平均运行时间是$O(n^{1.5})$(对于选择"增量每次除以3"递减)。别的增量序列选取可以减少这个上界。因此,Shell排序确实比插入排序或前述章节中讲到的任何一种运行时间为$O(n^2)$的排序算法要快,Shell排序说明了有时我们可以利用一个算法的特殊性能(如本例中的插入排序),尽管一般情况下该算法可能会慢得令人难以忍受。

9.4 快速排序

快速排序(Quicksort)是个恰当的命名,因为当用得恰到好处时,它是迄今为止所有内排序算法中最快的一种。快速排序应用广泛,典型的应用是UNIX系统调用库函数例程中的qsort函数。有趣的是,快速排序往往由于最差时间代价的性能而在某些应用中无法采用。

在我们讲解快速排序之前,先来考虑一个用二叉树进行排序的实例。你可以将所有的结点放到一个二叉查找树中,然后再按照中序方法遍历,结果得到一个有序数组。但是这种方法有许多弊端。首先,为了存储一棵二叉树要占用大量结点空间;其次,把结点插入二叉查找树中需要花很多时间。但是这种方法给了我们一些有用的启示:二叉查找树的根结点将树分为两部分,所有比它小的记录结点都在左子树,所有比它大的记录结点都位于其右子树。这样二叉查找树隐含地实现了**"分治法"**(Divide and Conquer),来对其左、右子树分别进行处理。快速排序以一种更有效的方式实现了"分治法"的思想。

快速排序首先选择一个轴值(Pivot),假设输入的数组中有$k-1$个小于轴值的结点,于是这些结点被放在数组最左边的$k-1$个位置上,而大于轴值的结点被放在数组最右边的$n-k$个位置上,这称为数组的**分割**(Partition)。在给定分割中的结点不必被排序,只要求所有结点都放到了正确的分组位置中。而轴值的位置就是下标 k。快速排序再对轴值的左右子数组分别进行类似的操作,其中一个子数组有 $k-1$ 个元素,而另一个有 $n-k$ 个元素。那么这些子数组的值又如何进行排序的呢？由于快速排序是一个好算法,可以对这两个子数组继续使用快速排序法。

算法 9.5

```
void QuiSort(SqTable &L,int i,int j)         //对顺序表进行快速排序
{
    pivotIndex = FindPivot(L,i,j);           //i,j 为子序列左右两端的下标
    swap(L.r[pivotIndex],L.r[j]);            //置轴点到末端
    k = partition(L,i,j,L.r[j].key);
    swap(L.r[k],L.r[j]);                     //置轴点位置
    if ((k-i) > 1) QuiSort(L,i,k-1);         //左分区排序
    if ((j-k) > 1) QuiSort(L,k+1,j);         //右分区排序
}
```

请注意在调用 partition 之前,轴值已经被放在数组的最后一个位置上。函数 partition 将返回值 k,这是分割后的右半部分的起始位置。函数分割一定不能影响到数组中 j 所指的记录。然后轴值被放到下标为 k 的位置上,这就是它在最终排序好的数组中的位置。要做到这一点,我们必须保证在递归调用 QuiSort 的过程中轴值将不再移动。即使是在最差情况下选择了一个不好的轴值,导致分割出了一个空子数组,而另一个子数组中起码有 $n-1$ 个记录。

选择轴值有多种方法。最简单的方法是使用第一个记录的关键码。但是,如果输入的数组是正序的或者是逆序的,就会将所有的结点分到轴值的一边。较好的方法是随机选取轴值。这样可以减少由于原始输入对排序造成的影响。可惜,随机选取轴值的开销较大,我们可以用选取数组中间点的方法代替。下面是一个简单的 findpivot 函数:

　　int FindPivot(SqTable &L,int i,int j) {return (i+j)/2;}

我们现在来看函数 partition。假如我们事先知道有多少个结点比轴值小,partition 只需要将关键码比轴值小的 k 个结点放到数组的前 k 个位置上,关键码比轴值大的元素放到最后。由于我们事先并不知道有多少关键码比中心点(轴值)小,我们可以用一种较为巧妙的方法来解决:从数组的两端移动下标,必要时交换

记录,直到数组两端的下标相遇为止。下面是 partition 算法 9.6。

初始 $l=i-1$,保证了从 $L[i]$ 开始处理;$L[--r]$ 保证了 $L[j]$ 没有被处理。

算法 9.6

```
int partition(SqTable &L,int i,int r,Elem pivot)
{
    l = i-1;
    do {
        while (L.r[++l].key<pivot);              //从左移到右
        while (r>=i && L.r[--r].key > pivot));   //从右移到左
        swap(L.r[l],L.r[r]);
    } while (l<r);
    //由于循环中当 l=r+1 时才会停止且发生了多余交换,故应该换回来
    swap(L.r[l],L.r[r]);
    return l;
}
```

图 9.7 阐明了函数的执行过程。开始时边界参数 l 和 r 在数组的实际边界之外,每一轮执行外层 do 循环时,都将它们向数组的中间移动,直到它们相遇为止。

初始状态	72	6	57	88	85	41	83	73	48	60
	l									r
移动指针	72	6	57	88	85	41	83	73	48	60
	l								r	
第一次交换	48	6	57	88	85	42	83	73	72	60
	l								r	
移动指针	48	6	57	88	85	42	83	73	72	60
				l		r				
第二次交换	48	6	57	42	85	88	83	73	72	60
				l		r				
移动指针	48	6	57	42	85	88	83	73	72	60
					r	l				
第三次交换	48	6	57	85	42	88	83	73	72	60
					r	l				
翻转交换	48	6	57	42 |	85	88	83	73	72	60
				r	l					

图 9.7 快速排序的分割步骤

请注意每次内层的 while 循环时,边界下标都先移动,然后再与轴值进行比较。这是为了保证每个 while 循环都有所进展,即使当最后一次 do 循环中两个被交换的值都等于轴值时也同样处理。另外请注意在第二个 while 循环中保持 $r \geqslant i$,这就保证了当轴值所分割出来的左半部分的长度为 0 时,r 不至于会超出数组的下界(下溢出)。函数 partition 返回右半部分的第一个下标的值,因此我们可以确定递归调用 QuiSort 的子数组的边界。图 9.8 演示了快速排序算法的全部执行过程。

图 9.8 快速排序图示

图 9.7 第一行给出了数组的初始情况。轴值是被交换到数组最后位置上的 60。do 循环做了三次,每一次将两个下标变量向数组中央移动若干格,直到第三个循环结束时相遇。最终一次交换是对最后一趟循环中不必要交换的纠正。于是,左边子数组有 4 个结点,而右边子数组有 6 个。最后轴值放于数组中的第 5 个位置上。

上述算法中选择最右边的元素位置存放轴值,再把数据分成两个部分后,再和右半部分最左边的值交换,从而把轴值交换到中间位置。我们也可以选择最左边的一个元素位置做轴值,并暂存轴值,空出此位置给高端不合适的值搬移到此处,然后高端又会空出一个位置……如此循环,直到高低端指针相遇时空出的位置恰好放回轴值。如图 9.9 所示。

针对图 9.9 的分割思想,可以有如算法 9.7 所示的快速排序实现。

暂存轴值 72									
初始状态	72 l	6	57	88	85	42	83	73	48	60 h
移动 h 指针	□ l	6	57	88	85	42	83	73	48	60 h
移动值到低端	60 l	6	57	88	85	42	83	73	48	□ h
移动 l 指针	60	6	57	88 l	85	42	83	73	48	□ h
移动值到高端	48	6	57	□ l	85	42	83	73	48	88 h
移动 h 指针	48	6	57	□ l	85	42	83	73	48 h	88
移动值到低端	48	6	57	48 l	85	42	83	73	□ h	88
移动 l 指针	48	6	57	48	85 l	42	83	73	□ h	88
移动值到高端	48	6	57	48	□ l	42	83	73	85 h	88
移动 h 指针	48	6	57	48	□ l	42 h	83	73	85	88
移动值到低端	48	6	57	48	42 l	□ h	83	73	85	88
移动 l 指针	48	6	57	48	42	□ l h	83	73	85	88
放回轴值	{48	6	57	48	42}	72 l h	{83	73	85	88}

图 9.9 快速排序的分割步骤

算法 9.7

```
int Partition2(SqTable &L,int low,int high)
{//对 L 顺序表,选取 L.r[low]作为轴值进行分割,并返回轴值位置
  L.r[0] = L.r[low];                           //暂存轴值
  pivot = L.r[low].key;
  while(low<high){
    while(low<high && L.r[high].key >= pivot)high--;   //high 向左移动
    L.r[low] = L.[high];                       //高端的小于轴值的元素移动到低端
    while(low<high && L.r[low].key <= pivot)low++;     //low 向右移动
    L.r[high] = L.[low];                       //低端的大于轴值的元素移动到高端
  }
  L.r[low] = L.r[0];                           //放回轴值
```

```
    return low;
}//Partition2
void QSort2(SqTable &L,int low,int high)
{ //对 L.r[low..high]进行递归快速排序
    if(low<high){                              //大于 1 个元素
        pivotidx = Partition2(L,low,high);     //分割为两部分
        QSort2(L,low,pivotidx - 1);            //递归快速排序 L.r[low,pivotidx - 1]
        QSort2(L,pivotidx + 1,high);           //递归快速排序 L.r[low,pivotidx - 1]
    }
}//QSort2
void QuickSort2(SqTable &L)
{ //对 L 进行快速排序
    QSort2(L,1,L.Len);
}
```

为了分析快速排序的函数过程,我们首先分析一下对长度为 k 的子数组进行 FindPivot 和 Partition 操作的例子。显然,FindPivot 使用的是常数时间。Partition 函数包含 1 个 do 循环和 2 个 while 循环。分割操作的总时间消耗取决于 l 和 r 这两个下标要向中间移动多久才能相遇。一般说来,如果子数组的长度为 s,那么两个下标变量一共要走 s 步。但是,这并没有直接告诉我们每个 while 循环要消耗多少时间。do 循环是每执行一次指针都向前移动至少一步。每一个 while 循环移动它相应的下标至少一次(除非 r 下标遇到了数组的左边界,但是这种情况至多发生一次)。因此,do 循环至多执行 s 次,总的移动下标的次数最多是 s 次。并且每一个 while 循环最多执行 s 次。于是最大的时间消耗为 $O(s)$。

知道了 FindPivot 和 Partition 的时间,我们就可以分析快速排序的时间代价。我们首先分析一下最差的情况。最差情况出现在轴值未能很好地分割数组,即一个子数组中没有结点,而另一个数组中有 $n-1$ 个结点。在这种情况下,分割过程未能很好地完成任务。因此,下一次处理的子数组只比原数组小 l。如果这种情况发生在每一次分割过程中,那么算法的总时间代价为

$$\sum_{k=1}^{n} k = O(n^2)$$

在最差情况下,快速排序的时间代价为 $O(n^2)$。这是很糟糕的,并不比起泡排序更好。那么什么时候会出现这种最差情况呢?仅仅在每个轴值都未能将数组分割好时会出现。如果数组的记录是随机选取的,那么这种情况并没有多大可能发生。即使选取中间点作为轴值也没有多大可能出现。因此,这种最差的情况并

不影响快速排序的工作。

当每个轴值都将数组分成相等的两部分时,出现了快速排序的最佳情况。快速排序一直将数组分割下去,直到最后,如图 9.8 所示。在最佳情况下,要分割 $\log_2 n$ 次。最上层原始待排序数组中有 n 个记录,第二层分割的数组是 2 个长度各为 $n/2$ 的子数组,第 3 层分割的子数组是 4 个长度为 $n/4$ 的子数组,…,依此类推。因此,在每一层中,所有分割的步骤之和是 n,于是整个算法的时间代价为 $O(n\log_2 n)$。

快速排序的平均情况介于最佳与最差两种情况之间。平均情况应考虑到所有可能的输入,对所耗费的时间求和,然后除以输入的总情况数。我们做一个合理的简化设想,在每一次分割时,轴值处于最终排序好的数组中位置的概率是一样的。换句话说,轴值将数组分成长度为 0 和 $n-1$,1 和 $n-2$,…,依此类推。这些分组的概率是相等的。

在这种假设下,平均时间代价可以推算为

$$T(n) = cn + \frac{1}{n}\sum_{k=0}^{n-1}(T(k) + T(n-1-k)), \quad T(0) = c, \quad T(1) = c$$

这是一个递归公式。$T(k)$ 是指处理长度为 k 的数组时快速排序算法所花费的时间。这个等式说明了在长度为 n 的数组中,数组被分割为 0 和 $n-1$,1 和 $n-2$,…,其概率都是 $1/n$。表达式"$T(k) + T(n-1-k)$"是分别递归处理长度 k 和 $n-1-k$ 点的子数组时所用的时间。最前面的项 cn 是 FindPivot 和 Partition 函数所用的时间。根据公式所推算出来的时间为 $O(n\log_2 n)$。因此,快速排序平均要使用 $O(n\log_2 n)$ 时间。

快速排序算法是可以改进的(改变常数因子)。最明显的潜力与寻找函数 FindPivot 有关。快速排序的最差情况发生在轴值将数组分成一个空的和一个长度为 $n-1$ 的数组时。如果我们再多花些精力寻找一个更好的轴值,这个坏轴值的影响会减少甚至消失。一种较好的方法是"三者取中法",即取三个随机值的中间一个。用一个随机函数耗时较多,因此较普遍的方法是看当前子数组中第一个、中间一个及最后一个位置的数值。

事实上,当 n 很小时,快速排序是很慢的,于是我们还可以做一些重要的改进。如果每一次我们都处理大数组就不需要管它,也不用管偶尔对小数组排序时所耗费的时间多长,因为它仍能较快完成。应该注意到快速排序本身就在不断地对小的数组进行排序,这是分治法的副产品。

一个简单的改进是用处理小数组较快的方法来替换快速排序。如插入排序及选择排序。但是,有一种更有效也很简单的优化方法。当快速排序的子数组小于某个阈值时,什么也不要做。尽管那些子数组中的数值是无序的,但是,我们知道左边数组的关键码都要小于右边数组的关键码。因此,虽然快速排序只是大致将排序码移到了接近正确的位置,不过数组已是基本有序的了,这样的待排序数组适合使用插入排序。最后一步仅仅是调用一下插入排序过程将整个数组排序。经验表明,最好的组合方式是当子数组的长度小于9时就选择使用插入排序。

最后想到的缩短运行时间的方法是与递归调用有关的。快速排序本质上是递归的,由于每个快速排序操作都要对两个子序列排序,因此无法使用一种简单的方法来转换成为等价的循环算法。但是,当需要存储的信息不是很多时,可以使用栈来模拟递归调用,以实现快速排序。事实上,我们没有必要存储子数组的拷贝,只需要将子数组的边界存起来。进一步观察,如果注意调整快速排序的递归调用顺序,堆栈的深度可以保持较小。我们也可以将函数 FindPivot 及 Partition 的代码变为直接的编码形式嵌入算法中,因为函数调用比直接编码耗时更多。如果按照以上我们建议的那样,不处理长度小于9(或更小)的子数组,不管这个长度规定是多少,已经减少了80%到90%的函数调用。因此,消除其余的函数调用只能提高有限的速度。

9.5 堆 排 序

我们关于快速排序的讨论,是从利用二叉查找树(BST)进行排序开始的。二叉查找树占用的空间太大,而且由于插入结点需要花费一些时间,它比快速排序和归并排序都慢。如果 BST 不平衡,可能导致最差运行时间为 $O(n^2)$。二叉树中子树的平衡与快速排序中对数组的分割很相似。快速排序的轴值与 BST 根结点的值起着相同的作用,左半部分(左子树)的值都小于轴值(根结点值),右半部分(右子树)的值都大于等于轴值(根结点值)。

人们设计了一个基于树结构的更好的排序算法。特别地,我们希望二叉树是平衡的,消耗的存储空间小,并且运算速度快。注意排序这种特殊的应用,一开始就全部给出了应该存储而用于排序的所有值,这就意味着没有必要将结点一次一个地插入二叉树中。

堆排序(Heap Sort)基于堆数据结构。首先给出堆的定义:n 个元素的序列 $k_1, k_2, \cdots, k_n$,如果满足下列关系之一,则称之为堆。

$$\begin{cases} k_i \leqslant k_{2i}, \\ k_i \leqslant k_{2i+1}, \end{cases} \quad i = 1, 2, \cdots, [n/2]$$

$$\begin{cases} k_i \geqslant k_{2i}, \\ k_i \geqslant k_{2i+1}, \end{cases} \quad i = 1, 2, \cdots, [n/2]$$

前者称为小顶堆,后者称为大顶堆。

堆排序具有许多优点。整个树是平衡的,而且它的数组实现方式对空间的利用效率也很高,我们可以一次性地把所有值装入数组中。堆排序的最佳、平均、最差执行时间均为 $O(n\log_2 n)$。平均情况下它比快速排序要慢常数因子,但是堆排序更适于外排序,处理那些数据集太大而不宜于在内存排序的情况。

一个基于"大顶堆"(Max-Heap)排序算法的思想是很直接的。首先我们用将数组转化为一个满足堆定义的序列。然后将堆顶的最大元素(数组中)取出,再对剩下的数排成堆,再取堆顶数值,…,如此下去,直到堆为空。应该注意的是,每次将堆顶的最大元素取出放到数组的最后。假设 n 个元素存于数组中的 1 到 n 个位置上。当将堆顶元素取出时,应该将它置于数组的 n 位置。这时堆中元素的数目为 $n-1$ 个。再将堆重新按照堆的定义来排列,取出最大值并放入数组的第 $n-1$ 个位置。到最后结束时,就排出了一个由小到大排列的数组。这就是为什么要用大顶堆而不用小顶堆。图 9.9 介绍了堆排序的过程。

堆排序的实现如算法 9.8、算法 9.9 所示。

算法 9.8

```
typedef SqTable HeapList;

void HeapAdjust(HeapList &L, int s, int t)
{ //在 L.r[s..t]中,除了 L.r[s]不满足大顶堆的定义外,其他都满足,本函
  //数通过调整,使得 L.r[s..t]满足大顶堆
    w = L.r[s];                         //暂存 L.r[s]
    for(i = 2*s; i<= t; i*= 2){
        if(i<t) i = (L.r[i].key>L.r[i+1].key)? i:i+1;
        if(w.key>= L.r[i]) break;       //w 该放在 s 处
        L.r[s] = L.r[i];                //较大的值上移
        s = i;
    }
    L.r[s] = w;
}//HeapAdjust
```

算法 9.9

```
void HeapSort(HeapList &L)
{//对顺序表 L 进行堆排序
    for(i=L.Len/2;i>=1;i--)      //从最后一个非叶子结点开始调整
        HeapAdjust(L,i,L.Len);
    for(i=L.Len;i>1;i--){
        swap(L.r[1],L.r[i]);     //交换第 1 个和最后一个记录(i)
        HeapAdjust(L,1,i-1);     //重新把 L.r[1..i-1]调整为大顶堆
    }
}//HeapSort
```

图 9.10 堆排序示例

因为初始建大顶堆要用 $O(n*\log_2 n)$ 时间,并且每次取堆的最大元素后重新调整也要用 $O(\log_2 n)$ 时间,因此整个时间消耗仍为 $O(n\log_2 n)$,这是堆排序的最佳、平均、最差时间代价。尽管有时要比快速排序慢,但是堆排序有其独特的优点。由于每次都可以找出一个最大值,如果我们只是希望找到数组中 k 个最大的元素,如果 k 很小,就可能要比前面所讲述的方法速度快得多。Kruskal 的最小生成树(MST)算法就利用了这个特点,该算法要求按照递增顺序访问带权边,因此应该用小顶堆(min-heap)。而且最小生成树一旦形成,算法就立即结束,不必等待整个排序过程完成。

9.6 归并排序

归并是一种想法很简单的排序算法,而且不论在理论上还是在实践方面,都证明该算法的速度是很快的。可惜,它在实际应用中仍有一些问题。像快速排序一样,**归并排序**(Merge Sort)也是基于分治法的。归并排序将一个数组分成两个长度相等的子数组,为每一个子数组排序,然后再将它们合并成一个数组。将两个有序数组合并成一个有序数组称为**归并**(Merging),归并排序的运行时间并不依赖于输入数组中元素的组合方式,这样,它就避免了快速排序中的最差情况。可是,在某些特殊数组中,归并排序并不一定比快速排序更快。图 9.11 阐释了归并排序的实现过程。

图 9.11 归并排序示例

图 9.11 第一行给出的是 8 个待排序的数。归并排序首先将线性表分成 8 个只有一个元素的子线性表,然后对子表进行重组。第二行是进行第一轮归并后的

4个长度为2的数组。第三行是对第二行的子线性表进行第二轮归并后,形成的2个长度为4的子线性表。第四行是对第三行的2个子线性表进行归并后,最后形成的一个完成排序的线性表。

要实现归并排序仍然有一些困难。第一个困难是怎样才能重组线性表。由于归并排序并不需要随机选取中心点,所以可以很好地处理一个单链表。因此,当输入的待排序数据存储在链表中时,归并排序是一个很好的选择。将两个链表实行归并,非常直截了当,因为我们只需要把待归并的链表中的第一个结点取出来,然后链接到结果链表的尾部。将输入链表分成两个等长的子链表看来有些困难,尽管我们事先知道链表的长度,也要遍历半个链表以得到后半部分的开始结点。一个不需要知道链表长度的简单方法是交替地将链表的元素分配给两个子链表。链表的第一个结点分配给第一个子链表,第二个结点分配给第二个子链表,第三个结点分配给第三个子链表,…,依此类推。这需要完全周游输入链表来建立子链表。

当使用归并排序算法为一个数组排序时,如果事先知道数组的边界,确定两个子数组是比较容易的。如果将归并结果放到另一个数组中,那么归并的过程也是很简单的。但是,这将使得归并排序的空间开销是我们上面所讨论的排序方法的两倍,这是归并排序的较大缺陷。不用额外的数组是可以的,但是这样做起来极其困难,因此并不可取。用一个辅助数组来实现归并排序,虽然简单,但是也有其麻烦之处。考虑一下归并排序是如何将待排序的数组分成子数组的,如图 9.11 所示,归并排序一直调用分割的过程,直到子数组的长度为1,共需要 $\log_2 n$ 次递归。这些子数组再归并成为长度为2的子数组,然后是长度为4,…,依此类推。我们需要避免每一次归并都使用一个新的数组。尽管有一点困难,我们仍然可以设计一个算法,只使用两个数组轮换进行排序。一个较好的方法是将排序好的子数组首先复制到辅助数组中,然后再将它们归并回原数组。递归的归并如算法 9.10 所示。

算法 9.10

```
void Merge(RcdType Rs[ ],RcdType Rt[ ],int s,int m,int t)
{//将有序表 Rs[s..m]和 Rs[m+1..t]归并为有序表 Rt[s..t]
  for(i=s,j=m+1,k=i;i<=m && j<=t;k++){
    if(Rs[i].key<=Rs[j].key)Rt[k]=Rs[i++];
    else Rt[k]=Rs[j++];
  }
  for(;i<=m;)Rt[k++]=Rs[i++];   //复制剩余的 Rs[i..m]
```

```
    for(;j<=t;)Rt[k++]=Rs[j++];     //复制剩余的 Rs[j..t]
}//Merge
void MSortPass(RcdType Rs[ ],RcdType &Rt[ ],int s,int t)
{//通过递归将 Rs[s..t]归并排序到 Rt[s..t]中
    if(s==t){Rt[s]=Rs[s];return;}
    m=(s+t)/2;                      //将数组 Rs[s..t]平分为二 Rs[s..m]、Rs[m+1..t]
    MSortPass(Rs,Rtmp,s,m);          //递归归并排序前半部分
    MSortPass(Rs,Rtmp,m+1,t);        //递归归并排序后半部分
    Merge(Rtmp,Rt,s,m,t);            //将临时数组的两部分归并到 Rt[s..t]
}//MSortPass
void MergeSort(SqTable &L){          //对顺序表 L 归并排序
    MsortPass(L.r,L.r,1,L.Len);
}
```

对归并算法的分析非常直观,尽管它是一个递归程序。设 i 为两个要排序子数组的总长度,归并过程要花费 $O(i)$ 时间。需要排序的数组一直不断被分成两半,直到子数组长度为 1;然后开始将它们归并为长度为 2 的子数组,然后是长度为 4,…,依此类推,如图 9.11 中所示的那样。因此,当被排序元素的数目为 n 时,递归的深度为 $\log_2 n$。第一层递归可以认为是对一个长度为 n 的数组排序,下一层是对两个长度为 $n/2$ 的子数组排序,再下一层是对 4 个长度为 $n/4$ 的子数组排序,最后一层对 n 个长度为 1 的子数组排序。显然,对 n 个长度为 1 的子数组归并,需要 $n \times 1$ 步;对 $n/2$ 个长度为 2 的数组归并,需要 $(n/2) \times 2$ 步,…,依此类推。在所有 $\log_2 n$ 层递归中,每一层都需要 $O(n)$ 的时间开销,因此总的时间代价为 $O(n\log_2 n)$。这个时间代价并不依赖于待排序数组中数值的相对顺序。因此,这也就是归并排序的最佳、平均、最差的运行时间。

我们也可以给出归并排序非递归的实现方式,也称 2-路归并,见算法 9.11。

算法 9.11

```
void MergePass2(RcdType Rs[ ],RcdType Rt[ ],int s,int n)
{//数组 Rs[ ]中长度为 s 的序列已经有序,通过函数处理为长度为 2s 的有序
    //子序列,元素总数为 n
    i=1;
    while(i+2s-1<=n){
        Merge(Rs,Rt,i,i+s-1,i+2*s-1);
```

```
        i+ = 2 * s;
    }
    if(i + s - 1＜n)                    //最后还有两个集合,但不等长
        merge(Rs,Rt,i,i + s - 1,n);
    else                                //最后还有一个集合
        while(i＜ = n){Rt[i] = Rs[i];i + + };
}//MergePass2
void MergeSort2(SqTable &L){            //对顺序表 L 进行 2 - 路归并排序
    RcdTypeT[L.Len + 1];
    s = 1;
    while(s＜n){
        MergePass2(L.r,T,s,n);
        s * = 2;
        MergePass2(T,L.r,s,n);
        s * = 2;
    }
}//MergeSort2
```

9.7 基 数 排 序

考虑关键码范围为 0～99 的一个序列。假如有 10 个盒子,首先我们可以对关键码模 10,每个关键码都以它的个位为标准放到 10 个不同的盒子中。然后,我们按照顺序从盒子中收集这些记录得到一趟的结果,并且再次按照最高位(十位)为标准放入盒子。换句话说,将数组中记录 i 按照 $A[i].key/10$ 的值再放入到盒子里,再次收集后得到了第二趟的结果,此时我们发现序列已经有序了,这就是基数排序的思想。图 9.12 展示了这种算法。

在这个例子中,盒子数 $r = 10$ 称为基数,关键字被分成了 $d = 2$ 项(个位和十位),分别用于两次分配和收集。一般地,基数排序的关键字要求是可分成 d 项,每项所有可能的取值个数就是基数 r,这样我们对关键字进行 d 趟的分配和收集就可以完成排序。其中每个部分的基 r 是可以不一样的。由于在每一趟中对于每个

记录的分配处理时间是 $O(1)$，因此 n 个元素总的处理时间为 $O(n)$，这样处理一趟的时间复杂度就是 $O(n \times d)$。这是对简单分配排序的一个很大的改进，因为简单分配排序需要长度为关键码值范围的数组。上例只是**基数排序**（Radix Sort）的一个简单例子，这个排序算法可以扩展到对任意位长的关键码进行排序。我们从最右边的位（个位）开始，到最左边的位（最高位）为止，每次按照关键码某位的数字把它分配到盒子中。如果关键码有 k 位数，那么就需要 k 次对盒子分配关键码元素。

图 9.12 链表实现基数排序示例

正如归并排序一样，基数排序也有一个棘手的问题。人们愿意对数组排序，以避开链表的处理。如果事先知道每个盒子里有多少个元素的话，那么我们可以使用一个长度为 n 的辅助数组。例如，如果第一轮第 1 个盒子将接收 2 个记录，第 2 个盒子将接收 1 个记录，那么我们可以简单地把前 2 个位置空出来留给第 1 个盒子使用，把接着的 1 个位置空出来留给第 2 个盒子使用，其类似于三元组表示矩阵转置中的"按位就座"思想。

在图 9.13 中，我们可以考虑序列从(a)直接到(c)的变化，从而跳过(b)图的分配过程。可以发现，数 27 之所以在(c)中的第 8 个存储位置，是因为初始序列中个位数小于 7 的数有 7 个；同样 91 排在第 1 个存储位置，是因为初始序列中个位小于 1 的数为 0 个,依次类推。最终我们发现需要统计初始序列的个位数分布情况。可以很容易得到如图 9.14 所示的统计表。

图 9.13 顺序表实现基数排序

图 9.14 个位数统计表

把统计表进行累加可以得到小于等于某个数的个位数元素有多少个。例如表中 5 对应的数是 7,则表示初始序列中个位数小于等于 5 的元素有 7 个,那么最后一个个位为 5 的元素应该放在(c)中的 7 存储位置上。那么我们从后往前扫描初始序列,碰到的第一个个位为 5 的元素即 25 应该放在存储位置 7 上,如果有多个个位为 5 的元素呢？显然下一个个位为 5 的元素应该放在存储位置 6 上了。因此我们可以形成这样的操作方法:由初始序列(a)从后往前扫描,根据当前元素的个位 i 查找统计累加表 i 列,得到累加值 p,然后将该元素放置在结果数组中的 p 位置,同时把统计累加表中的 $p-1$;重复这个过程直至全部元素都放置到结果中。

实现代码如算法 9.12 所示。

算法 9.12

```
#define D 2                                      //关键字项数
#define R 10                                     //基数,本例都是 10
typedef struct{
    KeyType keys[D];                             //keys[0..D-1],0 位最高
    InfoType otherinfo;
}RcdType;                                        //重新定义 RcdType

void RadPass(RcdType R[ ],RcdType T[ ],int n,int k)
{ //对 R[ ]的元素按关键字的第 k 项做一趟的分配和收集,k 取 0..D-1
    //结果放置在 T[ ]中
    for(j=0;j<R;j++)count[j]=0;                  //初始化统计数组
    for(j=1;j<=n;j++)count[R[j].keys[k]]++;      //求统计数组
    for(j=1;j<R;j++)count[j]=count[j-1]+count[j];//累加
    for(j=n;j>=1;j--){
        p=R[j].keys[k];                          //当前元素 k 项关键字内容
        T[count[p]]=R[j];                        //放置 R[j]到 T[p]
        count[p]--;
    }
}//void RadPass

void RadSort(SqTable &L)
{ //对序列 L.r[1..Len]进行基数排序
    RcdType T[L.Len+1];                          //辅助数组
    k=D-1;                                       //k 取最低位项关键字
    while(k>=0){
        RadPass(L.r,T,L.Len,k);
        k--;
        if(k>=0){
            RadPass(T,L.r,L.Len,k);
            k--;
        }else       //D 为奇数时,需要把数据复制为 L
            for(j=1;j<=L.Len;j++)L.r[j]=T[j];
    }//while
}//RadSort
```

对于 n 个数据的序列,假设基数为 r,这个算法需要 d 趟分配收集工作,则其总时间开销为 $O(nd)$。这个算法与 r 的关系如何呢?因为 r 是基数,它是比较小的。可以用 2 或者 10 作为基数,对于字符串的排序,采用 26 作为基数比较好(因为有 26 个英文字母)。我可以把 r 看成一个常数值,而忽视它的影响,因为对 r 个盒子总是可以随机访问的。变量 d 与关键码长度有关,它是以 r 为基数时关键码可能具有的最大位数。在一些应用中我们可以认为 d 是有限的,因此也可以把它看成是常数。在这种假设下,基数排序的最佳、平均、最差时间代价都是 $O(n)$。这使得基数排序成为所讨论过的具有最好渐近复杂性的排序算法。

基数排序还有待于改进,可以使基数 r 尽量大些。考虑整型关键码的情况,令 $r = 2^i$,i 为某个整数。换句话说,r 的大小与每一趟分配时可以处理的位数(bits)有关。如果 r 增加一倍,则分配的趟数可以减少一半。当处理整型关键码时,令 $r = 256 = 2^8$,即一趟分配可以处理 8 个二进制位,那么处理一个 32 位的关键码只需要 4 趟分配。对于大多数计算机来说可以采用 $r = 64K$,只须两趟分配。只有当待排序的记录接近或超过 64K 以上时,算法的性能才是较好的。换句话说,要使得基数排序的效率更高,一定要仔细研究记录数目和关键码长度。在许多基数排序的应用中,都可以调整 r 的值而获得较好的性能。

对于某一位数值,基数排序要把它确定地在 $O(1)$ 时间内分配到若干个盒子中的一个,基数排序依赖于这种分配能力,即依赖于对于盒子的随机访问能力。因此,基数排序对某些数据类型来说是较难实现的。例如,如果关键码的数据类型为实型或者不等长的字符串,就需要一些特殊处理。特别是基数排序中在确定实数的"最后一个数字"或者变长字符串的"最后一个字符"时,需要做一些处理。

9.8 本章小结

迄今为止,已有的排序方法远远不止本章讨论的几种。人们之所以热衷于研究多种排序方法,是因为排序在计算机中所处的重要地位;另一方面,由于这些方法各有其优缺点,难以得出哪个最好和哪个最坏的结论。因此,排序方法的选用应视具体场合而定。一般情况下考虑的原则有:(1) 待排序的记录个数 n;(2) 记录本身的大小;(3) 关键字的分布情况;(4) 对排序稳定性的要求等。下面就从这几个方面对本章所讨论的各种排序方法作综合比较。

1. 时间性能

（1）按平均的时间性能来分，有三类排序方法。

时间复杂度为 $O(n\log_2 n)$ 的方法有：快速排序、堆排序和归并排序，其中快速排序目前被认为是最快的一种排序方法，后两者的比较，在 n 值较大的情况下，归并排序比堆排序更快。

时间复杂度为 $O(n^2)$ 的有：插入排序、起泡排序和选择排序，其中插入排序最为常用，特别是对于已按关键字基本有序排列的序列尤为如此，选择排序中记录移动次数最少。

时间复杂度为 $O(n)$ 的排序方法只有基数排序一种。

（2）当待排记录序列按关键字顺序有序时，插入排序和起泡排序能达到 $O(n)$ 的时间复杂度；而对于快速排序而言，这是最不好的情况，此时时间性能退化为 $O(n^2)$，因此应尽量避免。

（3）选择排序、堆排序和归并排序的时间性能不随记录序列中关键字的分布而改变。在大多数情况下，人们应事先对要排序的记录关键字的分布情况有所了解，才可对症下药，选择有针对性的排序方法。

（4）以上对排序的时间复杂度的讨论主要考虑排序过程中所需进行的关键字间的比较次数，当待排序记录中其他各数据项比关键字占有更大的数据量时，还应考虑到排序过程中移动记录的操作时间，有时这种操作的时间在整个排序过程中占的比例更大，从这个观点考虑，简单排序的三种排序方法中起泡排序效率最低。

2. 空间性能

空间性能指的是排序过程中所需的辅助空间大小。

（1）所有的简单排序方法（插入、起泡和选择排序）和堆排序的空间复杂度均为 $O(1)$。

（2）快速排序为 $O(\log_2 n)$，为递归程序执行过程中枢轴所需的辅助空间。

（3）归并排序和基数排序所需辅助空间最多，其空间复杂度为 $O(n)$。

3. 排序方法的稳定性能

（1）稳定的排序方法指的是对于两个关键字相等的记录在经过排序之后，不改变它们在排序之前在序列中的相对位置。

（2）除快速排序和堆排序是不稳定的排序方法外，本章讨论的其他排序方法都是稳定的。例如：对关键字序列 $(8_1,5,8_2,3)$ 进行快速排序，其结果为 $(3,5,8_2,8_1)$。

（3）"稳定性"是由方法本身决定的。一般来说，排序过程中所进行的比较操作和交换数据仅发生在相邻的记录之间，没有大步距的数据调整时，则排序方法是稳定的。如本章的选择排序没有满足"稳定"的要求是因为每趟在右部无序区找到最小记录后，常要跳过很多记录进行交换调整。显然若把"交换调整"的方式改一改就能写出稳定的选择排序算法。而对不稳定的排序方法，不论其算法的描述形式如何，总能举出一个说明它不稳定的实例来。

由此，在选择排序方法时，可有下列几种选择：

（1）若待排序的记录个数 n 值较小（例如 $n<30$），则可选用插入排序法，但若记录所含数据项较多，所占存储量大时，应选用选择排序法。反之，若待排序的记录个数 n 值较大时，应选用快速排序法。但若待排序记录关键字有"有序"倾向时，要慎用快速排序，而宁可选用归并排序或堆排序。

（2）快速排序和归并排序在 n 值较小时的性能不及插入排序，因此在实际应用时，可将它们和插入排序"混合"使用。如在快速排序划分子区间的长度小于某值时，转而调用插入排序；或者对待排记录序列先逐段进行插入排序，然后再利用"归并操作"进行两两归并直至整个序列有序为止。

（3）基数排序的时间复杂度为 $O(d\times n)$，因此特别适合于待排记录数 n 值很大，而关键字"位数 d"较小的情况。并且还可以调整"基数"（如将基数定为 100 或 1000 等）以减少基数排序的趟数 d 的值。

（4）一般情况下，进行排序的记录的"关键字"各不相同，则排序时所用的排序方法是否稳定无关紧要。但在有些情况下的排序必须选用稳定的排序方法。例如，一组学生记录已按学号的顺序有序，由于某种需要，希望根据学生的身高进行一次排序，并且排序结果应保证相同身高的同学之间的学号具有有序性。显然，在对"身高"进行排序时必须选用稳定的排序方法。

我们上面提到的排序方法是对比较单纯的数据模型进行讨论的，而实际的问题往往比这要复杂，需要综合运用多种排序办法。例如在有些应用场合，关键字的组成结构不一定是整数型，每个分关键字有不同的属性值。例如，汽车牌照皖 AH3784、皖 AH6612 是字母和数字混合结构。这是一种多关键字的排序应用，需要把关键字拆成数字、字母和数字 3 个分关键字，进行 3 次排序。而第 2、第 3 次的排序又必须是稳定的排序方法。

习　题

9.1 以关键字序列(5,1,6,0,9,2,8,3,7,4)为例,手动执行下列排序算法,写出每一趟排序结束时关键字序列状态。
　　(1) 直接插入排序；　　　　　　(2) 希尔排序(取增量为5,3,1)；
　　(3) 快速排序；　　　　　　　　(4) 冒泡排序；
　　(5) 归并排序；　　　　　　　　(6) 堆排序。

9.2 上题中哪些排序方法是稳定的,哪些是不稳定的? 并为每种不稳定的排序方法举一个不稳定的实例。

9.3 设要将序列(Q,H,C,Y,P,A,M,S,R,D,F,X)按字母序的升序重新排列,请分别给出对该序列进行冒泡排序、初始步长为4的希尔排序和以第一个元素为枢轴元素的快速排序的第一趟扫描的结果,并给出对该序列作堆排序时初始建堆的结果。

9.4 全国有10000人参加物理竞赛,只录取成绩优异的前10名,并将他们从高分到低分输出。而对落选的其他考生,不需排出名次,询问此种情况下,用何种排序方法速度最快? 为什么?

9.5 设有 n 个无序元素,若按非递减次序排序,且只想得到前面长度为 k 的部分序列,其中 $n \gg k$,最好采用什么排序方法? 为什么? 如果有这样一个序列{59,11,26,34,17,91,25},得到的部分序列是{11,17,25},对于该例使用所选择的方法实现时,共执行多少次比较?

9.6 判别以下序列是否为堆(小顶堆或大顶堆),若不是,则把它们调整为堆。
　　(1) (96,86,48,73,35,39,42,57,66,21)；
　　(2) (12,70,33,65,24,56,48,92,86,33)。

9.7 编写一个双向起泡的排序算法,即相邻两遍向相反方向起泡。

9.8 试以单链表为存储结构,实现简单选择排序算法。

9.9 试证明:当输入序列已经呈现为有序状态时,快速排序的时间复杂度为 $O(n^2)$。

9.10 试问:按锦标赛排序的思想,决出 8 名运动员的名次排列,至少需编排多少场次的比赛(考虑最坏情况)?

9.11 已知一个单链表由 3000 个元素组成,每个元素是一整数,其值在 1~1000000 之间。试考察本章中的排序算法,哪些可用于解决这个链表的排序问题? 哪些不合适? 为什么?

9.12 快速排序算法中,如何选取一个轴元素,影响着快速分类的效率,而且轴元素也并不一定是被分类序列中的一个元素。例如,我们可以用被分类序列中所有元素的平均值作为轴元素。编写算法实现以平均值为界值的快速分类方法。

9.13 最小最大堆(Min-Max-Heap)是一种特定的堆,其最小层和最大层交替出现,根总是处于最小层。最小最大堆中的任一结点的关键字值总是在以它为根的子树中的所有元素中最小或最大。题图所示为一最小最大堆。

题图 9.13

(1) 画出在题图中插入关键字为 5 的结点后的最小最大堆;
(2) 画出在题图中插入关键字为 80 的结点后的最小最大堆;
(3) 编写一算法实现最小最大堆的插入功能。假定最小最大堆存放在数组中,关键字为整数。

第 10 章 文 件

计算机存储设备一般分为主存储器和辅助存储器。主存储器也称为**主存、内存**(Primary Memory 或 Main Memory),一般是指**随机访问存储器**(Random Access Memory,即 RAM),还包括**高速缓存**(Cache)和**视频存储器**(Video Memory)。而辅助存储器也称为**外存**(Secondary Storage 或 Peripheral Storage),是指硬盘、软盘和磁带这样的设备。**文件**是性质相同记录的集合,习惯上称存储在主存储器中的记录集合为**查找表**,称存储在辅助存储器中的记录集合为文件。**文件结构**(File Structure)是用于组织存储在辅助存储器中数据的一种数据结构。

10.1 文件的基本概念

文件(File)是由性质相同记录组成的集合。按记录类型的不同可分为**操作系统文件**和**数据库文件**两类。

操作系统中的文件仅是一维连续字符序列,无结构。

数据库中的文件是带有结构的记录的集合,此类记录由一个或多个数据项组成。记录中能唯一确定(或识别)一个记录的数据项或数据项的组合,称为"**关键码**"。若文件所含记录具有相同类型,而且长度相等,则称"**定长文件**";反之,若文件中各记录的类型不同,或者类型相同而长度不等,这称为"**非定长文件**"或"**变长文件**"。

上述文件中的记录称为"**逻辑记录**",它是表示和存取信息的单位。"**物理记录**"则指外存信息存取的单位(即一个页块内的信息)。在物理记录和逻辑记录之间可能存在下列三种关系:(1)一个物理记录存放一个逻辑记录;(2)一个物理记录包含多个逻辑记录;(3)多个物理记录表示一个逻辑记录。

文件的操作有两类:检索和修改。

检索可有三种方式:按记录的逻辑顺序号进行顺序存取,直接存取以及按关键码进行存取。按关键码进行存取时,可查询关键码等于给定值的记录,或查询关键码属某个区域的记录,或以关键码的某个函数作为查询条件,甚至可以根据多种条件的组合进行查询。

修改则包括插入记录、删除记录或更新记录的某些数据项。

文件操作的方式可有联机(实时)处理和批处理两种。

文件的**存储结构**指的是文件在外存储器中的不同组织方法:

(1) 顺序结构。记录在外存储器中的存放顺序与记录在文件中的逻辑顺序完全一致,称按这种存储方式组织的文件为"**顺序文件**"。

(2) 计算寻址结构。类似于哈希表,记录在外存储器中的存储位置由选定的哈希函数和处理冲突的方法确定。称按这种存储方式组织的文件为"**哈希文件**"或"**直接存取文件**"。

(3) 索引结构。为顺序文件中的每个记录建立一个索引项(由记录的关键码和记录的存储位置两项组成),所有记录的索引项构成一个索引,由索引和顺序文件构成的文件为**索引文件**。若顺序文件中记录也按关键码有序,则为**索引顺序文件**。

(4) 表结构。类似于线性表的链表存储结构,记录之间利用"指针"进行相互链接。在此,"指针"通常指的是页块的物理地址。

文件组织采用什么样的组织方式取决于对文件进行哪些操作和采用何种外存储介质。

10.2　顺　序　文　件

顺序文件是记录的物理顺序和逻辑顺序完全一致的文件。换句话说,记录在外存储器中的顺序是由建立文件时记录输入的顺序自然形成的。假如记录按关键码自小而大或自大而小的顺序输入,则生成的文件为顺序有序文件,否则称为"堆文件",堆文件中记录的存储顺序和关键码无关。

10.2.1 存储在顺序存储器上的文件

一切存储在顺序存储器(如磁带)上的文件,都是顺序文件,这种文件只能进行"顺序存取"和成批处理。顺序存取是指按记录的逻辑(或物理)顺序实现逐个存取,若要查询第 i 个记录则必须先检索前 $i-1$ 个记录,插入新的记录只能加在文件的末尾。由于顺序存储设备不可能做到修改某个确切位置上的信息,即使更新一个记录也必须对整个文件进行复制。因此对顺序文件的操作更多的情况下是按批处理的方式进行的,即在积累了一批更新要求之后,统一进行一次性处理。

批处理首先需根据更新要求建立一个事务文件,文件中的记录至少应包含操作类别(插入、删除、修改)和关键码两项,除删除操作外,对于插入和修改的操作还应包括主文件记录中的其他全部数据项。为了便于批处理的进行,要求主文件和事务文件都按主关键码有序,由于事务文件的记录一般是按提出修改要求的次序形成的,不一定有序,则在批处理之前首先应对事务文件进行(按主关键码)排序,然后与主文件归并,生成新文件。

归并时,顺序读入主文件和事务文件中的记录,比较它们的关键码,按事务文件记录中提出的要求对主文件的记录进行相应修改。对于主文件中没有修改请求的记录(当前读入的主文件记录的关键码小于当前读入的事务文件记录关键码),则将它直接写入新的主文件;修改和删除则要求两个当前读入的记录的关键码相匹配。应要求删去的记录不再写入新的主文件,修改的要按修改后的新记录写入(这里及以后介绍的修改都不包括修改关键码,修改关键码可用删除和插入来完成);插入记录则按关键码大小顺序插入即可。

顺序文件的优点是连续存取时速度快,批处理效率高,存储节省(除存储文件本身外,不需要其他附加存储)。它的缺点是随机处理效率低,特别是对更新要求,一般不做在线处理。顺序文件通常用以存储有历史保留价值的海量数据,例如气象部门的逐日气象记录数据。

10.2.2 存储在直接存储器上的文件

存储在磁盘等直接存取设备上的顺序文件的处理方法和存储在顺序存取存储器上的文件相同,但由于设备本身所具有的可进行随机存取的特性,它还可以对文件记录进行随机存取和修改。

对直接存取设备上的顺序文件可按记录号或关键码进行随机存取,如果是顺序有序文件,并且记录大小相等,还可应用二分查找或插值查找等进行快速存取;修改记录时,如果更新后的记录不比原记录大,则可在原存储位置上进行随机修改；随机删除记录需采用暂作删除标记的方式加以解决,待进行批处理时才真正将它们删除；插入记录时,为了减少数据移动,可用下述两种方法进行:一是最初在每个页块中预留空闲空间,插入时,只在块内移动记录,但只能解决少量记录的插入；第二种方法是将插入记录先存在一个附加文件中。这样,又给查找增加了麻烦。查找时,同时要查附加文件和主文件。当附加文件较小时,可先查附加文件,在未查到之后再去查主文件。当附加文件达到一定规模时,就应做一次批处理,把附加文件和主文件进行归并,此时应同时删去做过已删记号的记录,并在新主文件产生之后删去旧的主文件。

10.3 索 引 文 件

索引文件由"索引"和"主文件(顺序文件)"两部分构成,其中索引为指示逻辑记录和物理记录之间对应关系的表,表中每一个记录称作索引项,包含逻辑记录的关键码和物理记录位置两个数据项。若主文件中记录按关键码有序的顺序排列,则称**"索引顺序文件"**,反之称**"索引非顺序文件"**,简称**"索引文件"**。无论是索引顺序文件还是索引文件,其索引总是按关键码有序。在索引文件中进行按关键码存取时,首先在索引中进行查找,然后按索引项中指示的记录在主文件中的物理位置进行存取。

组织索引文件的关键是如何组织索引。索引本身可以是顺序结构,也可以是树型结构。由于大型文件的索引都相当大,则对顺序结构的索引需要建立多级索引,而树型结构本身就是一种"层次"结构,因此常用以作为索引文件的索引。

10.3.1 B树

索引文件的索引称为**"稠密索引"**,即对主文件中的每个记录建立一个索引项,因此索引也是文件,其记录个数和主文件中的记录个数相同。显然,当记录数目较大时,不宜用二叉查找树表示,因为对于 n 个记录的文件,二叉排序树的深度和 $\log_2 n$ 成正比,例如 $n=10^5$ 时, $\log_2 n=17$,当内存容量不足以容纳整个索引表时,查找索引就需要访问多次外存。内、外存信息交换的单位是一个页块,它可以容纳比二叉查找树中一个结点更多的信息。解决的方法之一是采用平衡的多叉查找树(B树)作为索引文件的索引。

1. B 树的定义

一棵"m 阶的 B 树",或为空树,或为具有以下特性的 m 叉查找树:

(1) 树中每个结点至多有 m 棵子树;

(2) 除根以外的所有非叶结点至少有 $\lceil m/2 \rceil$ 棵子树,根结点若是非叶结点,则至少有两棵子树;

(3) 所有的非叶结点中含有如下信息:

$$(n, A_0, (K_0, D_0), A_1, (K_1, D_1), \cdots, (K_{n-1}, D_{n-1}), A_n)$$

其中,$K_i, D_i (i = 0, 1, \cdots, n - 1)$ 为索引项,且 $K_i < K_{i+1} (i = 0, 1, \cdots, n - 2)$; $A_i (i = 0, 1, \cdots, n)$ 为指向子树根结点的指针,且 A_i 所指子树中所有索引项的关键码小于 K_i,A_{i+1} 所指子树中索引项的关键码大于 K_i,$n (\lceil m/2 \rceil - 1 \leqslant n \leqslant m - 1)$ 为结点中索引项的个数;

(4) 所有叶结点都在同一层上,且不含任何信息。

图 10.1 是一个 4 阶 B 树,每个结点包含最多有 3 个关键码,内部结点最多有 4 个子树。

图 10.1 一个 4 阶 B 树

2. B 树的操作

(1) 查找

在当前结点中对关键码进行二分法检索。如果找到检索关键码 $kval$,那么就返回这个记录。如果当前结点是一个叶结点,而且没有找到关键码,那么就报告一次未成功的检索。否则,沿着正确的分支重复这一过程。

例如,考虑一下对图 10.1 的树中带有关键码值 47 的记录的检索。先检查根结点,然后进入右边的分支。在检查完第二层的结点后,进入第三个分支来到下一层,从而到达包含关键码值 47 的结点。

(2) 插入

插入是在查找的基础上进行的。若在 B 树上找到关键码等于 $kval$ 的索引项，则不再进行插入，否则先将关键码等于 $kval$ 的记录插入主文件，然后将索引项插入 B 树。插入索引项的结点应是查找路径上最后一个非叶结点。

(3) 删除

删除关键码等于 $kval$ 的记录，同样也在查找的基础上进行。若在 B 树上没有找到关键码等于 $kval$ 的索引项，不再进行删除操作，否则只要删除相应索引项即可。

10.3.2 B^+ 树和索引顺序文件

索引顺序文件的索引，分静态索引和动态索引两类，前者以 ISAM(Indexed Sequential Access Method)文件为代表，它是一种专为磁盘存取设计的文件组织方式，由索引区、数据区和溢出区三部分组成。当文件主要用于检索时，ISAM 文件效率高，既能随机查找，又能顺序查找，因而大型文件和数据库系统几乎都采用这种组织形式，在实际中应用较广。但若增删频繁，则存取效率退化，且需定期重组，所以，不宜做更新这类的操作。对于增删频繁的操作，就应考虑建立适合更新的动态索引，这种索引以 B^+ 树为代表。

1. B^+ 树

B^+ 树是 B 树的一种变型树，其结构和 B 树的差异在于：

(1) B^+ 树的每个叶子结点中含有 n 个索引项(即 n 个关键码和 n 个指向记录的指针)；并且，所有叶子结点彼此相链接构成一个有序链表，其头指针指向含最小关键码的结点；

(2) B^+ 树上每个非叶结点中的关键码 K_i 是其相应指针 A_i 所指子树的索引项，即该关键码为该子树中关键码的最大值；

(3) 一棵 m 阶的 B^+ 树中每个结点至多含 m 个关键码(即至多有 m 棵子树)，除根结点至少含两个关键码外，其余结点至少含 $\lceil m/2 \rceil$ 个关键码，所有叶子结点都处在同一层次上。

图 10.2 为一棵 4 阶 B^+ 树的示例。

2. B^+ 树的操作

除了检索必须一直到达相应的叶结点以外，在一棵 B^+ 树中检索几乎与在一棵 B 树中检索完全一样。所不同的是，即使在一个内部结点找到了检索关键码值，也不会停止检索，因为它只是一个占位符，并不提供对实际记录的访问。例如要在图 10.2 的 B^+ 树中找到值为 33 的记录，从根结点开始检索。存储在根结点中的值 33

只是作为占位符,标识小于或等于 33 的关键码值可以在第 1 个子树中找到。进入第二层后,再次进入第 3 个分支,到达包含带有关键码值 33 的实际记录(或者一个指向实际记录的指针)的叶结点。

图 10.2 一个 4 阶 B⁺ 树

10.4 ISAM 文件

ISAM 是基于线性索引的一种修改形式,如图 10.3 所示。记录根据主关键码值的顺序存储。磁盘文件根据磁盘中的柱面组织。内存中是一个表,表中列出文件的每个柱面中的最小关键码值。每个柱面中还包含一个表,表中列出柱面内每一个块的最小关键码值。每个柱面中还包含一个溢出区。当插入新记录的时候,就把它们放到相应柱面的溢出区中(实际上,一个柱面作为一个桶使用)。如果一个柱面的溢出区完全填满了,那么就使用一个系统级的溢出区。通过从保存在内存的系统级表中确定相应的柱面,可以进行检索。柱面的块表从磁盘中读入,然后查找正确的块。如果在块中找到记录,那么就完成了检索;否则就检索柱面的溢出区。

图 10.3 ISAM 索引说明

只要没有记录插入或者删除,访问就会高效率,只需要两次磁盘读取。第一次磁盘读取得到目标柱面的块表,第二次磁盘读取得到相应的块,较好的情况下,其中会包含需要的记录。经过多次插入后,溢出表会变得太长。随着柱面溢出区的填充,就会导致过长的检索时间。对这个问题的"解决方法"是定期重新组织整个数据库。这意味着在柱面之间重新平衡记录,在每个柱面内排序记录,并且更新系统索引表和柱面内的块表。

10.5 散 列 文 件

10.5.1 文件组织方式

哈希文件又称直接存取文件。其特点是,由记录的关键码通过计算"直接"得到记录在外存(磁盘)上的映像地址。哈希文件的组织方法类似于构造一个哈希表。根据文件中关键码的特点设计一种"哈希函数"和"处理冲突的方法",然后将记录散列到外存储设备上,故又称"散列文件"。

哈希文件由若干个桶组成,根据设定的哈希函数将记录"映像"到某个桶号。处理冲突通常采用链地址法,即每个桶可以包括一个或几个页块,页块之间以指针相链。每个页块中的记录个数则由逻辑记录和物理记录的大小决定。

每个桶中页块的多少,由散列到该桶的记录数决定。桶的多少要适当,若太少,则每桶包含的页块就多,将增大存取时访问外存的次数;若桶的数目过多,则必然会有一部分桶只有一个页块且其中仅含少量记录,造成空间浪费,至于"空桶"倒不致造成浪费,因为它只在桶目录中占用一个空指针,并不占用空页块。

通常,应使桶数与文件所能填满的页块数大致相等。若文件有 n 个记录,每个页块可存放 b 个记录,则可设桶数 $m = n/b$,这样在哈希函数为均匀的前提下,平均只需访问外存 2 次即可(一次目录块,一次数据块)。如果目录不大,使用时,可将它保留在内存,否则尚需对目录进行组织,或为顺序文件,或建立索引。

10.5.2 文件的操作

在哈希文件中进行查找时,首先根据给定值 $kval$ 求得桶号 i(即哈希函数值)。接下来查桶目录,把包含第 i 个桶目录的目录页块调入内存,从而得到指向第 i 个桶的第一个页块的指针,再调入该页块进行顺序查找,检查页块中的每个非空子块,看是否有关键码等于 *kval* 的记录,如果找不到,再按此块尾部的指针,找到下一个页块,继续查找直至找到该记录。若顺链查遍全桶的每一页块都未找到,则表示该记录不存在。

　　插入时,首先查找该记录是否存在,是则退出;否则在桶中找一空子块,将其插入,同时修改页块首部相应位置的空满标志位。若桶中没有空子块,则向系统申请一个新页块,链入桶链表之链尾,然后将新记录存入它的第一子块中,并置块首各子块的空满标志位。删除时,首先查找待删记录是否存在,不存在则退出,否则就删除。只需修改块首该子块的空满标志位,令其为空,以便再次使用该子块。

　　哈希文件的优点是存取速度快,容易实现文件的扩充,缺点是不适用于对文件进行顺序存取和批处理。

10.6　本　章　小　结

　　本章主要介绍了文件的概念及其结构,包括顺序文件、索引文件、ISAM 和散列文件,其中详细讲述了 B 树和 B^+ 树。其中顺序文件的主要优点是连续存取时速度快,批处理效率高,存储节省;它的缺点是随机处理效率低,因此顺序文件一般不做在线处理,通常用以存储有历史保留价值的海量数据。索引文件主要介绍了 B^+ 树和 ISAM 文件,前者是动态索引,后者是静态索引,建立合适的索引对于提高 IO 的效率是有很大好处的。散列文件则是借助哈希表的思想,通过计算来获取文件记录的存储位置,我们同样需要考虑 IO 效率,尽量使得每个桶的大小仅包含尽量少的 IO 基本存取数据块,因为桶中数据块越多我们就需要越多次 IO 来顺序读取桶内的数据块链。

习　　题

10.1　文件有哪几种常用的组织方式?它们各有什么特点?

10.2　设有一个 100 万条记录的文件已经按主关键字有序,其中文件中记录大小固定为 40 字节，IO 的基本单位数据块大小为 4096 字节，若采用 B^+ 树来为该文件建立索引，那么采用几阶的 B^+ 树合适？若采用最合适阶数的 B^+ 树，访问某个关键字的记录需要几次的 IO？

10.3 设有 100 万条记录希望建立散列文件存储方式，若文件记录固定大小为 200 字节，IO 的数据块大小是 1024，若假设哈希函数足够均匀并使得每个桶内平均仅一个数据块，那么需要设计多少个桶？

10.4 假设有 1000 张床位的旅店需为投宿的旅客建立一个便于管理的文件，每个记录是一名旅客的身份和投宿情况，其中身份证号可作为主关键字。为了来访客人查询方便，还须建立姓名、投宿时间、客户归属地等次关键字的索引。试为此文件确定一种组织方式（如：主文件如何组织、各次关键字项索引如何建立等）。

10.5 已知两个各包含 N 和 M 个记录的排好序的文件能在 $O(N+M)$ 时间内合并为一个包含 $N+M$ 个记录的排好序的文件。当有多于两个排好序的文件要被合并在一起时，只需重复成对地合并便可完成。合并的步骤不同，所需花费的记录移动次数也不同。现有文件 $F1,F2,F3,F4,F5$，各有记录数为 $20,30,10,5$ 和 30，试找出记录移动次数最少的合并步骤。

第 11 章　算法设计策略

为了获得有效的算法,必须了解一些解题的基本思想和方法。对于许多问题,只要仔细分析了数据对象后,相应的处理方法就有了;对于有些问题则不然。然而,作为探寻问题求解思路的基本思想和方法,对于任何算法设计都是有用的。本章将简要介绍一些常用的算法设计方法和技术,包括穷举法、迭代法、递推法、递归法、回溯法、贪心法、分治法、动态规划和分枝定界等。其中,将重点介绍分治法、贪心法、回溯法、动态规划、分枝定界这五种算法设计策略。

11.1　概　　述

1. 穷举法

穷举法亦称作枚举法。它的基本思想是:

(1) 首先根据求解问题的部分条件确定答案的大致范围,即列举出解的所有可能的情况;

(2) 然后在此范围内对所有可能的情况逐一验证,若某个情况经过验证符合问题条件则为一个解,若全部情况验证后均不符合题目条件则问题无解,从而得出求解问题的完整解。

例如要找出 200 到 500 之间的所有素数,只需要对这个范围内的每一个数逐个用素数的定义去判断就行了。

穷举法的特点是算法简单,但有时运算量大,效率较低。在可以确定解的取值范围,但一时又找不到更好的算法时,就可以使用穷举法求解。

2. 迭代法

迭代法的基本思想是,由一个量的原值求出它的新值,不断地再用新值替代原值求出它的下一个新值,直到得到满意的解。新值与原值之间存在一定的关系,这种关系可以用一个公式来表示,称之为迭代公式。

迭代法主要用于那些很难用或无法用解析法求解的一类计算问题,如高次方程和超越方程等;使得复杂问题的求解过程,转化为相对较简单的迭代算式的重复执行过程,用数值方法求出问题的近似解。

使用迭代法构造这一类问题求解算法的基本方法是:

(1) 先确定一个收敛性能好(即收敛速度快)的迭代公式,选取解的一个近似值(即迭代初值)和解的精度要求(即允许的最大误差范围);

(2) 然后用循环处理实现迭代过程,终止循环的条件是前后两次得到的近似值之差的绝对值小于解的精度要求,并认为最后一次得到的近似解为问题的解。

这种迭代方法称作逼近迭代,如著名的牛顿迭代法就是这种逼近迭代方法。

此外,精确值的计算也可以使用迭代法。例如计算 $s = 1 + 2 + 3 + \cdots + 1000$,可选取迭代公式 $s + I \rightarrow s$ 和迭代初值 0(即 $0 \rightarrow s$)。

3. 递推法

递推法是从前面的一些量推出后面的一些量的一种方法,它从已知的初始条件出发,逐次推出所需要求解的各中间结果和最终结果。

递推过程往往表现为迭代,即由一些量的原值推出它的新值,不断地用新值替代原值推出下一个新值,直到推出最终结果,新值与原值之间的关系用递推公式表示。

例如 Fibonacci 数列存在着递推关系

$$F(1) = 1, \quad F(2) = 1, \quad F(n) = F(n-1) + F(n-2), \quad n \geq 2$$

需要求出 Fibonacci 数列中某一项的值,利用递推公式逐步求出 $F(3), F(4), \cdots$,直到求出该项的值,也许有人会说,如果使用通项公式计算岂不更方便吗?事实上,有些递推问题的通项公式是很难找出的,即使找出通项公式计算也不一定简便。如 Fibonacci 数列的通项公式为

$$F(n) = \{[(1+\sqrt{5})/2]^{n+1} - [(1-\sqrt{5})/2]^{n+1}\}/\sqrt{5}$$

显而易见,找出这个通项公式不易,利用它计算 $F(n)$ 也相当费力。相反地,若利用递推初值和递推公式计算 $F(n)$ 就容易和方便多了。

4. 递归法

如果一个过程直接或间接地调用它自身,则称该过程是递归的;直接调用自身称作直接递归,间接调用自身则称作间接递归。

递归是构造算法的一种基本方法,它将一个复杂问题归结为若干个较为简单

的问题,然后将这些较为简单的问题进一步归结为更简单的问题,这个过程一直进行下去直到归结为最简单的问题时为止。这个最简单的问题即为递归终止条件,也称作递归出口。

如著名的汉诺(Hanoi)塔问题的求解算法,以及本书中的有关树和二叉树的许多算法,都是递归法的典型运用。

递归和递推是既有区别又有联系的两个概念:

(1) 递推是从已知初始条件出发逐次推出最后所求的值;

(2) 递归则是从函数本身出发,逐次上溯调用其本身求解过程直到递归出口,然后再从里向外倒推回来得到最终的值。

一般地说,一个递推算法总可以转换为一个递归算法。对于同一问题所设计的递归算法往往要比相应的非递归算法(如递推算法)付出更多的执行时间代价和更多的辅助存储空间开销。

然而,利用递归方法分析和设计算法可使难度大幅度降低,且程序设计语言中一般都提供递归机制;利用递归过程描述问题求解算法不仅非常自然,而且算法的正确性证明要比相应的非递归算法容易得多;另外还有成熟的方法和技术,可以很方便地把递归算法改写为非递归算法。

所以,递归技术是算法设计的基本技术,递归方法是降低分析设计难度提高设计效率的重要手段和工具。

5. 回溯法

回溯法是算法设计中的一种基本策略,它通过对问题的分析找出一个解决问题的线索,然后沿这个线索逐步试探。

对于每一步试探,若成功就继续下一步试探;若不成功就逐步退回换别的路线再进行试探,直至探索成功得到问题的解或试探完所有的线索问题无解。

对于那些涉及寻找一组解的问题或者满足某些约束条件的最优解的问题,许多都可以用回溯法来求解。

例如,在国际象棋棋盘上的骑士周游问题和我们平时参加的走迷宫游戏,都是使用回溯法进行的。

6. 贪心法

贪心法也称作贪婪法算法,它是通过一系列的选择来得到问题的一个解。

贪心法在每一步所做出的选择,都总是在当前状态下看来是最好的选择,即贪心选择,并希望通过每次所作的贪婪选择导致最终结果是求解问题的一个最优解。

换句话说,贪心法并不从整体最优上加以考虑,它做出的选择只是在某种意义上的局部最优选择,但希望算法得到的最终结果也是整体最优的。虽然这种贪心策略不能对所有问题都得到整体最优解,然而在许多情况下的确能够产生整体最优解。

在一些情况下,即使贪心算法不能得到整体最优解,其最终结果却是最优解的很好近似。

7. 分治法

求解一个复杂问题时,尽可能地把这个问题分解为若干较小的子问题,在找出各个较小问题的解之后再组合成为整个问题的解,这就是所谓的分治法。

使用分治法时,往往要按问题的输入规模来衡量问题的大小;当要求解问题的输入规模相当大时,应选适当策略将输入划分成若干子集合,得到一组子问题,在求出各子问题的解之后用适当的方法把它们合并成整个问题的解,分治法便应用成功了。

如果得到的子问题还相对过大,可再次使用分治法将这些子问题进一步划分成更小的子问题。

11.2 分 治 策 略

分治策略(又称分治法)与软件设计的模块化方法非常相似。为了解决一个大的问题,可以先把它分成两个或多个更小的问题;再分别解决每个小问题;最后把各小问题的解组织起来,即可得到原问题的解答。小问题通常与原问题相似,可以递归地使用分而治之策略来解决。

例11.1 找出伪币。给一个装有16个硬币的袋子,16个硬币中有一个是伪造的,并且那个伪造的硬币比真的硬币要轻一些。现在的任务是找出这个伪造的硬币。为了帮助完成这一任务,将提供一台可用来比较两组硬币重量的仪器,利用这台仪器,可以知道两组硬币的重量是否相同。

比较硬币1与硬币2的重量。假如硬币1比硬币2轻,则硬币1是伪造的;假如硬币2比硬币1轻,则硬币2是伪造的。这样就完成了任务。假如两硬币重量相等,则比较硬币3和硬币4。同样,假如有一个硬币轻一些,则寻找伪币的任务完成。假如两硬币重量相等,则继续比较硬币5和硬币6。按照这种方式,可以最多通过8次比较来判断伪币的存在并找出这一伪币。

另外一种方法就是利用分而治之方法。假如把16个硬币的例子看成一个大的问题。第一步,把这一问题分成两个小问题。随机选择 8 个硬币作为第一组,称为 A 组,剩下的 8 个硬币作为第二组,称为 B 组。第二步,判断 A 和 B 组中是否有伪币。假如两组硬币重量不相等,则存在伪币,并且可以判断它位于较轻的那一组硬币中。最后,在第三步中,用第二步的结果得出原先 16 个硬币问题的答案。若仅仅判断硬币是否存在,则第三步非常简单。无论 A 组还是 B 组中有伪币,都可以推断这 16 个硬币中存在伪币。因此,仅仅通过一次重量的比较,就可以判断伪币是否存在。

这样,16 硬币的问题就被分为两个 8 硬币(A 组和 B 组)的问题。通过比较这两组硬币的重量,可以判断伪币是否存在。如果没有伪币,则算法终止。否则,继续划分这两组硬币来寻找伪币。假设 B 是轻的那一组,因此再把它分成两组,每组有 4 个硬币。称其中一组为 B1,另一组为 B2。比较这两组,肯定有一组轻一些。如果 B1 轻,则伪币在 B1 中。再将 B1 又分成两组,每组有两个硬币,称其中一组为 B1a,另一组为 B1b,比较这两组,可以得到一个较轻的组。由于这个组只有两个硬币,因此不必再细分。比较组中两个硬币的重量,可以立即知道哪一个硬币轻一些。较轻的硬币就是所要找的伪币。

1. 分治法的基本思想

任何一个可以用计算机求解的问题所需的计算时间都与其规模 N 有关。问题的规模越小,越容易直接求解,解题所需的计算时间也越少。例如,对于 n 个元素的排序问题,当 $n=1$ 时,不需任何计算;$n=2$ 时,只要作一次比较即可排好序;$n=3$ 时,只要作 3 次比较即可;…。而当 n 较大时,问题就不那么容易处理了。要想直接解决一个规模较大的问题,有时是相当困难的。

分治法的设计思想是,将一个难以直接解决的大问题,分割成一些规模较小的相同问题,以便各个击破,分而治之。

如果原问题可分割成 k 个子问题($1<k\leqslant n$),且这些子问题都可解,并可利用这些子问题的解求出原问题的解,那么这种分治法就是可行的。由分治法产生的子问题往往是原问题的较小模式,这就为使用递归技术提供了方便。在这种情况下,反复应用分治手段,可以使子问题与原问题类型一致而其规模却不断缩小,最终使子问题缩小到很容易直接求出其解。这自然导致递归过程的产生。分治与递归像一对孪生兄弟,经常同时应用在算法设计之中,并由此产生许多高效算法。

2. 分治法的适用条件

分治法所能解决的问题一般具有以下几个特征:

(1) 该问题的规模缩小到一定的程度就可以容易地解决;

(2) 该问题可以分解为若干个规模较小的相同问题,即该问题具有最优子结

构性质;

(3) 利用该问题分解出的子问题的解可以合并为该问题的解;

(4) 该问题所分解出的各个子问题是相互独立的,即子问题之间不包含公共的子子问题。

上述的特征(1)是绝大多数问题都可以满足的,因为问题的计算复杂性一般是随着问题规模的增加而增加;特征(2)是应用分治法的前提,它也是大多数问题可以满足的,此特征反映了递归思想的应用;特征(3)是关键,能否利用分治法完全取决于问题是否具有特征(3),如果具备了特征(1)和(2),而不具备特征(3),则可以考虑贪心法或动态规划法。特征(4)涉及分治法的效率,如果各子问题是不独立的,则分治法要做许多不必要的工作,重复地解公共的子问题,此时虽然可用分治法,但一般用动态规划法较好。

3. 分治法的基本步骤

分治法在每一层递归上都有三个步骤:

(1) 问题分解:将原问题分解为若干个规模较小,相互独立,与原问题形式相同的子问题;

(2) 子问题解决:若子问题规模较小而容易被解决则直接解,否则递归地解各个子问题;

(3) 子问题解法合并:将各个子问题的解合并为原问题的解。

分治法的算法设计模式如算法 11.1 所示。

算法 11.1

```
Divide_and_Conquer(P)
{
    if |P|≤n₀                        //若问题较小,直接求解
        return(ADHOC(P));
    //将 P 分解为较小的子问题 P₁、P₂、…、Pₖ
    for( i = 1; i <= k; i++ ) {
        yᵢ = Divide-and-Conquer(Pᵢ);  //递归解决 Pᵢ
        T = MERGE(y₁, y₂, …, yₖ);     //合并子问题的解
        return(T)
    }
}
```

其中 $|P|$ 表示问题 P 的规模;n_0 为一阈值,表示当问题 P 的规模不超过 n_0

时,问题已容易直接解出,不必再继续分解。ADHOC(P)是该分治法中的基本子算法,用于直接解小规模的问题 P。因此,当 P 的规模不超过 n_0 时,直接用算法 ADHOC(P) 求解。

算法 MERGE($y_1, y_2, \cdots, y_k$)是该分治法中的合并子算法,用于将 P 的子问题 $P_1, P_2, \cdots, P_k$ 的相应的解 $y_1, y_2, \cdots, y_k$ 合并为 P 的解。

根据分治法的分割原则,原问题应该分为多少个子问题才较适宜?各个子问题的规模应该怎样才为适当?这些问题很难予以确定的回答。但人们从大量实践中发现,在用分治法设计算法时,最好使子问题的规模大致相同。换句话说,将一个问题分成大小相等的 k 个子问题的处理方法是行之有效的。许多问题可以取 $k=2$。这种使子问题规模大致相等的做法是出自一种平衡子问题的思想,它几乎总是比子问题规模不等的做法要好。

分治法的合并步骤是算法的关键所在。有些问题的合并方法比较明显,有些问题合并方法比较复杂,或者是有多种合并方案,或者是合并方案不明显。究竟应该怎样合并,没有统一的模式,需要具体问题具体分析。

例 11.2 大整数乘法。设计一个有效的算法,可以进行两个 n 位大整数的乘法运算。

设 X 和 Y 都是 n 位的二进制整数,现在要计算它们的乘积 XY。可以用小学所学的方法来设计一个计算乘积 XY 的算法,但是这样做计算步骤太多,显得效率较低。如果将每 2 个 1 位数的乘法或加法看作一步运算,那么这种方法要作 $O(n^2)$ 步运算才能求出乘积 XY。下面用分治法来设计一个更有效的大整数乘积算法。

首先将 n 位的二进制整数 X 和 Y 各分为 2 段,每段的长为 $n/2$ 位(为简单起见,假设 n 是 2 的幂),如图 11.1 所示。

图 11.1 大整数 X 和 Y 的分段

由此,$X = A2^{n/2} + B$,$Y = C2^{n/2} + D$。这样,X 和 Y 的乘积为

$$XY = (A2^{n/2} + B)(C2^{n/2} + D) = AC2^n + (AD + CB)2^{n/2} + BD \quad (11.1)$$

如果按式(11.1)计算 XY,则必须进行 4 次 $n/2$ 位整数的乘法(AC, AD, BC 和 BD),以及 3 次不超过 n 位的整数加法(分别对应于式(11.1)中的加号),此外还要做 2 次移位(分别对应于式(11.1)中乘 2^n 和乘 $2^{n/2}$)。所有这些加法和移位共用

$O(n)$ 步运算。设 $T(n)$ 是 2 个 n 位整数相乘所需的运算总数,则由式(11.1),就有

$$\begin{cases} T(1) = 1 \\ T(n) = 4T(n/2) + O(n) \end{cases} \tag{11.2}$$

由此可得 $T(n)=O(n^2)$。因此,用式(11.1)来计算 X 和 Y 的乘积并不比小学生的方法更有效。要想改进算法的计算复杂性,必须减少乘法次数。为此把 XY 写成另一种形式

$$XY = AC2^n + [(A-B)(D-C) + AC + BD]2^{n/2} + BD \tag{11.3}$$

虽然,式(11.3)看起来比式(11.1)复杂些,但它仅需做 3 次 $n/2$ 位整数的乘法(AC,BD 和 $(A-B)(D-C)$),6 次加、减法和 2 次移位。由此可得

$$\begin{cases} T(1) = 1 \\ T(n) = 3T(n/2) + cn \end{cases} \tag{11.4}$$

用解递归方程的套用公式法马上可得其解为 $T(n)=O(n^{\log_2 3})=O(n^{1.59})$。利用式(11.3),并考虑到 X 和 Y 的符号对结果的影响,给出大整数相乘的完整算法 MULT 如算法 11.2 所示。

算法 11.2

```
//X 和 Y 为 2 个小于 2n 的整数,返回结果为 X 和 Y 的乘积 XY
MULT(double long int X,double long int Y,int n)
{
    S = SIGN(X) * SIGN(Y);      //S 为 X 和 Y 的符号乘积
    X = ABS(X);
    Y = ABS(Y);                 //X 和 Y 分别取绝对值
    if n = = 1
        if (X = = 1).and. (Y = = 1) return(S);
        else return(0);
    else{
        A = X 的左边 n/2 位;
        B = X 的右边 n/2 位;
        C = Y 的左边 n/2 位;
        D = Y 的右边 n/2 位;
        m1 = MULT(A,C,n/2);
        m2 = MULT(A-B,D-C,n/2);
        m3 = MULT(B,D,n/2);
```

```
        S = S * (m1 * 2ⁿ + (m1 + m2 + m3) * 2^(n/2) + m3);
        return(S);
    }
}
```

上述二进制大整数乘法同样可应用于十进制大整数的乘法以提高乘法的效率减少乘法次数。

例 11.3 最接近点对问题。给定平面上 n 个点，找其中的一对点，使得在 n 个点的所有点对中，该点对的距离最小。

严格地说，最接近点对可能多于 1 对。为了简单起见，这里只限于找其中的一对。

这个问题很容易理解，似乎也不难解决。只要将每一点与其他 $n-1$ 个点的距离算出，找出达到最小距离的两个点即可。然而，这样做效率太低，需要 $O(n^2)$ 的计算时间。能否找到问题的一个 $O(n\log_2 n)$ 算法？

这个问题显然满足分治法的第一个和第二个适用条件，考虑将所给的平面上 n 个点的集合 S 分成 2 个子集 S_1 和 S_2，每个子集中约有 $n/2$ 个点，然后在每个子集中递归地求其最接近的点对。在这里，一个关键的问题是如何实现分治法中的合并步骤，即由 S_1 和 S_2 的最接近点对，如何求得原集合 S 中的最接近点对，因为 S_1 和 S_2 的最接近点对未必就是 S 的最接近点对。如果组成 S 的最接近点对的 2 个点都在 S_1 中或都在 S_2 中，则问题很容易解决。但是，如果这 2 个点分别在 S_1 和 S_2 中，则对于 S_1 中任一点 p，S_2 中最多只有 $n/2$ 个点与它构成最接近点对的候选者，仍需做 $n^2/4$ 次计算和比较才能确定 S 的最接近点对。因此，依此思路，合并步骤耗时为 $O(n^2)$。整个算法所需计算时间 $T(n)$ 应满足

$$T(n) = 2T(n/2) + O(n^2)$$

它的解为 $T(n) = O(n^2)$，即与合并步骤的耗时同阶，没有显示出比用穷举的方法好。从解递归方程的套用公式法，可以看到问题出在合并步骤耗时太多。这就启发将注意力放在合并步骤上。

为了使问题易于理解和分析，先来考虑一维的情形。此时 S 中的 n 个点退化为 x 轴上的 n 个实数 $x_1, x_2, \cdots, x_n$。最接近点对即为这 n 个实数中相差最小的 2 个实数。显然可以先将 $x_1, x_2, \cdots, x_n$ 排好序，然后，用一次线性扫描就可以找出最接近点对。这种方法主要计算时间花在排序上，因此如在排序算法中所证明的，耗时为 $O(n\log_2 n)$。然而这种方法无法直接推广到二维的情形。因此，对这种一维的简单情形，还是尝试用分治法来求解，并希望能推广到二维的情形。

假设用 x 轴上某个点 m 将 S 划分为 2 个子集 S_1 和 S_2,使得 $S_1 = \{x \in S \mid x \leqslant m\}$;$S_2 = \{x \in S \mid x > m\}$。这样一来,对于所有 $p \in S_1$ 和 $q \in S_2$ 有 $p < q$。

递归地在 S_1 和 S_2 上找出其最接近点对 $\{p_1, p_2\}$ 和 $\{q_1, q_2\}$,并设 $\delta = \min\{|p_1 - p_2|, |q_1 - q_2|\}$,$S$ 中的最接近点对或者是 $\{p_1, p_2\}$,或者是 $\{q_1, q_2\}$,或者是某个 $\{p_3, q_3\}$,其中 $p_3 \in S_1$ 且 $q_3 \in S_2$。如图 11.2 所示。

图 11.2 一维情形的分治法

如果 S 的最接近点对是 $\{p_3, q_3\}$,即 $|p_3 - q_3| < \delta$,则 p_3 和 q_3 两者与 m 的距离不超过 δ,即 $|p_3 - m| < \delta$,$|q_3 - m| < \delta$,也就是说,$p_3 \in (m - \delta, m)$,$q_3 \in (m, m + \delta)$。由于在 S_1 中,每个长度为 δ 的半闭区间至多包含一个点(否则必有两点距离小于 δ),并且 m 是 S_1 和 S_2 的分割点,因此 $(m - \delta, m)$ 中至多包含 S 中的一个点。同理,$(m, m + \delta)$ 中也至多包含 S 中的一个点。由图 11.2 可以看出,如果 $(m - \delta, m)$ 中有 S 中的点,则此点就是 S_1 中的最大点。同理,如果 $(m, m + \delta)$ 中有 S 中的点,则此点就是 S_2 中的最小点。因此用线性时间就能找到区间 $(m - \delta, m)$ 和 $(m, m + \delta)$ 中所有点,即 p_3 和 q_3。从而用线性时间就可以将 S_1 的解和 S_2 的解合并成为 S 的解。也就是说,按这种分治策略,合并步可在 $O(n)$ 时间内完成。这样是否就可以得到一个有效的算法了呢?

还有一个问题需要认真考虑,即分割点 m 的选取,及 S_1 和 S_2 的划分。选取分割点 m 的一个基本要求是由此导出集合 S 的一个线性分割,即 $S = S_1 \bigcup S_2$,$S_1 \bigcap S_2 = \Phi$,且 $S_1 \subseteq \{x \mid x \leqslant m\}$;$S_2 \subseteq \{x \mid x > m\}$。容易看出,如果选取 $m = [\max(S) + \min(S)]/2$,可以满足线性分割的要求。选取分割点后,再用 $O(n)$ 时间即可将 S 划分成 $S_1 = \{x \in S \mid x \leqslant m\}$ 和 $S_2 = \{x \in S \mid x > m\}$。然而,这样选取分割点 m,有可能造成划分出的子集 S_1 和 S_2 的不平衡。例如在最坏情况下,$|S_1| = 1$,$|S_2| = n - 1$,由此产生的分治法在最坏情况下所需的计算时间 $T(n)$ 应满足递归方程

$$T(n) = T(n - 1) + O(n)$$

它的解是 $T(n) = O(n^2)$。这种效率降低的现象可以通过分治法中"平衡子问题"的方法加以解决。也就是说,可以通过适当选择分割点 m,使 S_1 和 S_2 中有大致相等个数的点。自然地会想到用 S 的 n 个点的坐标的中位数来作分割点。在选择算

法中介绍的选取中位数的线性时间算法使得可以在 $O(n)$ 时间内确定一个平衡的分割点 m。

至此可以设计出一个求一维点集 S 中最接近点对的距离的算法 pair，如算法 11.3 所示。

算法 11.3

```
Float pair(S)
{
    if |S| = = 2 δ = |x[2] - x[1]|；  //x[1..n]存放的是 S 中 n 个点的坐标
    else {
        if (|S| = = 1)   δ = ∞；
        else {
            m = S 中各点的坐标值的中位数；
            构造 S1 和 S2,使 S1 = {x∈S | x≤m},S2 = {x∈S | x>m};
            δ1 = pair(S1);
            δ2 = pair(S2);
            p = max(S1);
            q = min(S2);
            δ = min(δ1,δ2,q - p);
        }
    }
    return(δ);
}
```

由以上的分析可知，该算法的分割步骤和合并步骤总共耗时 $O(n)$。因此，算法耗费的计算时间 $T(n)$ 满足递归方程

$$\begin{cases} T(2) = 1 \\ T(n) = 2T(n/2) + O(n) \end{cases}$$

解此递归方程可得 $T(n) = O(n\log_2 n)$。

例 11.4 循环赛日程表。设有 $n = 2^k$ 个运动员要进行网球循环赛。现要设计一个满足以下要求的比赛日程表：(1) 每个选手必须与其他 $n-1$ 个选手各赛一次；(2) 每个选手一天只能参赛一次；(3) 循环赛在 $n-1$ 天内结束。

请按此要求将比赛日程表设计成有 n 行和 $n-1$ 列的一个表。在表中的第 i 行，第 j 列处填入第 i 个选手在第 j 天所遇到的选手。其中 $1 \leq i \leq n, 1 \leq j \leq n-1$。

按分治策略，可以将所有的选手分为两半，则 n 个选手的比赛日程表可以通

过 $n/2$ 个选手的比赛日程表来决定。递归地用这种一分为二的策略对选手进行划分,直到只剩下两个选手时,比赛日程表的制订就变得很简单。这时只要让这两个选手进行比赛就可以了。

	1	2	3	4	5	6	7
1	2	3	4	5	6	7	8
2	1	4	3	6	7	8	5
3	4	1	2	7	8	5	6
4	3	2	1	8	5	6	7
5	6	7	8	1	4	3	2
6	5	8	7	2	1	4	3
7	8	5	6	3	2	1	4
8	7	6	5	4	3	2	1

图 11.3　2 个、4 个和 8 个选手的比赛日程表

图 11.3 所列出的正方形表 (c) 是 8 个选手的比赛日程表。其中左上角与左下角的两小块分别为选手 1 至选手 4 和选手 5 至选手 8 前 3 天的比赛日程。据此,将左上角小块中的所有数字按其相对位置抄到右下角,又将左下角小块中的所有数字按其相对位置抄到右上角,这样就分别安排好了选手 1 至选手 4 和选手 5 至选手 8 在后 4 天的比赛日程。依此思想容易将这个比赛日程表推广到具有任意多个选手的情形。

11.3　贪心策略

贪心法是一种不追求最优解,只希望得到较为满意解的方法。贪心法一般可以快速得到满意的解,因为它省去了为找最优解要穷尽所有可能而必须耗费的大量时间。贪心法常以当前情况为基础作最优选择,而不考虑各种可能的整体情况,所以贪心法不要回溯。

例如平时购物找钱时,为使找回的零钱的硬币数最少,不考虑找零钱的所有方案,而是从最大面值的币种开始,按递减的顺序考虑各币种,先尽量用大面值的币种,当不足大面值币种的金额时才去考虑下一种较小面值的币种。这就是在使用

贪心法。这种方法在这里总是最优,是因为银行对其发行的硬币种类和硬币面值的巧妙安排。如只有面值分别为 1,5 和 11 单位的硬币,而希望找回总额为 15 单位的硬币。按贪心算法,应找 1 个 11 单位面值的硬币和 4 个 1 单位面值的硬币,共找回 5 个硬币。但最优的解应是 3 个 5 单位面值的硬币。

例 11.5 装箱问题。设有编号为 $0,1,\cdots,n-1$ 的 n 种物品,体积分别为 v_0, $v_1,\cdots,v_{n-1}$。将这 n 种物品装到容量都为 V 的若干箱子里。约定这 n 种物品的体积均不超过 V,即对于 $0 \leqslant i < n$,有 $0 < v_i \leqslant V$。不同的装箱方案所需要的箱子数目可能不同。装箱问题要求使装尽这 n 种物品的箱子数要少。

若考察将 n 种物品的集合分划成 n 个或小于 n 个物品的所有子集,最优解就可以找到。但所有可能划分的总数太大。对适当大的 n,找出所有可能的划分要花费的时间是无法承受的。为此,对装箱问题采用非常简单的近似算法,即贪心法。该算法依次将物品放到它第一个能放进去的箱子中,该算法虽不能保证找到最优解,但还是能找到非常好的解。为不失一般性,设 n 件物品的体积是按从大到小排好序的,即有 $v_0 \geqslant v_1 \geqslant \cdots \geqslant v_{n-1}$。如不满足上述要求,只要先对这 n 件物品按它们的体积从大到小排序,然后按排序结果对物品重新编号即可。装箱算法简单描述如算法 11.4 所示。

算法 11.4

```
算法输入:箱子的容积;
        物品种数 n;
算法输出:所使用的箱子;
    按体积从大到小顺序,输入各物品的体积;
    预置已用箱子链为空;
    预置已用箱子计数器 box_count 为 0;
    for (i = 0; i < n; i++) {
        从已用的第一只箱子开始顺序寻找能放入物品 i 的箱子 j;
        if (已用箱子都不能再放物品 i){
            另用一个箱子,并将物品 i 放入该箱子;
            box_count ++ ;
        }
        else
            将物品 i 放入箱子 j;
    }
}
```

上述算法能求出需要的箱子数 box_count,并能求出各箱子所装物品。

若每只箱子所装物品用链表来表示,链表首结点指针存于一个结构中,结构记录尚剩余的空间量和该箱子所装物品链表的首指针。另将全部箱子的信息也构成链表。算法 11.5 是按算法 11.4 编写的程序。

算法 11.5

```
# include <stdio.h>
# include <stdlib.h>
typedef  struct  ele{
    int  vno;
    Struct  ele  *link;
} ELE;
typedef  struct  hnode{
    int  remainder;
    ELE  *head;
    struct  hnode  *next;
} HNODE;

void  main( )
{
    int  n,i,box_count,box_volume,*a;
    HNODE  *box_h,  *box_t,  *j;
    ELE  *p,  *q;

    printf("输入箱子容积\n");
    scanf("%d",&box_volume);
    printf("输入物品种数\n");
    scanf("%d",&n);

    a=(int *)malloc(sizeof(int)*n);
    printf("请按体积从大到小顺序输入各物品的体积:");
    for (i=0; i<n; i++) scanf("%d",a+i);
    box_h=box_t = NULL;
    box_count = 0;
    for (i=0; i<n; i++){
```

```
            p = (ELE * )malloc(sizeof(ELE));
            p->vno = i;
            for (j = box_h; j! = NULL; j = j->next)
                if (j->remainder > = a[i])break;
            if (j = = NULL){
                j = (HNODE * )malloc(sizeof(HNODE));
                j->remainder = box_volume - a[i];
                j->head = NULL;
                if (box_h = = NULL)box_h = box_t = j;
                else box_t = boix_t->next = j;
                j->next = NULL;
                box_count ++ ;
            }
            else j->remainder - = a[i];
            for (q = j->next; q ! = NULL && q->link ! = NULL; q = q->link);
            if (q = = NULL) {
                p->link = j->head;
                j->head = p;
            }
            else {
                p->link = NULL;
                q->link = p;
            }
        }
        printf(" 共使用了 % d 只箱子 ",box_count);
        printf(" 各箱子装物品情况如下:");
        for (j = box_h,i = 1;j ! = NULL; j = j->next,i ++ ) {
            printf(" 第 % 2d 只箱子,还剩余容积 % 4d,所装物品有;\n",i,j->remainder);
            for (p = j->head; p ! = NULL; p = p->link)
                printf(" % 4d",p->vno + 1);
            printf("\n");
        }
    }
```

但是下面的例子说明该算法不一定能找到最优解。设有 6 种物品,它们的体积分别为:60,45,35,20,20 和 20 单位体积,箱子的容积为 100 个单位体积。按上述算法计算,需三只箱子,各箱子所装物品分别为:第一只箱子装物品1,3;第二只箱子装物品2,4,5;第三只箱子装物品6。而最优解为两只箱子,分别装物品1,4,5和2,3,6。

例11.6 马的遍历。在8×8方格的棋盘上,从任意指定的方格出发,为马寻找一条走遍棋盘每一格并且只经过一次的一条路径。

马在某个方格,可以在一步内到达的不同位置最多有8个,如图11.4所示。如用二维数组 board[ ][ ]表示棋盘,其元素记录马经过该位置时的步骤号。另对马的8种可能走法(称为着法)设定一个顺序,如当前位置在棋盘的(i,j)方格,下一个可能的位置依次为$(i+2,j+1)$、$(i+1,j+2)$、$(i-1,j+2)$、$(i-2,j+1)$、$(i-2,j-1)$、$(i-1,j-2)$、$(i+1,j-2)$、$(i+2,j-1)$,实际可以走的位置仅限于还未走过的和不越出边界的那些位置。为便于程序的同意处理,可以引入两个数组,分别存储各种可能走法对当前位置的纵横增量。

对于本题,一般可以采用回溯法,这里采用 Warnsdoff 策略求解,也是一种贪心法,其选择下一出口的贪心标准是在那些允许走的位置中,选择出口最少的位置。如马的当前位置(i,j)只有三个出口,他们是位置$(i+2,j+1)$,$(i-2,j+1)$和$(i-1,j-2)$,如分别走到这些位置,这三个位置又分别会有不同的出口,假定这三个位置的出口个数分别为4,2,3,则程序就选择让马走向$(i-2,j+1)$位置。

图11.4 马的遍历示意图

由于程序采用的是一种贪心法,整个找解过程是一直向前,没有回溯,所以能非常快地找到解。但是,对于某些开始位置,实际上有解,而该算法找不到。对于找不到解的情况,程序只要改变8种可能出口的选择顺序,就能找到。改变出口选择顺序,就是改变有相同出口时的选择标准。以下程序考虑到这种情况,引入变量 start,用于控制8种可能找法的选择顺序。开始时为0,当不能找到解时,就让 start 增1,重新找解。细节如算法11.6所示。

算法11.6

```
#include <stdio.h>
int delta_i[ ]={2,1,-1,-2,-2,-1,1,2};
int delta_j[ ]={1,2,2,1,-1,-2,-2,-1};
int board[8][8];
int exitn(int i,int j,int s,int a[ ])
```

```
{
    int i1,j1,k,count;
    for (count = k = 0; k<8; k++) {
        i1 = i + delta_i[(s+k)%8];
        j1 = i + delta_j[(s+k)%8];
        if (i1 >= 0 && i1<8 && j1 >= 0 && j1<8 && board[i1][j1] == 0)
            a[count++] = (s+k)%8;
    }
    return count;
}

int next(int i,int j,int s)
{
    int m,k,mm,min,a[8],b[8],temp;
    m = exitn(i,j,s,a);
    if (m == 0) return -1;
    for (min = 9,k = 0; k<m; k++) {
        temp = exitn(i+delta_i[a[k]],j+delta_j[a[k]],s,b);
        if (temp<min) {
            min = temp;
            kk = a[k];
        }
    }
    return kk;
}

void main( )
{
    int sx,sy,i,j,step,no,start;
    for (sx = 0;sx<8; sx++)
        for (sy = 0;sy<8;sy++) {
            start = 0;
            do {
                for (i = 0; i<8; i++)
                    for (j = 0; j<8; j++)
                        board[i][j] = 0;
                board[sx][sy] = 1;
                i = sx; j = sy;
```

```
            for (step = 2; step<64; step++) {
                if ((no = next(i,j,start)) = = -1)break;
                i+ = delta_i[no];
                j+ = delta_j[no];
                board[i][j] = step;
            }
            if (step > 64)break;
            start++;
        } while(step <= 64);
        for (i = 0; i<8; i++) {
            for (j = 0; j<8; j++)
                printf("%4d",board[i][j]);
            printf("\n\n");
        }
        scanf("%*c");
    }
}
```

11.4 动态规划策略

经常会遇到复杂问题不能简单地分解成几个子问题,而会分解出一系列的子问题。简单地采用把大问题分解成子问题,并综合子问题的解导出大问题的解的方法,问题求解耗时会按问题规模呈幂级数增加。

为了节约重复求相同子问题的时间,引入一个数组,不管它们是否对最终解有用,把所有子问题的解存于该数组中,这就是动态规划法所采用的基本方法。以下先用实例说明动态规划方法的使用。

例 11.7 求两字符序列的最长公共字符子序列。字符序列的子序列是指从给定字符序列中随意地(不一定连续)去掉若干个字符(可能一个也不去掉)后所形成的字符序列。令给定的字符序列 $X=$ " $x_0,x_1,\cdots,x_{m-1}$ ",序列 $Y=$ " $y_0,y_1,\cdots,y_{k-1}$ "是 X 的子序列,存在 X 的一个严格递增下标序列 $\langle i_0,i_1,\cdots,i_{k-1}\rangle$,使得对所有的 $j=0,1,\cdots,k-1$,有 $x_{i_j}=y_j$。例如,$X=$ "$ABCBDAB$",$Y=$ "$BCDB$" 是 X

的一个子序列。

给定两个序列 A 和 B,称序列 Z 是 A 和 B 的公共子序列,是指 Z 同是 A 和 B 的子序列。问题要求已知两序列 A 和 B 的最长公共子序列。

如采用列举 A 的所有子序列,并一一检查其是否又是 B 的子序列,并随时记录所发现的子序列,最终求出最长公共子序列。这种方法因耗时太多而不可取。

考虑最长公共子序列问题如何分解成子问题,设 $A=$ "$a_0,a_1,\cdots,a_{m-1}$", $B=$ "$b_0,b_1,\cdots,b_{m-1}$",并且 $Z=$ "$z_0,z_1,\cdots,z_{k-1}$" 为它们的最长公共子序列。不难证明有以下性质:

(1) 如果 $a_{m-1}=b_{n-1}$,则 $z_{k-1}=a_{m-1}=b_{n-1}$,且 "$z_0,z_1,\cdots,z_{k-2}$" 是 "$a_0,a_1,\cdots,a_{m-2}$" 和 "$b_0,b_1,\cdots,b_{n-2}$" 的一个最长公共子序列;

(2) 如果 $a_{m-1}!=b_{n-1}$,则若 $z_{k-1}!=a_{m-1}$,蕴涵 "$z_0,z_1,\cdots,z_{k-1}$" 是 "$a_0,a_1,\cdots,a_{m-2}$" 和 "$b_0,b_1,\cdots,b_{n-1}$" 的一个最长公共子序列;

(3) 如果 $a_{m-1}!=b_{n-1}$,则若 $z_{k-1}!=b_{n-1}$,蕴涵 "$z_0,z_1,\cdots,z_{k-1}$" 是 "$a_0,a_1,\cdots,a_{m-1}$" 和 "$b_0,b_1,\cdots,b_{n-2}$" 的一个最长公共子序列。

这样,在找 A 和 B 的公共子序列时,如有 $a_{m-1}=b_{n-1}$,则进一步解决一个子问题,找 "$a_0,a_1,\cdots,a_{m-2}$" 和 "$b_0,b_1,\cdots,b_{m-2}$" 的一个最长公共子序列;如果 $a_{m-1}!=b_{n-1}$,则要解决两个子问题,找出 "$a_0,a_1,\cdots,a_{m-2}$" 和 "$b_0,b_1,\cdots,b_{n-1}$" 的一个最长公共子序列和找出 "$a_0,a_1,\cdots,a_{m-1}$" 和 "$b_0,b_1,\cdots,b_{n-2}$" 的一个最长公共子序列,再取两者中较长者作为 A 和 B 的最长公共子序列。

定义 $c[i][j]$ 为序列 "$a_0,a_1,\cdots,a_{i-2}$" 和 "$b_0,b_1,\cdots,b_{j-1}$" 的最长公共子序列的长度,计算 $c[i][j]$ 可递归地表述如下:

(1) $c[i][j]=0$,如果 $i=0$ 或 $j=0$;

(2) $c[i][j]=c[i-1][j-1]+1$,如果 $i,j>0$,且 $a[i-1]=b[j-1]$;

(3) $c[i][j]=\max(c[i][j-1],c[i-1][j])$,如果 $i,j>0$,且 $a[i-1]!=b[j-1]$。

按此算式可写出计算两个序列的最长公共子序列的长度函数。由于 $c[i][j]$ 的产生仅依赖于 $c[i-1][j-1]$,$c[i-1][j]$ 和 $c[i][j-1]$,故可以从 $c[m][n]$ 开始,跟踪 $c[i][j]$ 的产生过程,逆向构造出最长公共子序列。细节见算法 11.7。

算法 11.7

```
# include <stdio.h>
# include <string.h>
# define N 100
```

```c
char a[N],b[N],str[N];

int lcs_len(char *a, char *b,int c[ ][N])
{
    int m=strlen(a),n=strlen(b),i,j;
    for(i=0; i<=m; i++)  c[i][0]=0;
    for(i=0; i<=n; i++)  c[0][i]=0;
    for(i=1; i<=m; i++)
        for(j=1; j<=m; j++)
            if(a[i-1]==b[j-1])
                c[i][j]=c[i-1][j-1]+1;
            else if(c[i-1][j]>=c[i][j-1])
                c[i][j]=c[i-1][j];
            else
                c[i][j]=c[i][j-1];
    return c[m][n];
}
char *buile_lcs(char s[ ],char *a,char *b)
{
    int k,i=strlen(a), j=strlen(b);
    k=lcs_len(a,b,c);
    s[k]='\0';
    while(k>0)
        if(c[i][j]==c[i-1][j]) i--;
        else if(c[i][j]==c[i][j-1]) j--;
        else{
            s[--k]=a[i-1];
            i--; j--;
        }
    return s;
}
void main( )
{
    printf("Enter two string(<%d)! \n",N);
    scanf("%s%s",a,b);
    printf("LCS=%s\n",build_lcs(str,a,b));
```

1. 动态规划的适用条件

任何思想方法都有一定的局限性,超出了特定条件,它就失去了作用。同样,动态规划也并不是万能的。适用动态规划的问题必须满足最优化原理和无后效性。

(1) 最优化原理(最优子结构性质)

最优化原理可这样阐述:一个最优化策略具有这样的性质,不论过去状态和决策如何,对前面的决策所形成的状态而言,余下的诸决策必须构成最优策略。简而言之,一个最优化策略的子策略总是最优的。一个问题满足最优化原理又称其具有最优子结构性质。

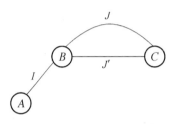

图 11.5 动态规划说明示意

例如图 11.5 中,若路线 I 和 J 是 A 到 C 的最优路径,则根据最优化原理,路线 J 必是从 B 到 C 的最优路线。这可用反证法证明:假设有另一路径 J' 是 B 到 C 的最优路径,则 A 到 C 的路线取 I 和 J' 比 I 和 J 更优,矛盾。从而证明 J' 必是 B 到 C 的最优路径。

最优化原理是动态规划的基础,任何问题,如果失去了最优化原理的支持,就不可能用动态规划方法计算。根据最优化原理导出的动态规划基本方程是解决一切动态规划问题的基本方法。

(2) 无后向性

将各阶段按照一定的次序排列好之后,对于某个给定的阶段状态,它以前各阶段的状态无法直接影响它未来的决策,而只能通过当前的这个状态。换句话说,每个状态都是过去历史的一个完整总结。这就是无后向性,又称为无后效性。

(3) 子问题的重叠性

动态规划算法的关键在于解决冗余,这是动态规划算法的根本目的。动态规划实质上是一种以空间换时间的技术,它在实现的过程中,不得不存储产生过程中的各种状态,所以它的空间复杂度要大于其他的算法。选择动态规划算法是因为动态规划算法在空间上可以承受,而搜索算法在时间上却无法承受,所以我们舍空间而取时间。

所以,能够用动态规划解决的问题还有一个显著特征:子问题的重叠性。这个性质并不是动态规划适用的必要条件,但是如果该性质无法满足,动态规划算法同其他算法相比就不具备优势。

2. 动态规划的基本思想

前面介绍了动态规划的一些理论依据,将前文所说的具有明显的阶段划分和状态转移方程的动态规划称为**标准动态规划**,这种标准动态规划是在研究多阶段决策问题时推导出来的,具有严格的数学形式,适合用于理论上的分析。在实际应用中,许多问题的阶段划分并不明显,这时如果刻意地划分阶段法反而麻烦。一般来说,只要该问题可以划分成规模更小的子问题,并且原问题的最优解中包含了子问题的最优解(即满足最优子化原理),则可以考虑用动态规划解决。

动态规划的实质是**分治思想**和**解决冗余**。因此,**动态规划**是一种将问题实例分解为更小的、相似的子问题,并存储子问题的解而避免计算重复的子问题,以解决最优化问题的算法策略。

由此可知,动态规划法与分治法和贪心法类似,它们都是将问题实例归纳为更小的、相似的子问题,并通过求解子问题产生一个全局最优解。其中贪心法的当前选择可能要依赖已经作出的所有选择,但不依赖于有待于做出的选择和子问题。因此贪心法自顶向下,一步一步地作出贪心选择;而分治法中的各个子问题是独立的(即不包含公共的子子问题),因此一旦递归地求出各子问题的解后,便可自下而上地将子问题的解合并成问题的解。但不足的是,如果当前选择可能要依赖子问题的解时,则难以通过局部的贪心策略达到全局最优解;如果各子问题是不独立的,则分治法要做许多不必要的工作,重复地解公共的子问题。

解决上述问题的办法是利用动态规划。该方法主要应用于最优化问题,这类问题会有多种可能的解,每个解都有一个值,而动态规划找出其中最优(最大或最小)值的解。若存在若干个取最优值的解的话,它只取其中的一个。在求解过程中,该方法也是通过求解局部子问题的解达到全局最优解,但与分治法和贪心法不同的是,动态规划允许这些子问题不独立(亦即各子问题可包含公共的子子问题),也允许其通过自身子问题的解作出选择,该方法对每一个子问题只解一次,并将结果保存起来,避免每次碰到时都要重复计算。

因此,动态规划法所针对的问题有一个显著的特征,即它所对应的子问题树中的子问题呈现大量的重复。动态规划法的关键就在于,对于重复出现的子问题,只在第一次遇到时加以求解,并把答案保存起来,让以后再遇到时直接引用,不必重新求解。

3. 动态规划算法的基本步骤

设计一个标准的动态规划算法,通常可按以下几个步骤进行:

(1) 划分阶段:按照问题的时间或空间特征,把问题分为若干个阶段。注意这若干个阶段一定要是有序的或者是可排序的(即无后向性),否则问题就无法用动态规划求解。

(2) 选择状态:将问题发展到各个阶段时所处于的各种客观情况用不同的状态表示出来。当然,状态的选择要满足无后效性。

(3) 确定决策并写出状态转移方程:之所以把这两步放在一起,是因为决策和状态转移有着天然的联系,状态转移就是根据上一阶段的状态和决策来导出本阶段的状态。所以,如果我们确定了决策,状态转移方程也就写出来了。但事实上,我们常常是反过来做,根据相邻两段的各状态之间的关系来确定决策。

(4) 写出规划方程(包括边界条件):动态规划的基本方程是规划方程的通用形式化表达式。

一般说来,只要阶段、状态、决策和状态转移确定了,这一步还是比较简单的。动态规划的主要难点在于理论上的设计,一旦设计完成,实现部分就会非常简单。根据动态规划的基本方程可以直接递归计算最优值,但是一般将其改为递推计算,实现的大体上的框架如下:

```
1.  对 f_{n+1}(x_{n+1}) 初始化;                    //边界条件
    for(k = n; k <= 1; k--)
        for(每一个 x_k ∈ X_k)
            for(每一个 u_k ∈ U_k(x_k)) {
5.              f_k(x_k) = 一个极值;              //∞ 或 -∞
6.              x_{k+1} = T_k(x_k, u_k);            //状态转移方程
7.              t = φ(f_{k+1}(x_{k+1}), v_k(x_k, u_k));  //基本方程
                if(t 比 f_k(x_k) 更优)
                    f_k(x_k) = t;                //计算 f_k(x_k) 的最优值
            }
9.  t = 一个极值;                                //∞ 或 -∞
    for(每一个 x_1 ∈ X_1)
11.     if(f_1(x_1) 比 t 更优)
            t = f_1(x_1);                         //求出最优指标
12. 输出 t;
```

但是,实际应用当中经常不按照上面步骤设计动态规划,而是按以下几个步骤进行:

(1) 分析最优解的性质,并刻画其结构特征;
(2) 递归地定义最优值;
(3) 以自底向上的方式或自顶向下的记忆化方法(备忘录法)计算出最优值;
(4) 根据计算最优值时得到的信息,构造一个最优解。

步骤(1)~(3)是动态规划算法的基本步骤。在只需要求出最优值的情形,步骤(4)可以省略,若需要求出问题的一个最优解,则必须执行步骤(4)。此时,在步骤(3)中计算最优值时,通常需记录更多的信息,以便在步骤(4)中,根据所记录的信息,快速地构造出一个最优解。

例 11.8 凸多边形的最优三角剖分问题。多边形是平面上一条分段线性的闭曲线。也就是说,多边形是由一系列首尾相接的直线段组成的。组成多边形的各直线段称为该多边形的边。多边形相接两条边的连接点称为多边形的顶点。若多边形的边之间除了连接顶点外没有别的公共点,则称该多边形为简单多边形。一个简单多边形将平面分为 3 个部分:被包围在多边形内的所有点构成了多边形的内部;多边形本身构成多边形的边界;而平面上其余的点构成了多边形的外部。当一个简单多边形及其内部构成一个闭凸集时,称该简单多边形为凸多边形。也就是说凸多边形边界上或内部的任意两点所连成的直线段上所有的点均在该凸多边形的内部或边界上。

通常,用多边形顶点的逆时针序列来表示一个凸多边形,即 $P = \langle v_0, v_1, \cdots, v_{n-1} \rangle$ 表示具有 n 条边 $v_0 v_1, v_1 v_2, \cdots, v_{n-1} v_n$ 的一个凸多边形,其中,约定 $v_0 = v_n$。

若 v_i 与 v_j 是多边形上不相邻的两个顶点,则线段 $v_i v_j$ 称为多边形的一条弦。弦将多边形分割成凸的两个子多边形 $\langle v_i, v_{i+1}, \cdots, v_j \rangle$ 和 $\langle v_j, v_{j+1}, \cdots, v_i \rangle$。多边形的三角剖分是一个将多边形分割成互不重叠的三角形的弦的集合 T。图 11.6 是一个凸多边形的两个不同的三角剖分。

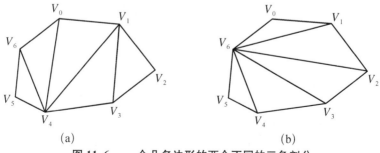

图 11.6 一个凸多边形的两个不同的三角剖分

在凸多边形 P 的一个三角剖分 T 中，各弦互不相交且弦数已达到最大，即 P 的任一不在 T 中的弦必与 T 中某一弦相交。在一个有 n 个顶点的凸多边形的三角剖分中，恰好有 $n-3$ 条弦和 $n-2$ 个三角形。

凸多边形最优三角剖分的问题是：给定一个凸多边形 $P = \langle v_0, v_1, \cdots, v_{n-1} \rangle$ 以及定义在由多边形的边和弦组成的三角形上的权函数 ω。要求确定该凸多边形的一个三角剖分，使得该三角剖分对应的权，即剖分中诸三角形上的权之和为最小。

可以定义三角形上各种各样的权函数 ω。例如：定义 $\omega(\triangle v_i v_j v_k) = |v_i v_j| + |v_i v_k| + |v_k v_j|$，其中，$|v_i v_j|$ 是点 v_i 到 v_j 的欧氏距离。相应于此权函数的最优三角剖分即为最小弦长三角剖分。

(1) 最优子结构性质

凸多边形的最优三角剖分问题有最优子结构性质。事实上，若凸 $(n+1)$ 边形 $P = \langle v_0, v_1, \cdots, v_n \rangle$ 的一个最优三角剖分 T 包含三角形 $v_0 v_k v_n$，$1 \leqslant k \leqslant n-1$，则 T 的权为 3 个部分权的和，即三角形 $v_0 v_k v_n$ 的权，子多边形 $\langle v_0, v_1, \cdots, v_k \rangle$ 的权和 $\langle v_k, v_{k+1}, \cdots, v_n \rangle$ 的权之和。可以断言由 T 所确定的这两个子多边形的三角剖分也是最优的，因为若有 $\langle v_0, v_1, \cdots, v_k \rangle$ 或 $\langle v_k, v_{k+1}, \cdots, v_n \rangle$ 的更小权的三角剖分，将会导致 T 不是最优三角剖分的矛盾。

(2) 最优三角剖分对应的权的递归结构

首先，定义 $t[i,j]$ $(1 \leqslant i < j \leqslant n)$ 为凸子多边形 $\langle v_{i-1}, v_i, \cdots, v_j \rangle$ 的最优三角剖分所对应的权值，即最优值。为方便起见，设退化的多边形 $\langle v_{i-1}, v_i \rangle$ 具有权值 0。据此定义，要计算的凸 $(n+1)$ 边多边形 P 对应的权的最优值为 $t[1, n]$。

$t[i,j]$ 的值可以利用最优子结构性质递归地计算。由于退化的 2 顶点多边形的权值为 0，所以 $t[i,i] = 0$，$i = 1, 2, \cdots, n$。当 $j-i \geqslant 1$ 时，子多边形 $\langle v_{i-1}, v_i, \cdots, v_j \rangle$ 至少有 3 个顶点。由最优子结构性质，$t[i,j]$ 的值应为 $t[i,k]$ 的值加上 $t[k+1,j]$ 的值，再加上 $\triangle v_{i-1} v_k v_j$ 的权值，并在 $i \leqslant k \leqslant j-1$ 的范围内取最小。由此，$t[i,j]$ 可递归地定义为

$$t[i,j] = \begin{cases} 0, & i = j \\ \min_{i \leqslant k \leqslant j-1} \{t[i,k] + t[k+1,j] + \omega(\triangle v_{i-1} v_k v_j)\}, & i < j \end{cases}, \quad 1 \leqslant i \leqslant j \leqslant n$$

(3) 计算最优值

下面描述的计算凸 $(n+1)$ 边形 $P = \langle v_0, v_1, \cdots, v_n \rangle$ 的三角剖分最优权值的动态规划算法 MINIMUM_WEIGHT，输入是凸多边形 $P = \langle v_0, v_1, \cdots, v_n \rangle$ 的权函数 ω，输出是最优值 $t[i,j]$ 和使得 $t[i,k] + t[k+1,j] + \omega(\triangle v_{i-1} v_k v_j)$ 达到最优的位置 $(k=) s[i,j]$，$1 \leqslant i \leqslant j \leqslant n$。

算法 11.8

```
MINIMUM_WEIGHT(P,w);
{
    n = length[p] - 1;
    for(i = 1; i <= n; i++) t[i,i] = 0;
    for(ll = 2; ll <= n; ll++)
      for i = 1; i <= n - ll + 1; i++) {
          j = i + ll - 1;
          t[i,j] = ∞;
          for(k = i; k >= j - 1; k++) {
              q = t[i,k] + t[k+1,j] + ω(△vi-1vkvj);
              if(q < t[i,j]) {
                  t[i,j] = q;
                  s[i,j] = k;
              }
          }
      }
    return(t,s);
}
```

算法 MINIMUM_WEIGHT 占用 $O(n^2)$ 空间,耗时 $O(n^3)$。

(4) 构造最优三角剖分

如所看到的,对于任意的 $1 \leqslant i \leqslant j \leqslant n$,算法 MINIMUM_WEIGHT 在计算每一个子多边形 $\langle v_{i-1}, v_i, \cdots, v_j \rangle$ 的最优三角剖分所对应的权值 $t[i,j]$ 的同时,还在 $s[i,j]$ 中记录了此最优三角剖分中与边(或弦) $v_{i-1}v_j$ 构成的三角形的第三个顶点的位置。因此,利用最优子结构性质并借助于 $s[i,j], 1 \leqslant i \leqslant j \leqslant n$,凸 $(n+1)$ 边形 $P = \langle v_0, v_1, \cdots, v_n \rangle$ 的最优三角剖分可容易地在 $O(n)$ 时间内构造出来。

11.5 回 溯 策 略

回溯法也称为试探法,该方法首先暂时放弃关于问题规模大小的限制,并将问题的候选解按某种顺序逐一枚举和检验。当发现当前候选解不可能是解时,就选择下一个候选解;倘若当前候选解除了还不满足问题规模要求外,满足所有其他要求时,继续扩大当前候选解的规模,并继续试探。如果当前候选解满足包括问题规模在内的所有要求时,该候选解就是问题的一个解。在回溯法中,放弃当前候选解,寻找下一个候选解的过程称为回溯。扩大当前候选解的规模,以继续试探的过程称为向前试探。

1. 回溯法的一般描述

可用回溯法求解的问题 P,通常要能表达为:对于已知的由 n 元组$(x_1, x_2, \cdots, x_n)$组成的一个状态空间 $E = \{(x_1, x_2, \cdots, x_n) \mid x_i \in S_i, i=1, 2, \cdots, n\}$,给定关于 n 元组中的一个分量的一个约束集 D,要求 E 中满足 D 的全部约束条件的所有 n 元组。其中 S_i 是分量 x_i 的定义域,且 $|S_i|$ 有限,$i = 1, 2, \cdots, n$。我们称 E 中满足 D 的全部约束条件的任一 n 元组为问题 P 的一个解。

解问题 P 的最朴素的方法就是枚举法,即对 E 中的所有 n 元组逐一地检测其是否满足 D 的全部约束,若满足,则为问题 P 的一个解。但显然,其计算量是相当大的。

对于许多问题,所给定的约束集 D 具有完备性,即 i 元组$(x_1, x_2, \cdots, x_i)$满足 D 中仅涉及 $x_1, x_2, \cdots, x_i$ 的所有约束意味着 $j (j < i)$ 元组$(x_1, x_2, \cdots, x_j)$一定也满足 D 中仅涉及 $x_1, x_2, \cdots, x_j$ 的所有约束,$i = 1, 2, \cdots, n$。换句话说,只要存在 $0 \leq j \leq n-1$,使得$(x_1, x_2, \cdots, x_j)$违反 D 中仅涉及 $x_1, x_2, \cdots, x_j$ 的约束之一,则以$(x_1, x_2, \cdots, x_j)$为前缀的任何 n 元组$(x_1, x_2, \cdots, x_j, x_{j+1}, \cdots, x_n)$一定也违反 D 中仅涉及 $x_1, x_2, \cdots, x_i$ 的一个约束,$n \geq i > j$。因此,对于约束集 D 具有完备性的问题 P,一旦检测断定某个 j 元组$(x_1, x_2, \cdots, x_j)$违反 D 中仅涉及 $x_1, x_2, \cdots, x_j$ 的一个约束,就可以肯定,以$(x_1, x_2, \cdots, x_j)$为前缀的任何 n 元组$(x_1, x_2, \cdots, x_j, x_{j+1}, \cdots, x_n)$都不会是问题 P 的解,因而就不必去搜索它们、检测它们。回溯法正是针对这类问题,利用这类问题的上述性质而提出来的比枚举法效率更高的算法。

回溯法首先将问题 P 的 n 元组的状态空间 E 表示成一棵高为 n 的带权有序树 T,把在 E 中求问题 P 的所有解转化为在 T 中搜索问题 P 的所有解。树 T 类似于检索树,它可以这样构造:

设 S_i 中的元素可排成 $x_i^{(1)}, x_i^{(2)}, \cdots, x_i^{(m_i-1)}$,$|S_i| = m_i$,$i = 1, 2, \cdots, n$。从根开始,让 T 的第 i 层的每一个结点都有 m_i 个儿子。这 m_i 个儿子到它们的双亲的边,按从左到右的次序,分别带权 $x_{i+1}^{(1)}, x_{i+1}^{(2)}, \cdots, x_{i+1}^{(m_i)}$,$i = 0, 1, 2, \cdots, n-1$。照这种构造方式,$E$ 中的一个 n 元组$(x_1, x_2, \cdots, x_n)$对应于 T 中的一个叶子结点,T 的根到这个叶子结点的路径上依次的 n 条边的权分别为 $x_1, x_2, \cdots, x_n$,

反之亦然。另外,对于任意的 $0 \leqslant i \leqslant n-1$,$E$ 中 n 元组 $(x_1,x_2,\cdots,x_n)$ 的一个前缀 i 元组 $(x_1,x_2,\cdots,x_i)$ 对应于 T 中的一个非叶子结点,T 的根到这个非叶子结点的路径上依次的 i 条边的权分别为 $x_1,x_2,\cdots,x_i$,反之亦然。特别,E 中的任意一个 n 元组的空前缀( ),对应于 T 的根。

因而,在 E 中寻找问题 P 的一个解等价于在 T 中搜索一个叶子结点,要求从 T 的根到该叶子结点的路径上依次的 n 条边相应带的 n 个权 $x_1,x_2,\cdots,x_n$ 满足约束集 D 的全部约束。在 T 中搜索所要求的叶子结点,很自然的一种方式是从根出发,按深度优先的策略逐步深入,即依次搜索满足约束条件的前缀 1 元组 (x_1),前缀 2 元组 (x_1,x_2),$\cdots$,前缀 i 元组 $(x_1,x_2,\cdots,x_i)$,$\cdots$,直到 $i=n$ 为止。

在回溯法中,上述引入的树被称为问题 P 的状态空间树;树 T 上任意一个结点被称为问题 P 的状态结点;树 T 上的任意一个叶子结点被称为问题 P 的一个解状态结点;树 T 上满足约束集 D 的全部约束的任意一个叶子结点被称为问题 P 的一个回答状态结点,它对应于问题 P 的一个解。

例如:组合问题。找出从自然数 $1,2,\cdots,n$ 中任取 r 个数的所有组合。

例如 $n=5,r=3$ 的所有组合为

(1) 1,2,3 　　(2) 1,2,4 　　(3) 1,2,5
(4) 1,3,4 　　(5) 1,3,5 　　(6) 1,4,5
(7) 2,3,4 　　(8) 2,3,5 　　(9) 2,4,5
(10) 3,4,5

则该问题的状态空间为

$$E = \{(x_1,x_2,x_3) \mid x_i \in S, i=1,2,3\}$$

其中,$S=\{1,2,3,4,5\}$,约束集为 $x_1 < x_2 < x_3$。显然该约束集具有完备性。

问题的状态空间树 T,如图 11.7 所示。

图 11.7　组合问题的状态空间树

2. 回溯法的方法

对于具有完备约束集 D 的一般问题 P 及其相应的状态空间树 T，利用 T 的层次结构和 D 的完备性，在 T 中搜索问题 P 的所有解的回溯法可以形象地描述为：

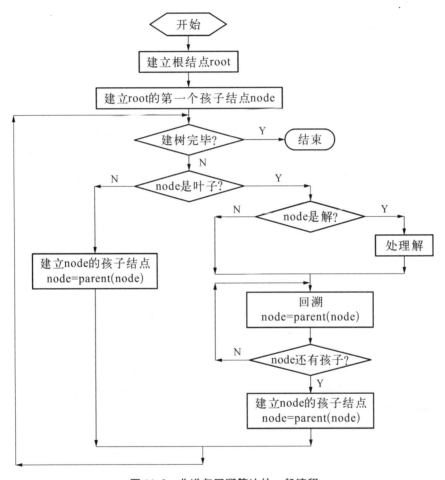

图 11.8　非递归回溯算法的一般流程

从 T 的根出发，按深度优先的策略，系统地搜索以其为根的子树中可能包含着回答结点的所有状态结点，而跳过对肯定不含回答结点的所有子树的搜索，以提高搜索效率。具体地说，当搜索按深度优先策略到达一个满足 D 中所有有关约束的状态结点时，即"激活"该状态结点，以便继续往深层搜索；否则跳过对以该状态结点为根的子树的搜索，而一边逐层地向该状态结点的祖先结点回溯，一边"杀死"

其儿子结点已被搜索遍的祖先结点,直到遇到其儿子结点未被搜索遍的祖先结点,即转向其未被搜索的一个儿子结点继续搜索。

在搜索过程中,只要所激活的状态结点又满足终结条件,那么它就是回答结点,应该把它输出或保存。由于在回溯法求解问题时,一般要求出问题的所有解,因此在得到回答结点后,同时也要进行回溯,以便得到问题的其他解,直至回溯到 T 的根且根的所有儿子结点均已被搜索过为止。

例如在组合问题中,从 T 的根出发深度优先遍历该树。当遍历到结点(1,2)时,虽然它满足约束条件,但还不是回答结点,则应继续深度遍历;当遍历到叶子结点(1,2,5)时,由于它已是一个回答结点,则保存(或输出)该结点,并回溯到其双亲结点,继续深度遍历;当遍历到结点(1,5)时,由于它已是叶子结点,但不满足约束条件,故也需回溯。

3. 回溯法的一般流程和技术

在用回溯法求解有关问题的过程中,一般是一边建树,一边遍历该树。在回溯法中一般采用非递归方法。图 11.8 给出了回溯法的非递归算法的一般流程:在用回溯法求解问题,也即在遍历状态空间树的过程中,如果采用非递归方法,则我们一般要用到栈的数据结构。这时,不仅可以用栈来表示正在遍历的树的结点,而且可以很方便地表示建立孩子结点和回溯过程。

例如在组合问题中,用一个一维数组 Stack[ ]表示栈。开始栈空,则表示了树的根结点。如果元素 1 进栈,则表示建立并遍历(1)结点;这时如果元素 2 进栈,则表示建立并遍历(1,2)结点;元素 3 再进栈,则表示建立并遍历(1,2,3)结点。这时可以判断它满足所有约束条件,是问题的一个解,输出(或保存)。这时只要栈顶元素(3)出栈,即表示从结点(1,2,3)回溯到结点(1,2)。

例 11.9 组合问题。找出从自然数 $1,2,\cdots,n$ 中任取 r 个数的所有组合。

采用回溯法找问题的解,将找到的组合以从小到大顺序存于 $a[0],a[1],\cdots,a[r-1]$ 中,组合的元素满足以下性质:

(1) $a[i+1]>a[i]$,后一个数字比前一个大;

(2) $a[i]-i \leqslant n-r+1$。

按回溯法的思想,找解过程描述如下:

首先放弃组合数个数为 r 的条件,候选组合从只有一个数字 1 开始。因该候选解满足除问题规模之外的全部条件,扩大其规模,并使其满足上述条件(1),候选组合改为 1,2。继续这一过程,得到候选组合 1,2,3。该候选解满足包括问题规模在内的全部条件,因而是一个解。在该解的基础上,选下一个候选解,因 $a[2]$ 上的 3 调整为 4,以及以后调整为 5 都满足问题的全部要求,得到解 1,2,4 和 1,2,5。由于对 5 不能再作调整,就要从 $a[2]$ 回溯到 $a[1]$,这时,$a[1]=2$,可以调整为 3,并向前试探,得到解 1,3,4。重复上述向前试探和向后回溯,直至要从 $a[0]$ 再回溯时,说明已经找完问题的全部解。按上述思想写成程序如算法 11.9 所示。

算法 11.9

```
#define MAXN 100
int a[MAXN];
void comb(int m,int r)
{
    int i,j;
    i = 0;
    a[i] = 1;
    do {
        if (a[i] - i <= m - r + 1) {
            if (i == r - 1) {
                for (j = 0; j < r; j++)
                    printf("%4d",a[j]);
                printf("\n");
            }
            a[i]++;
            continue;
        }
        else {
            if (i == 0)
                return;
            a[--i]++;
        }
    } while (1)
}

main( )
{   comb(5,3);
}
```

例 11.10 填字游戏。在 3×3 个方格的方阵中要填入数字 1 到 $N(N \geqslant 10)$ 内

的某9个数字,每个方格填一个整数,要求所有相邻两个方格内的两个整数之和为质数。试求出所有满足这个要求的各种数字填法。

可用试探法找到问题的解,即从第一个方格开始,为当前方格寻找一个合理的整数填入,并在当前位置正确填入后,为下一方格寻找可填入的合理整数。如不能为当前方格找到一个合理的可填整数,就要回退到前一方格,调整前一方格的填入数。当第九个方格也填入合理的整数后,就找到了一个解,将该解输出,并调整第九个填入的整数,寻找下一个解。

为找到一个满足要求的9个数的填法,从还未填一个数开始,按某种顺序(如从小到大的顺序)每次在当前位置填入一个整数,然后检查当前填入的整数是否能满足要求。在满足要求的情况下,继续用同样的方法为下一方格填入整数。如果最近填入的整数不能满足要求,就改变填入的整数。如对当前方格试尽所有可能的整数,都不能满足要求,就得回退到前一方格,并调整前一方格填入的整数。如此重复执行扩展、检查或调整、检查,直到找到一个满足问题要求的解,将解输出。用回溯法找一个解如算法 11.10 所示。

算法 11.10

```
{
    int m = 0, ok = 1;
    int n = 8;
    do {
            if (ok)  扩展;
            else   调整;
            ok = 检查前 m 个整数填放的合理性;
    }while (((!ok||m! = n)&&(m! = 0));
    if (m! = 0)  输出解;
    else   输出无解报告;
}
```

如果程序要找全部解,则在将找到的解输出后,应继续调整最后位置上填放的整数,试图去找下一个解。相应的回溯法找全部解如算法 11.11 所示。

算法 11.11

```
{
    int m = 0, ok = 1;
```

```
int n = 8;
do {
    if (ok) {
        if (m = = n) {
            输出解;
            调整;
        }
        else 扩展;
    }
    else 调整;
    ok = 检查前 m 个整数填放的合理性;
} while (m! = 0);
```

为了确保程序能够终止,调整时必须保证曾被放弃过的填数序列不会再次实验,即要求按某种有序模型生成填数序列。给解的候选者设定一个被检验的顺序,按这个顺序逐一形成候选者并检验。从小到大或从大到小,都是可以采用的方法。如扩展时,先在新位置填入整数 1,调整时,找当前候选解中下一个还未被使用过的整数。将上述扩展、调整、检验都编写成程序,细节见算法 11.12 找全部解的程序。

算法 11.12

```
# include <stdio.h>
# define  N    12
void write(int a[ ])
    {
    int i,j;
    for (i = 0; i<3; i++) {
        for (j = 0; j<3; j++)
            printf("%3d",a[3*i+j]);
        printf("\n");
    }
    scanf("%*c");
}
```

```
int b[N+1];
int a[10];
int isprime(int m)
{
    int i;
    int primes[ ] = {2,3,5,7,11,17,19,23,29,-1};
    if (m = = 1||m%2 = 0)    return 0;
    for (i = 0; primes[i] > 0; i++)
        if (m = = primes[i])    return 1;
    for (i = 3; i*i <= m;) {
        if (m%i = = 0)    return 0;
        i+ = 2;
    }
    return 1;
}


int checkmatrix[ ][3] = {{-1},{0,-1},{1,-1},{0,-1},{1,3,-1},
                         {2,4,-1},{3,-1},{4,6,-1},{5,7,-1}};
int selectnum(int start)
{
    int j;
    for (j = start; j <= N; j++)
        if (b[j]) return j;
    return 0;
}


int check(int pos)
{
    int i,j;
    if (pos<0)    return 0;
    for (i = 0;(j = checkmatrix[pos][i]) >= 0; i++)
        if (! isprime(a[pos]+a[j])
            return 0;
    return 1;
}
```

```
int extend(int pos)
{
    a[++pos] = selectnum(1);
    b[a[pos]] = 0;
    return pos;
}

int change(int pos)
{
    int j;
    while (pos >= 0 &&(j = selectnum(a[pos]+1)) == 0)
        b[a[pos--]] = 1;
    if (pos<0)   return -1
    b[a[pos]] = 1;
    a[pos] = j;
    b[j] = 0;
    return pos;
}

void find( )
{
    int ok = 0,pos = 0;
    a[pos] = 1;
    b[a[pos]] = 0;
    do {
        if (ok)
            if (pos == 8) {
                write(a);
                pos = change(pos);
            }
            else pos = extend(pos);
        else pos = change(pos);
        ok = check(pos);
    } while (pos >= 0);
}
```

```
void main( )
{
    int i;
    for (i = 1; i <= N; i++)
        b[i] = 1;
    find( );
}
```

例 11.11 n 皇后问题。求出在一个 $n \times n$ 的棋盘上,放置 n 个不能互相捕捉的国际象棋"皇后"的所有布局。

这是来源于国际象棋的一个问题。皇后可以沿着纵横和两条斜线 4 个方向相互捕捉。如图所示,一个皇后放在棋盘的第 4 行第 3 列位置上,则棋盘上凡打"×"的位置上的皇后就能与这个皇后相互捕捉。

从图 11.9 中可以得到以下启示:一个合适的解应是在每列、每行上只有一个皇后,且一条斜线上也只有一个皇后。

求解过程从空配置开始。在第 1 列至第 m 列为合理配置的基础上,再配置第 $m+1$ 列,直至第 n 列配置也是合理时,就找到了一个解。接着改变第 n 列配置,希望获得下一个解。另外,在任一列上,可能有 n 种配置。开始时配置在第 1 行,以后改变时,顺次选择第 2 行,第 3 行,…,直到第 n 行。当第 n 行配置也找不到一个合理的配置时,就要回溯,去改变前一列的配置得到。求解皇后问题如算法 11.13 所示。

图 11.9 n 皇后问题示意图

算法 11.13

```
{
    输入棋盘大小值 n;
    m = 0;
    good = 1;
    do {
        if (good)
```

```
            if(m = = n){
                输出解;
                改变之,形成下一个候选解;
            }
            else  扩展当前候选接至下一列;
        else  改变之,形成下一个候选解;
        good = 检查当前候选解的合理性;
    } while (m! = 0);
}
```

在编写程序之前,先确定边式棋盘的数据结构。比较直观的方法是采用一个二维数组,但仔细观察就会发现,这种表示方法给调整候选解及检查其合理性带来困难。更好的方法是尽可能直接地表示那些常用的信息。对于本题来说,"常用信息"并不是皇后的具体位置,而是"一个皇后是否已经在某行和某条斜线合理地安置好了"。因在某一列上恰好放一个皇后,引入一个一维数组(col[ ]),值 col[i]表示在棋盘第 i 列、col[i]行有一个皇后。例如:col[3]=4,就表示在棋盘的第 3 列、第 4 行上有一个皇后。另外,为了使程序在找完了全部解后回溯到最初位置,设定 col[0]的初值为 0 当回溯到第 0 列时,说明程序已求得全部解,结束程序运行。

为使程序在检查皇后配置的合理性方面简易方便,引入以下三个工作数组:
(1) 数组 a[ ],a[k]表示第 k 行上还没有皇后;
(2) 数组 b[ ],b[k]表示第 k 列右高左低斜线上没有皇后;
(3) 数组 c[ ],c[k]表示第 k 列左高右低斜线上没有皇后。

棋盘中同一右高左低斜线上的方格,它们的行号与列号之和相同;同一左高右低斜线上的方格,它们的行号与列号之差均相同。

初始时,所有行和斜线上均没有皇后,从第 1 列的第 1 行配置第一个皇后开始,在第 m 列、col[m]行放置了一个合理的皇后后,准备考察第 $m+1$ 列时,在数组 a[ ]、b[ ]和 c[ ]中为第 m 列、col[m]行的位置设定有皇后标志;当从第 m 列回溯到第 $m-1$ 列,并准备调整第 $m-1$ 列的皇后配置时,清除在数组 a[ ]、b[ ]和 c[ ]中设置的关于第 $m-1$ 列、col[$m-1$]行有皇后的标志。一个皇后在 m 列、col[m]行方格内配置是合理的,由数组 a[ ]、b[ ]和 c[ ]对应位置的值都为 1 来确定。细节见算法 11.14。

算法 11.14

```c
#include <stdio.h>
#include <stdlib.h>
#define MAXN 20
int n,m,good;
int col[MAXN+1],a[MAXN+1],b[2*MAXN+1],c[2*MAXN+1];

void main()
{
    int j;
    char awn;
    printf("Enter n: ");scanf("%d",&n);
    for(j=0;j<=n;j++) a[j]=1;
    for(j=0;j<=2*n;j++)cb[j]=c[j]=1;
    m=1;col[1]=1;  good=1;col[0]=0;
    do{
        if(good)
            if(m==n){
                printf("列\t行");
                for(j=1;j<=n;j++)
                    printf("%3d\t%d\n",j,col[j]);
                printf("Enter a character (Q/q for exit)!\n");
                scanf("%c",&awn);
                if(awn=='Q'||awn=='q') exit(0);
                while(col[m]==n){
                    m--;
                    a[col[m]]=b[m+col[m]]=c[n+m-col[m]]=1;
                }
                col[m]++;
            }
            else{
                a[col[m]]=b[m+col[m]]=c[n+m-col[m]]=0;
                col[++m]=1;
            }
        else{
```

```
            while (col[m] = = n) {
                m -- ;
                a[col[m]] = b[m + col[m]] = c[n + m - col[m]] = 1;
            }
            col[m] ++ ;
        }
        good = a[col[m]]&&b[m + col[m]]&&c[n + m - col[m]];
    } while (m ! = 0);
}
```

试探法找解算法也常常被编写成递归函数,下面两程序中的函数 queen_all( ) 和函数 queen_one( )能分别用来解皇后问题的全部解和一个解。细节见算法 11.15。

算法 11.15

```
# include <stdio.h>
# include <stdlib.h>
# define  MAXN  20
int n;
int col[MAXN + 1],a[MAXN + 1],b[2 * MAXN + 1],c[2 * MAXN + 1];
void main( )
{
    int j;
    printf("Enter n:    ");scanf("%d",&n);
    for (j = 0; j <= n; j ++)a[j] = 1;
    for (j = 0; j <= 2 * n; j ++)cb[j] = c[j] = 1;
    queen_all(1,n);
}

void queen_all(int k,int n)
{
    int i,j;
    char awn;
    for (i = 1; i <= n; i ++)
        if (a[i]&&b[k + i]&&c[n + k - i]) {
```

```
            col[k] = i;
            a[i] = b[k + i] = c[n + k - i] = 0;
            if (k = = n) {
                printf("列\t行");
                for (j = 1; j <= n; j++)
                    printf("%3d\t%d\n",j,col[j]);
                printf("Enter a character (Q/q for exit)! \n");
                scanf("%c",&awn);
                if (awn = = 'Q'||awn = = 'q')  exit(0);
            }
            queen_all(k + 1,n);
            a[i] = b[k + i] = c[n + k - i];
        }
}
```

采用递归方法找一个解与找全部解稍有不同,在找一个解的算法中,递归算法要对当前候选解最终是否能成为解要有回答。当它成为最终解时,递归函数就不再递归试探,立即返回;若不能成为解,就得继续试探。设函数 queen_one( )返回 1 表示找到解,返回 0 表示当前候选解不能成为解。细节见算法 11.16。

算法 11.16

```
#define MAXN 20
int n;
int col[MAXN + 1],a[MAXN + 1],b[2 * MAXN + 1],c[2 * MAXN + 1];
int queen_one(int k,int n)
{
    int i,found;
    i = found = 0;
    while (!found && i<n) {
        i++;
        if (a[i] && b[k + i] && c[n + k - i])  {
            col[k] = i;
            a[i] = b[k + i] = c[n + k - i] = 0;
            if (k = = n)   return 1;
            else
```

```
            found = queen_one(k + 1,n);
        a[i] = b[k + i] = c[n + k - i] = 1;
    }
}
return found;
```
}

11.6 分枝定界策略

分枝定界(branch and bound)是另一种系统地搜索解空间的方法,它与回溯法的主要区别在于对 E‑节点的扩充方式。每个活节点有且仅有一次机会变成 E‑节点。当一个节点变为 E‑节点时,则生成从该节点移动一步即可到达的所有新节点。在生成的节点中,抛弃那些不可能导出(最优)可行解的节点,其余节点加入活节点表,然后从表中选择一个节点作为下一个 E‑节点。从活节点表中取出所选择的节点并进行扩充,直到找到解或活动表为空,扩充过程才结束。

有两种常用的方法可用来选择下一个 E‑节点(虽然也可能存在其他的方法):

(1) 先进先出(FIFO) 即从活节点表中取出节点的顺序与加入节点的顺序相同,因此活节点表的性质与队列相同。

(2) 最小耗费或最大收益法在这种模式中,每个节点都有一个对应的耗费或收益。如果查找一个具有最小耗费的解,则活节点表可用最小堆来建立,下一个 E‑节点就是具有最小耗费的活节点;如果希望搜索一个具有最大收益的解,则可用最大堆来构造活节点表,下一个 E‑节点是具有最大收益的活节点。

例 11.12 迷宫老鼠。使用 FIFO 分枝定界,初始时取(1,1)作为 E‑节点且活动队列为空。迷宫的位置(1,1)被置为 1,以免再次返回到这个位置。(1,1)被扩充,它的相邻节点(1,2)和(2,1)加入到队列中(即活节点表)。为避免再次回到这两个位置,将位置(1,2)和(2,1)置为 1。此时迷宫如图 11.10 所示,E‑节点(1,1)被删除。

节点(1,2)从队列中移出并被扩充。检查它的三个相邻节点(见图 11.11 的解空间),只有(1,3)是可行的移动(剩余的两个节点是障碍节点),将其加入队列,并把相应的迷宫位置置为1,所得到的迷宫状态如图11.10(b)所示。节点(1,2)被删除,而下一个E-节点(2,1)将会被取出,当此节点被展开时,节点(3,1)被加入队列中,节点(3,1)被置为1,节点(2,1)被删除,所得到的迷宫如图11.10(c)所示。此时队列中包含(1,3)和(3,1)两个节点。随后节点(1,3)变成下一个E-节点,由于此节点不能到达任何新的节点,所以此节点即被删除,节点(3,1)成为新的E-节点,将队列清空。节点(3,1)展开,节点(3,2)被加入队列中,而节点(3,1)被删除。节点(3,2)变为新的E-节点,展开此节点后,到达节点(3,3),即迷宫的出口。使用FIFO搜索,总能找出从迷宫入口到出口的最短路径。需要注意的是:利用回溯法找到的路径却不一定是最短路径。

```
1 1 0           1 1 1           1 1 1
1 1 1           1 1 1           1 1 1
0 0 0           0 0 0           1 0 0
  (a)             (b)             (c)
```

图11.10 迷宫问题的FIFO分枝定界方法

例11.13 0/1背包问题。下面比较分别利用FIFO分枝定界和最大收益分枝定界方法来解决如下背包问题:n个物品,重量分别为$w_1, w_2, \cdots, w_n$,价值分别为$p_1, p_2, \cdots, p_n$,装入一个容量为c,如何装入,使得价值最大。这里假设$n=3$,$w=[20,15,15]$,$p=[40,25,25]$,$c=30$。FIFO分枝定界利用一个队列来记录活节点,节点将按照FIFO顺序从队列中取出;而最大收益分枝定界使用一个最大堆,其中的E-节点按照每个活节点收益值的降序,或是按照活节点任意子树的叶节点所能获得的收益估计值的降序从队列中取出。

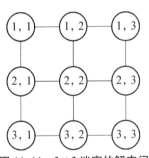

图11.11 3×3迷宫的解空间

使用FIFO分枝定界法搜索,初始时以根节点A作为E-节点,此时活节点队列为空。如图11.12所示,当节点A展开时,生成了节点B和C,由于这两个节点都是可行的,因此都被加入活节点队列中,节点A被删除。下一个E-节点是B,展开它并产生了节点D和E,D是不可行的,被删除,而E被加入队列中。下一步节点C成为E-节点,它展开后生成节点F和G,两者都是可行节点,加入队列中。下一个E-节点E生成节点J和K,J不可行而被删除,K是一个可行的叶节点,并产生一个到目前为止可行的解,它的收益值为40。

下一个 E-节点是 F,它产生两个孩子 L、M,L 代表一个可行的解且其收益值为 50,M 代表另一个收益值为 15 的可行解。G 是最后一个 E-节点,它的孩子 N 和 O 都是可行的。由于活节点队列变为空,因此搜索过程终止,最佳解的收益值为 50。

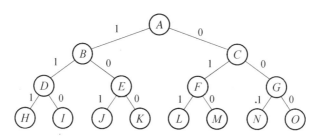

图 11.12　三个对象的背包问题的解空间

可以看到,工作在解空间树上的 FIFO 分枝定界方法非常像从根节点出发的宽度优先搜索。它们的主要区别是在 FIFO 分枝定界中不可行的节点不会被搜索。

最大收益分枝定界算法以解空间树中的节点 A 作为初始节点。展开初始节点得到节点 B 和 C,两者都是可行的并被插入堆中,节点 B 获得的收益值是 40(设 $x_1 = 1$),而节点 C 得到的收益值为 0。A 被删除,B 成为下一个 E-节点,因为它的收益值比 C 的大。当展开 B 时得到了节点 D 和 E,D 是不可行的而被删除,E 加入堆中。由于 E 具有收益值 40,而 C 为 0,因为 E 成为下一个 E-节点。展开 E 时生成节点 J 和 K,J 不可行而被删除,K 是一个可行的解,因此 K 为作为目前能找到的最优解而记录下来,然后 K 被删除。由于只剩下一个活节点 C 在堆中,因此 C 作为 E-节点被展开,生成 F、G 两个节点插入堆中。F 的收益值为 25,因此成为下一个 E-节点,展开后得到节点 L 和 M,但 L、M 都被删除,因为它们是叶节点,同时 L 所对应的解被作为当前最优解记录下来。最终,G 成为 E-节点,生成的节点为 N 和 O,两者都是叶节点而被删除,两者所对应的解都不比当前的最优解更好,因此最优解保持不变。此时堆变为空,没有下一个 E-节点产生,搜索过程终止。终止于 J 的搜索即为最优解。

犹如在回溯方法中一样,可利用一个定界函数来加速最优解的搜索过程。定界函数为最大收益设置了一个上限,通过展开一个特殊的节点可能获得这个最大收益。如果一个节点的定界函数值不大于目前最优解的收益值,则此节点会被删除而不作展开,更进一步,在最大收益分枝定界方法中,可以使节点按照它们收益的定界函数值的非升序从堆中取出,而不是按照节点的实际收益值来取出。这种策略从可能到达一个好的叶节点的活节点出发,而不是从目前具有较大收益值的节点出发。

例 11.14 旅行商问题。对于图 11.13 所示的四城市旅行商问题,其对应的解空间为图 11.14 所示的排列树。FIFO 分枝定界使用节点 B 作为初始的 E-节点,活节点队列初始为空。当 B 展开时,生成节点 C、D 和 E。由于从顶点 1 到顶点 2,3,4 都有边相连,所以 C、D、E 三个节点都是可行的并加入队列中。当前的 E-节点 B 被删除,新的 E-节点是队列中的第一个节点,即节点 C。因为在图 11.13 中存在从顶点 2 到顶点

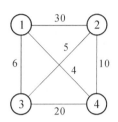

图 11.13 一个四顶点网络

3 和 4 的边,因此展开 C,生成节点 F 和 G,两者都被加入队列。下一步,D 成为 E-节点,接着又是 E,到目前为止活节点队列中包含节点 F 到 K。下一个 E-节点是 F,展开它得到了叶节点 L。至此找到了一个旅行路径,它的开销是 59。

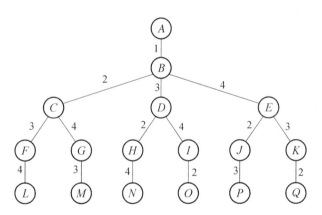

图 11.14 四顶点网络的解空间树

展开下一个 E-节点 G,得到叶节点 M,它对应于一个开销为 66 的旅行路径。接着 H 成为 E-节点,从而找到叶节点 N,对应开销为 25 的旅行路径。下一个 E-节点是 I,它对应的部分旅行 1-3-4 的开销已经为 26,超过了目前最优的旅行路径,因此,I 不会被展开。最后,节点 J,K 成为 E-节点并被展开。经过这些展开过程,队列变为空,算法结束。找到的最优方案是节点 N 所对应的旅行路径。

如果不使用 FIFO 方法,还可以使用最小耗费方法来搜索解空间树,即用一个最小堆来存储活节点。这种方法同样从节点 B 开始搜索,并使用一个空的活节点

列表。当节点 B 展开时,生成节点 C、D 和 E 并将它们加入最小堆中。在最小堆的节点中,E 具有最小耗费(因为 1-4 的局部旅行的耗费是 4),因此成为 E-节点。展开 E 生成节点 J 和 K 并将它们加入最小堆,这两个节点的耗费分别为 14 和 24。此时,在所有最小堆的节点中,D 具有最小耗费,因而成为 E-节点,并生成节点 H 和 I。至此,最小堆中包含节点 C、H、I、J 和 K,H 具有最小耗费,因此 H 成为下一个 E-节点。展开节点 E,得到一个完整的旅行路径 1-3-2-4-1,它的开销是 25。节点 J 是下一个 E-节点,展开它得到节点 P,它对应于一个耗费为 25 的旅行路径。节点 K 和 I 是下两个 E-节点。由于 I 的开销超过了当前最优的旅行路径,因此搜索结束,而剩下的所有活节点都不能使我们找到更优的解。

对于例 11.13 的背包问题,可以使用一个定界函数来减少生成和展开的节点数量。这种函数将确定旅行的最小耗费的下限,这个下限可通过展开某个特定的节点而得到。如果一个节点的定界函数值不能比当前的最优旅行更小,则它将被删除而不被展开。另外,对于最小耗费分枝定界,节点按照它在最小堆中的非降序取出。

在以上几个例子中,可以利用定界函数来降低所产生的树型解空间的节点数目。当设计定界函数时,必须记住主要目的是利用最少的时间,在内存允许的范围内去解决问题。而通过产生具有最少节点的树来解决问题并不是根本的目标。因此,需要的是一个能够有效地减少计算时间并因此而使产生的节点数目也减少的定界函数。

回溯法比分枝定界在占用内存方面具有优势。回溯法占用的内存是 O(解空间的最大路径长度),而分枝定界所占用的内存为 O(解空间大小)。对于一个子集空间,回溯法需要 $\Theta(n)$ 的内存空间,而分枝定界则需要 $O(2^n)$ 的空间。对于排列空间,回溯需要 $\Theta(n)$ 的内存空间,分枝定界需要 $O(n!)$ 的空间。虽然最大收益(或最小耗费)分枝定界在直觉上要好于回溯法,并且在许多情况下可能会比回溯法检查更少的节点,但在实际应用中,它可能会在回溯法超出允许的时间限制之前就超出了内存的限制。

0/1 背包问题的最大收益分枝定界算法可以由回溯搜索算法发展而来。可以使用程序 Bound 函数来计算活节点 N 的收益上限 up,使得以 N 为根的子树中的任一节点的收益值都不可能超过 up rofit。活节点的最大堆使用 uprofit 作为关键值域,最大堆的每个入口都以 HeapNode 作为其类型,HeapNode 结构包含如下参数:uprofit,profit,weight,level,ptr。对任一节点 N,N.profit 是 N 的收益值,N.uprofit 是它的收益上限,N.weight 是它对应的重量。各节点按其 uprofit 值从最大堆中取出。细节如算法 11.7 所示。

算法 11.7

```
MaxProfitKnapsack(Tw,Tp,c)                    //返回背包最优装载的收益
{
    //bestx[i]=1 当且仅当物品 i 属于最优装载,使用最大收益分枝定界算法
    //定义一个最多可容纳 1000 个活节点的最大堆
    H = new MaxHeap<HeapNode<Tp,Tw>>(1000);
    bestx = new int[n+1];                      //为 bestx 分配空间
    //初始化层 1
    int i = 1;
    E = 0;
    cw = cp = 0;
    bestp = 0;                                 //目前的最优收益
    up = Bound(1);                             //在根为 E 的子树中最大可能的收益
    //搜索子集空间树
    while (i! = n+1) {                         //不是叶子
        //检查左孩子
        wt = cw + w[i];
        if (wt <= c) {                         //可行的左孩子
            if (cp + p[i] > bestp) bestp = cp + p[i];
            AddLiveNode(up,cp + p[i],cw + w[i],true,i+1);
        }
        up = Bound(i+1);
        //检查右孩子
        if (up >= bestp)                       //右孩子有希望
            AddLiveNode(up,cp,cw,false,i+1);
        //取下一个 E-节点
        HeapNode<Tp,Tw> N;
        H->DeleteMax(N);                       //不能为空
        E = N.ptr;
        cw = N.weight;
        cp = N.profit;
        up = N.uprofit;
        i = N.level;
    }
    //沿着从 E-节点 E 到根的路径构造 bestx[ ]
    for (int j = n; j > 0; j--) {
        bestx[j] = E->LChild;
```

```
            E = E-> parent;
    }
    return cp;
}

Bound(int i)                               //返回子树中最优叶子的上限值
{
    cleft = c - cw;                        //剩余容量
    b = cp;                                //收益的界限
    //按照收益密度的次序装填剩余容量
    while (i <= n && w[i] <= cleft) {
        cleft - = w[i];
        b + = p[i];
        i++;
    }
    //取下一个对象的一部分
    if (i <= n) b + = p[i]/w[i] * cleft;
    return b;
}
```

函数 MaxProfitKnapsack 在子集树中执行最大收益分枝定界搜索。函数假定所有的物品都是按收益密度值的顺序排列。函数 MaxProfitKnapsack 首先初始化活节点的最大堆，并使用一个数组 bestx 来记录最优解。由于需要不断地利用收益密度来排序，物品的索引值会随之变化，因此，必须将 MaxProfitKnapsack 所生成的结果映射回初始时的物品索引。

在函数 MaxProfitKnapsack 中，E 是当前 E-节点，cw 是节点对应的重量，cp 是收益值，up 是以 E 为根的子树中任一节点的收益值上限。while 循环一直执行到一个叶节点成为 E-节点为止。

由于最大堆中的任何剩余节点都不可能具有超过当前叶节点的收益值，因此当前叶即对应了一个最优解。可以从叶返回到根来确定这个最优解。

MaxProfitKnapsack 中 while 循环的结构中，首先，检验 E-节点左孩子的可行性，如它是可行的，则将它加入子集树及活节点队列（即最大堆）；仅当节点右孩子的 Bound 值指明有可能找到一个最优解时才将右孩子加入子集树和队列中。

11.7 本章小结

本章介绍了分治法、贪心法、回溯法、动态规划和分枝定界，这五种算法设计策略。

(1) 分而治之方法与软件设计的模块化方法非常相似。为了解决一个大的问题，可以先把它分成两个或多个更小的问题；再分别解决每个小问题；最后把各小问题的解答组合起来，即可得到原问题的解答。小问题通常与原问题相似，可以递归地使用分治策略来解决。

(2) 每个最优化问题，都包含一组限制条件(Constraint)和一个优化函数(Optimization Function)，符合限制条件的问题求解方案称为可行解(Feasible Solution)，使优化函数取得最佳值的可行解称为最优解(Optimal Solution)。

在贪心算法(Greedy Method)中采用逐步构造最优解的方法。在每个阶段，都作出一个看上去最优的决策(在一定的标准下)。决策一旦作出，就不可再更改。作出贪心决策的依据称为贪心准则(Greedy Criterion)。

(3) 和贪心算法一样，在动态规划中，可将一个问题的解决方案视为一系列决策的结果。不同的是，在贪心算法中，每采用一次贪心准则便做出一个不可撤回的决策，而在动态规划中，还要考察每个最优决策序列中是否包含一个最优子序列。

动态规划方法采用最优原则(Principle of Optimality)来建立用于计算最优解的递归式。所谓最优原则即不管前面的策略如何，此后的决策必须是基于当前状态(由上一次决策产生)的最优决策。由于对于有些问题的某些递归式来说并不一定能保证最优原则，因此在求解问题时有必要对它进行验证。若不能保持最优原则，则不可应用动态规划方法。在得到最优解的递归式之后，需要执行回溯(Traceback)以构造最优解。

(4) 回溯法，寻找问题解的一种可靠的方法是首先列出所有候选解，然后依次检查每一个，在检查完所有或部分候选解后，即可找到所需要的解。回溯(Back Tracking)是一种系统地搜索问题解答的方法。

为了实现回溯，首先需要为问题定义一个解空间(Solution Space)，这个空间必须至少包含问题的一个解(可能是最优的)，下一步是组织解空间以便它能被容易地搜索。典型的组织方法是图或树，一旦定义了解空间的组织方法，这个空间即可按深度优先的方法从开始节点进行搜索。当已经找到了答案或者回溯尽了所有的活节点时,搜索过程结束。

(5) 分枝定界法,类似于回溯法,在其搜索解空间时,也经常使用树形结构来组织解空间。然而与回溯法不同的是,回溯算法使用深度优先方法搜索树结构,而分枝定界一般用宽度优先或最小耗费方法来搜索这些树,因此,可以很容易比较回溯法与分枝定界法的异同。

相对而言,分枝定界算法的解空间比回溯法大得多,因此当内存容量有限时,回溯法成功的可能性更大。

习　题

11.1 一个自然数的所有真因子(即除了自身以外的因数)之和恰好等于它本身,则称之为完备数。试用穷举法求出10000之内所有的完备数。

11.2 黄金分割比是一个很美的比例,黄金分割比可以通过很简单的 Fibonacci 数列求出来。Fibonacci 数列是这样定义的:

1,1,2,3,5,8,…,每一个数列项都是前两项之和,即
$$F(1) = 1, F(2) = 1, F(n) = F(n-1) + F(n-2)$$
当 $n \to \infty$ 时,$F(n)/F(n+1)$ 的值即为黄金分割比。

试用递推法求解6位有效数的黄金分割比。

11.3 已知某图 G 的邻接矩阵存储,现在要用尽量少的颜色为图 G 中的每个顶点着色,要求相邻顶点的颜色不同,请用贪心法编程实现。

11.4 一个集合的幂集定义为该集合所有的子集作为元素构成的集合,试用分治法思想求解一个集合 A 的幂集。

11.5 设集合 $A = \{x \in Z \mid x \geqslant 10\}$,$B$ 是 A 的子集,且 B 中的元素满足:(1) 各位上数字互不相同;(2) 任意两个位上的数字之和不等于9。

试用回溯法求解集合 B 中的全部的四位数。